"十三五"国家重点出版物出版规划项目
现代机械工程系列精品教材
国家级工程训练实验教学示范中心系列教材

工程认知训练

主　编　王明川　马玉琼　王军伟
副主编　郑惠文　冯慧娟　张玉珮
主　审　刘晓微

中国大学 MOOC 课程

机械工业出版社

本书是根据教育部工程训练教学指导委员会制定的工程训练教学基本要求，以突出培养创新型技术人才为目标，结合工程训练教学改革经验和实际而编写的。全书共分6篇，第1篇介绍工程认知的基础知识，第2篇为热加工技术，第3篇为传统制造技术，第4篇为先进制造技术，第5篇为电工电子技术，第6篇为工程创新基础。本书语言力求通俗易懂，内容力求精炼，侧重工程素质和工程实践能力培养。

本书适合普通高等工科院校非工程类专业的工程训练教学使用，也可供技术人员参考和使用。

图书在版编目（CIP）数据

工程认知训练/王明川，马玉琼，王军伟主编. —北京：机械工业出版社，2019.8（2024.8重印）

"十三五"国家重点出版物出版规划项目　现代机械工程系列精品教材
ISBN 978-7-111-62887-3

Ⅰ.①工…　Ⅱ.①王…②马…③王…　Ⅲ.①工程技术-高等学校-教材
Ⅳ.①TB

中国版本图书馆 CIP 数据核字（2019）第 179558 号

机械工业出版社（北京市百万庄大街22号　邮政编码100037）
策划编辑：丁昕祯　责任编辑：丁昕祯
责任校对：王　欣　封面设计：张　静
责任印制：常天培
北京机工印刷厂有限公司印刷
2024 年 8 月第 1 版第 6 次印刷
184mm×260mm·15.75 印张·387 千字
标准书号：ISBN 978-7-111-62887-3
定价：38.00 元

电话服务　　　　　　　　网络服务
客服电话：010-88361066　机　工　官　网：www.cmpbook.com
　　　　　010-88379833　机　工　官　博：weibo.com/cmp1952
　　　　　010-68326294　金　书　网：www.golden-book.com
封底无防伪标均为盗版　机工教育服务网：www.cmpedu.com

前言

党的二十大报告指出："青年强，则国家强。当代中国青年生逢其时，施展才干的舞台无比广阔，实现梦想的前景无比光明。全党要把青年工作作为战略性工作来抓。"高校作为新时代青年教育的主阵地，担负着为国家培养德智体美劳全面发展的社会主义建设者和接班人的使命。

21世纪后，随着全球经济技术的飞速发展，人才竞争日益激烈，用人标准不断提升，对大学生提出了更高的期望，大学生要适应社会的发展，需要的各类知识的集成度比过去范围更宽，知识结构更完备，实践能力、创新意识和创新能力要求更高，综合素质要求更全面。

作为工科院校的学生，除应掌握必要的理论知识和实践知识外，还应主动树立管理、质量、创新、安全、营销、群体、环境和法律意识等，这些都是当今大学生所不可缺少的，否则将难以在今后激烈的社会竞争中得以生存和发展。对于非工程技术类大学生，必须提高自己的工程素质，掌握、了解工程技术有关的基础知识和新近发展，进行必要的动手体验以取得一定的技能。作为高等工程教育，其核心在于教育过程中突出的实践性，注重加强非工程技术类学生工程意识和工程素质的培养，以使他们今后更好地融入"大工程"，能够真正地成为社会主义建设需要的专门人才。

然而，目前非工程技术类大学生所接受的工程教育先天不足，学生一直处在从"校门"到"校门"的状态，对现代工程技术实践接触很少，大多无感性经验，导致非工程技术类专业毕业生缺乏一般工程技术方面基本知识，如谈到机器，不知有哪些基本组成；更缺少亲身的体验和感性了解，很多概念与实际无法对应，如材料的硬度和强度混淆不分。这类问题的存在，对非工程技术类学生的专业教育会造成一定的困难，毕业生在走向社会后其机遇和发展也会因此受到某种影响。

本书为普通高等学校工科非机械类及文理科类学生编写。教程内容以介绍机械制造基本工艺知识为主，同时选择性地介绍部分先进制造技术、工业生产环境及其保护和安全生产知识。不同专业应根据培养目标和培养要求选用相关内容。

本书共6篇、18章，第1篇介绍工程认知的基础知识，包含对学习本课程所需的基础知识，如制图、测量等，第2篇为热加工技术，包含铸造和焊接，第3篇为传统制造技术，包含车铣刨和钳工，让学生对传统制造工艺有一个大体的了解，第4篇为先进制造技术，包含数控车削加工、数控铣削加工、线切割、激光和3D打印技术，第5篇为电工电子技术，第6篇为工程创新基础，包含机器人和机电一体化技术，主要是对学生创新意识进行有意识的培养。本书各章都配有复习思考题，供教学参考。

全书由河北工业大学王明川、马玉琼、王军伟主编，参与编写和校对工作的还有河北工业大学郑惠文、冯慧娟、张玉珮、毕海霞、张艳蕊、王伟、郑红伟、苗青、李建、王祖星、宋健、刘同、王春松、李良、张彧硕、韦亚琼、张林海、张伟男、唐乐、李媛媛、王铁成、张玉龙、张洪起、王跃华、安伟、张啸、刘磊、邢军和师占群，全书由河北工业大学刘晓微主审。

限于编者水平，本书难免存在错误和不足之处，敬请读者批评指正。

编　者

目 录 ◄◄◄◄◄◄◄

第3篇 传统制造技术

第4篇 先进制造技术

第5篇 电工电子技术

第 6 篇　工程创新基础

第 1 篇

工程认知的基础知识

第1章

1

工程认知训练概述

1.1 学习目的和学习方法

当今工程技术的发展异常迅猛，它与经济、文化、法律、环境等的联系也越来越紧密，并且各领域之间互相交叉、互相促进。因此，工程意识、工程技术知识和技能不仅是工程师必备的素质，而且也是非工程技术人员，如法律、经济、管理等领域工作者应具备的素质之一。可以说现代经济社会的发展对大学生成才已经提出了更高的期望，大学生要适应社会发展，需要的各类知识的集成度比过去范围更宽，边缘性、模糊性更突出，知识结构更完备，实践能力和创新意识、创新能力要求更强，综合素养更全面；否则，就难以在今后激烈的社会竞争中得以生存和发展。对于非工程技术类大学生，必须提高自己的工程素质，掌握、了解工程技术相关的基础知识和最新发展，进行必要的动手体验以取得一定的技能。同时，作为高等工程教育，必须注重加强非工程技术类学生工程意识和工程素质的培养，以使他们今后更好地融入"大工程"，能够真正成为社会主义建设需要的专业人才。

然而，目前非工程技术类大学生所接受的工程教育先天不足，对现代工程技术实践接触很少，大多无感性经验，导致非工程技术类专业的毕业生缺乏一般工程技术方面基本知识，如谈到机器不知有哪些基本组成；更缺少亲身的体验和感性了解，很多概念与实际无法对应，如材料的硬度和强度混淆不分。这类问题的存在必然会对非工程技术类学生在专业教育中理论联系实际造成一定困难，在就业走向社会后，其机遇和发展也会因此受到某种影响。要改变这种状态，迫切需要开设一门受非工程技术类专业大学生欢迎的、对提高他们工程素质实效明显的课程。本课程的开设就是针对此改革目的而提出的，侧重在学生工程素质方面的认知和实践，其作用如下：

1）可以使学生了解工程技术在社会经济发展中的重要地位，懂得要学好专业必须理论联系实际，专业联系工程技术，从而增强工程意识。众所周知，机械工业是国民经济的支柱产业，是各类制造业装备技术的基础，所有的现代产业都离不开机械装备、仪器仪表、计算机控制系统等工程技术，它们直接关系到劳动生产率和国民经济现代化的程度。通过本课程的学习，了解工程技术的现状与发展趋势，与所学专业相联系，激发学习动力，培养工程意识，提高创新能力。

2）可以使学生掌握工程技术领域的一些基本知识，拓宽视野。非工程技术类大学生对工程技术的了解几乎是一片空白，但却有一种好奇：自行车的原理是什么？汽车是怎么行驶的？本课程的学习可以帮助学生建立一定的工程背景，形成一个比较完整的工程技术基础知识的轮廓——对机器组成和工作原理，对常用工程材料、零部件和机构、常用控制器件，对机械加工过程，对机械行业的生产过程，对环境控制和质量检验等工程概念，获得基本认知和体验。

3）可以提高学生的实际观察能力和动手能力，积累工程经验。通过开展相关的认知实践，针对典型零件、常用机构、常用传动装置、常用动力机械和控制元器件，常用工夹具和加工设备，以及行业设备等，学生可以进行观察、思考（包括静态和动态），亲自动手操作，必要时辅助以教师的演示、多媒体教学等手段，弄清其外貌、结构、组成和作用，了解它们的基本工作原理。因为是借助于实物教学及亲身体验，所以学生印象深刻，容易形成概念和实物的对应关系，即通过相关的系统性概念，在头脑中勾勒出零部件、设备的全貌和内部结构关系，从而形成多信息的"实物模型"。

总之，本课程不但可以增强非工程技术类学生的工程意识，而且可以培养学生的观察能力、动手能力，并使学生掌握必要的工程技术基本知识，初步具备工程技术的运用能力。

1. 学习目的

非工程类专业大学生通过工程认知训练，接触工程实际，了解工程技术对社会进步的推动作用，增强工程意识；掌握工程技术基本知识，具备一定的观察能力和动手能力，增加工程技术领域的信息量，开阔视野，拓宽知识面，提高工程素质，并增强工程技术的认知能力，为走上社会进行必要的能力和知识储备。所以，本课程总目标是，使学生通过亲身观察、动手体验，增长见识、开阔视野，学会多角度考虑问题，启迪学生在解决专业问题中的创新思维；通过积累工程技术方面的知识、素材和经验，提高与专业知识的结合度，丰富学生的专业知识，培养分析问题的能力；通过各环节教学增强学生的认知能力，使学生的观察、动手思考和表达等各种能力得到锻炼和提高。

通过传统机械制造工艺和装备如车削加工、铣削加工、钳工、铸造的认知训练，使学生直观了解材料的各种冷、热加工过程及加工装备和典型零件的加工工艺过程，增加加工方面的基本知识；通过动手操作的实践环节，使学生认识和了解常用制造装备的基本结构、工作过程、加工工艺、加工对象以及应用领域，并掌握常用量具的使用方法，增强动手能力和实践能力。

通过现代机械制造技术及其典型设备，如 3D 打印技术、激光加工技术以及数控机床等的认知训练，使学生了解工程中先进技术的应用和发展前景，提升学生对现代工程技术的全面认识，了解工程技术对社会经济发展的促进作用，开阔视野，启迪创新思维。

通过电工和电子设备的认知训练，使学生了解电工、电子相关知识。通过电路连接和电路板焊接等的实践操作，使学生了解电工、电子仪器仪表和常用电工、电子工具的使用方法，掌握电路连接和电子元器件的焊接技术，树立安全用电与规范操作的意识。

通过机械设计基础和测量环节认知训练，以及对工程材料、各种标准件、常用机构和传动装置、电气控制元器件的认识等相关实物和模型的认知学习，增强感性认识，掌握相关的基本概念，培养学生的工程技术认知能力。

同时，在相关篇幅中穿插了质量控制和环境控制认知训练，培养学生对工程问题的认知更加全面、科学，树立工程节能环保理念，树立质量意识，增进其环境保护意识；在相关篇幅中穿插 CAD 和虚拟现实技术、CAM 和柔性化制造、工程测量等先进技术认知，使学生了解机械设计与制造领域的新技术、新工艺，了解工业发展、工业 4.0 和中国制造 2025。

2. 学习方法

工程认知训练具有实践性的教学特点，与课堂教学相比，学习方法也应作相应的调整和改变。

1）要善于向实践学习，注重在生产过程中学习工程技术基本知识和技能。

2）要注意教材的预习和复习，按时完成训练作业、日记、报告等。

3）要严格遵守规章制度和安全操作技术规程，重视人身和设备的安全。

4）建议按照以下认知过程学习　教学目的导向→预习理论知识→认真听、仔细看→记好课堂日记→遵规章守纪律→积极实践操作→确保训练安全→循序渐进实训→听从老师安排→完成实践作业（件）→主动自主学习→不断总结凝练→勇于创新实践→提高素质能力。

1.2　总则

1.2.1　注意事项

1. 工程认知训练实习守则

1）学生实习前必须参加实习动员及安全教育，并以班级为单位签署《工程认知训练承诺书》，否则不得进入现场实习。

2）学生实习期间，必须正确着装，按规定穿戴好劳动防护用品，在指定地点进行实习；不得迟到、早退，不得擅自离开实习场地；遵守各项实习规章制度及设备安全操作规程，严禁在工作区嬉戏、打闹，不带与实习无关的书籍。

3）学生实习操作，必须按图样技术要求和指导教师讲解的方法进行，做到文明生产。

4）实习结束时，应整理并清点好所用的工具、仪器仪表、元器件及工件，做好所在工位和设备的清洁卫生。

2. 安全须知

（1）工程认知训练中的安全教育　工程认知训练是学生接受高等教育阶段进行的一次亲自动手操作的实践教学环节，同时也是具有一定危险性的工作。在工程认知训练过程中，安全教学和生产对国家、集体、个人都是非常重要的。安全第一，既是完成工程认知训练教学任务的基本保障，也是培养合格工程技术人员应具有的一项基本工程素质。

工程认知训练安全包括人身安全、设备安全和环境安全，其中最重要的是人身安全。在每个工种训练之前，要求认真研读安全操作规程，严格按安全技术规程操作。工程认知训练中的安全操作有冷、热加工安全操作和电气安全操作等。

冷加工主要指车、铣、刨、磨和钻等切削加工，其特点是使用的装夹工具和被切削的工件与刀具间不仅要有相对运动，而且速度较快。如果设备防护不好，操作者不注意遵守操作规程，容易造成机器运动部位产生的人身伤害。

热加工一般指铸造、锻造、焊接和热处理等工种，其特点是生产过程伴随着高温、有害气体、粉尘和噪声。在热加工工伤事故中，烫伤、灼伤、喷溅和碰撞伤害约占事故的70%，应引起高度重视。

电力传动和电器控制在加热、高频热处理和电焊等方面的应用十分广泛，实习时必须严格遵守电气安全守则，避免触电事故发生。

故此，为了避免安全事故发生，必须进行工程认知训练安全教育。按照学生进入工程训练中心现场的时间顺序，工程认知训练的安全教育实施三级安全培训机制——进入现场前的全员安全动员、进入现场时的工种安全教育和进入现场后的实操安全须知。

1）进入现场前的全员安全动员。主要普及工程认知训练规章制度和安全知识，目的是提高学生的安全责任意识。全员安全动员在开始进行工程认知训练的第一天第一节课进行，将明确实习现场具体的不安全因素、实习现场的各种安全规范和具体的安全事故处理预案等，并要求学生在熟知各项规章制度后，以班级为单位签署《工程认知训练安全承诺书》，使每一位学生紧绷"安全"之弦，树立"安全第一"的意识。

2）进入现场时的工种安全教育。主要是讲解示范该工种的安全操作规程，目的是培养学生的安全操作技能。培养安全操作技能是安全教育的重中之重，必须与安全教育过程有机结合起来。工种安全教育利用现场说法、案例分析、师傅带徒弟等方式，通过讲解、示范、操作三步走的形式进行。具体步骤为：在每一个工种进行工程认知训练实践操作之前，实习指导教师讲解、示范该工种的安全操作规程后，学生才能动手操作，这是确保工程认知训练安全进行的重要一环。

3）进入现场后的实操安全须知。主要是规范实践操作安全行为，目的是保障学生安全实习，重点是检查着装、站位、行走和操作要求。要求实习指导教师来回巡视、检查，及时发现并纠正错误行为，对安全事故隐患及时排除。

（2）工程认知训练安全须知

1）严格遵守工程训练中心的一切规章制度和设备安全技术操作规程，服从工程训练中心的安排和实习教师的指导。

2）按照规定穿戴好必要的防护用品。必须身着工作服和工作鞋，长发者须戴工作帽等；禁止穿裙子、短裤、八分裤、拖鞋、凉鞋、高跟鞋及其他不符合要求的服装；禁止戴围巾；机械加工时禁止戴手套；车削及焊接时须戴好防护眼镜；焊接时须穿长袖衣服等。

3）未经指导教师允许不得擅自触摸或启动任何设备。

4）启动设备前及开机后须按规定的程序和要求谨慎进行。启动设备时必须注意前后、左右是否有人或物件阻碍，若有人必须通知对方，有物件必须搬开后方可启动。

5）两人以上同时操作一台机器时，须密切配合，开机时应互相告知，以免发生事故。

6）操作机床时，手、身体或其他物件不能靠近正在运转的机器设备。不得用手触摸未冷却的工件；不可用手直接清除切屑，应用专用钩子或其他物件清除；装夹测量零件及清除切屑时，必须在机械设备停止运转时进行。

7）在运转的机床设备旁严禁看手机、戴耳机，训练期间不得玩游戏。

8）离开机床或因故停电时，应随手关闭所用设备的总开关。

9）实习中如发现所用设备不正常或设备出现故障，应即刻停机并报告指导教师。

10）实习中如有事故发生，须迅速切断电源，保护好现场，并即刻向指导教师报告，等候处理。

11）工作完毕后，必须整理及清点工具，并做好机床和地面的清洁工作。

1.2.2 实习考勤制度

学生在进行工程认知训练期间应按工程训练中心规定的作息时间，遵守训练纪律。

1）实习期间不得迟到、早退或擅自脱离实训岗位，累计两次以上者成绩不能得"优"。

2）学生实习期间一般不得请事假。确需请假者须持加盖有所在学院公章且辅导员签字的准假单请假，不得事后补假。

3）学生看病应尽量不占用训练时间，如有病需要休息，需持医生证明请假。

4）病、事假累计超过本工种实习时间的1/3者，此工种不予评定成绩。

5）实习期间如遇参加全校性会议或体育比赛等需要请假的，本人须持相关证明由所在院系批准后，到实习部门办理有关手续。

6）学生出现以下情况，教师可认定学生为旷课：

① 无正规请假手续未出勤者；

② 未经准假或超假未被批准而未参加实习者；

③ 非休息时间，未经教师允许离开实习场地较长时间者；

④ 非本人上课者。

旷课情况下，成绩作不及格处理，须重修。

7）学生实习期间的考勤情况，由指导教师记入工程认知训练花名册。

1.2.3 实习考核参考评分标准

工程认知训练考核是整个实训的重要环节，它既可以检查学生的实训效果，又可以衡量教师的指导能力，对提高实习教学质量起着十分重要的作用。工程认知训练总成绩由实践成绩、实习报告、安全考试和考勤四个方面评定；其中实践成绩占60%，实习报告占30%，考勤占10%，安全考核占0%。

（1）实践成绩　各工种的实践成绩，考核学生在各工种的操作能力和个人表现。由具体实习指导教师根据学生实习期间实践操作（技能、质量、安全、考勤等）按百分计分；所在工种的实践成绩及实习期间表现由指导教师负责记入工程认知训练花名册。

（2）实习报告　须百分百完成，考核学生按照要求独立完成实习报告的质量。

（3）考勤　由指导老师根据学生出勤情况等记入花名册。

（4）安全考核　考核学生的安全理论和安全实践知识。在实习期间，需要通过手机进行在线安全考核，90分以上及格。安全考核，是获得课程成绩的门槛，安全未考核或者不及格，课程成绩记为不及格。

（5）其他注意事项

1）实习期间凡迟到、早退或擅离自己实习岗位累计两次以上者，总成绩降级评定。

2）实习期间某工种缺勤时间累计达该工种实习总时间三分之一者，该工种成绩为零。但病假、事假有正常请假手续的不影响最后实习总成绩的评定。无正常请假手续无故旷课者所在工种及最后实习总成绩皆为零。

3）学生实习期间违反实习纪律影响恶劣或违反操作规程造成较大或重大事故者，视情节轻重分别给予以下处理：批评教育、取消实习资格、实习成绩以零分计等，特别严重者交有关管理部门处理。

4）必须按时完成实习报告，凡不认真完成实习报告的，须重做。

5）如出现以下情况，该课程总成绩直接记为不合格：①任一工种有旷课情况；②安全考试不及格、安全考试未考核者；③请假累计超过课程总学时1/3；④任意三个工种实习报告未交或未完成者；⑤严重扰乱教学秩序；⑥严重违反安全操作规程。

6）学生在实习中未取得成绩需要重修，须在工程训练中心允许的条件下方可重修。

复习思考题

1. 简述工程认知训练的学习目的。
2. 简述工程认知训练的学习方法。

第2章

工程认知基础知识

2.1 机械产品设计与制造

人类设计制造的产品种类繁多，大到航天飞机、航空母舰，小到手表、手机等，都有其各自的功能。例如电梯可以载人载物，空调可以调节空气温度。机床作为切削工具，用于改变零件的形状、尺寸，加工出符合工程图样要求的零件，以最终组装成产品。

各种先进的仪器设备是机械、电子计算机、自动控制、光学、声学和材料科学，甚至生物与环境科学结合与交叉的产物。机械制造产品的种类繁多，功能各不相同，对产品的要求也不同，但基本要求是相同的，其目的都是为市场提供高质量、高性能、高效率、低成本、低能耗的产品，以获得最佳的经济效益和社会效益。对机电产品的基本要求有：

1）功能要求。功能上要具有产品的特定功能，如运输、保温、计时、通信等。

2）性能要求。性能上具有产品所要求的技术性能，如速度可调范围宽窄、起停时间长短、噪声大小、磨损大小等。

3）结构工艺性要求。结构工艺性上要求产品结构简单，便于制造、装配和维护等。

4）可靠性要求。可靠性要求产品故障率低，有安全防护措施等。

5）绿色性要求。绿色性要求产品节能、环保、无公害，包括废水、废气、废渣和废弃产品的回处理等。

6）成本要求。产品成本包括制造和使用成本，成本要求降低成本、提升产品的竞争力。

产品制造是人类按照市场的需求，运用主观掌握的知识和技能，借助于手工或可以利用客观物质工具，采用有效的工艺方法和必要的能源，将原材料转化为最终产品，投放市场并不断完善的全过程。可以描述为宏观过程和具体过程。

2.1.1 工业产品设计过程

现代工业产品设计，是根据市场需求，运用工程技术方法，在社会、经济和时间等因素的约束范围内所进行的设计工作。产品设计是一种有特定目的的创造性行为，它应该基于现代技术因素，不但要注重外观，更要注意产品的结构和功能；它必须以满足市场需要为目标，追求经济效益，最终使消费者与制造者都感到满意。

产品设计是一个做出决策的过程，是在明确设计任务与要求后，从构思到确定产品的具体结构和使用性能的整个过程中所进行的一系列工作。对于机械产品，如图2-1所示的产品的整个寿命周期中，最关键的是设计阶段。因为设计既要考虑使用方面的各种要求，又要考虑制造、安装、维修的可能和需要；既要根据研究试验得到的资料来进行验证，又要根据理论计算加以综合分析，从而将各个阶段按照它们的内在联系统一起来。

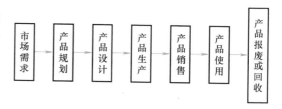

图2-1 从需求到产品及其使用的全过程

对于工业企业，产品设计是企业经营的核心，产品的技术水平、质量水平、生产率水平以及成本水平等基本上确定于产品设计阶段。

2.1.2 机械产品制造过程

任何机器或设备，例如汽车或机床，都是经由产品设计、零件制造及相应的零件装配而成的。只有制造出合乎要求的零件，才能装配出合格的机器设备。某些尺寸不大的轴、销、套类零件，可以直接用型材经机械加工制成；一般情况下，则要将原材料经铸造、锻压、焊接等方法制成毛坯，然后由毛坯经机械加工制成零件；有许多零件还需在毛坯制造和机械加工过程中穿插不同的热处理工艺。

因此，一般机械产品主要的生产过程如图2-2所示。

由于企业专业化协作的不断加强，许多零部件的生产不一定完全在一个企业内完成，可以分散在多个企业间进行生产协作。很多标准件如螺钉、轴承的加工常由专业生产厂家完成。

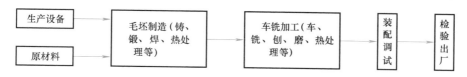

图2-2 机械产品的制造过程

2.1.3 机械产品的制造方法

1. 工艺设计

工艺设计的基本任务是保证生产的产品能符合设计的要求，制定优质、高产、低耗的产品制造工艺规程，以及产品试制和正式生产所需要的全部工艺文件，包括对产品图样的工艺分析和审核、拟定加工方案、编制工艺规程、工艺装备的设计和制造等。

2. 零件的加工

根据各阶段所达到的质量要求的不同，机械零件的加工可分为毛坯加工和切削加工两个阶段。

（1）毛坯加工 毛坯加工的主要方法有铸造、锻造和焊接等，它们可以比较经济和高效地制作出各种形状和尺寸（包括比较复杂形状）的工件。

（2）切削加工 切削加工是用切削刀具从毛坯或工件上切除多余的材料，以获得所要求的几何形状、尺寸和表面质量的加工方法，主要有车削、铣削、刨削、钻削、镗削和磨削等，分为机械加工和钳工加工两大类。其中，机械加工占有最重要的地位。对于一些难以适应切削加工的零件，如硬度过高的零件、形状过于复杂的零件或刚度较差的零件等，则可以使用特种加工的方法来进行。一般情况下毛坯要经过若干道机械加工工序才能成为成品零件。由于工艺的需要，这些工序又可分为粗加工、半精加工与精加工等。

在毛坯制造及机械加工过程中，为便于切削和保证零件的力学性能，还需在某些工序之前（或之后）对工件进行热处理。热处理之后，工件可能有少量变形或表面氧化，所以精加工（如磨削）常安排在最终热处理之后进行。

3. 检验

检验是指采用测量器具对毛坯、零件、成品等进行尺寸精度、形状精度、位置精度和表面粗糙度的检测，以及通过目视检验、无损探伤、力学性能试验及金相检验等方法对产品质量进行鉴定。

4. 装配与调试

加工完毕并检验合格的零件，按机械产品的技术要求，用钳工或钳工与机加工相结合的方法，按一定的顺序组合、连接、固定起来，成为整台机器，这一过程称为装配。装配是机械制造的最后一道工序，也是保证机械达到各项技术要求的关键工序之一。

装配好的机器，还要经过试运转，以观察其在工作条件下的效能和整机质量。只有在检验、试机合格之后，才能装箱发运出厂。

要制造出性能符合要求的产品，并不只是生产加工的问题，还有如何科学有序地组织和管理生产过程的问题。生产过程组织与管理水平的高低，关系到企业能否有效发挥其生产能力，能否为用户提供优质的产品和服务，能否取得良好的经济效益。

5. 入库

为防止企业生产的成品、半成品及各种物料发生遗失或损坏，将其放入仓库进行保管，称为入库。

6. 生产过程的组织与管理

要制造一种产品，必须先由研究部门汇集与之相关的各种知识和信息，然后设计部门应用这些知识和信息、设计出产品的结构和尺寸，再由制造部门根据设计部门提出的要求，具体地进行制造。广义的制造部门可分为：处理生产中的技术问题并决定生产方法的生产技术部门；直接进行产品生产的制造部门；对产品性能进行检验的检验部门等。通过这些部门的活动，进行产品的生产。

在公司职能机构给制造部门下达生产数量、使用设备、人员等的总体制造计划后，设计部门需要给制造部门提供以下资料：标明每个零件制造方法的零件图、标明装配方法的装配图、作业指示书等。生产技术部门据此制定产品的生产计划和工艺技术文件，如工艺图、工装图、工艺卡等。制定生产计划时，应确定制造零件的件数和外购零件、外购部件等的数量，以及交货期限等。如轴承、密封件、螺栓、螺母等都是最常见的外购零件，而电动机、减速器、各种液压或气动装置等都是典型的外购部件。

按照生产技术部门下达的任务，制造部门进行制造。首先将生产任务分配给各加工组织如生产车间或班组等，确定毛坯制造方法、机械加工方法、热处理方法和加工顺序（也称加工路线），进而确定各加工组织的加工方法和使用的设备，然后确定每台机床的加工内容、加工时间等，制定详细的加工日程。制造零件时，通常加工所花的时间较短，而准备

（刀具的装卸、毛坯的装卸等）时间则较长。此外，制成一个零件所需的时间大部分不是花在加工上，而是花在各工序间的输送和等待上。因此缩短这些时间，提高生产效率，缩短从制定生产计划到制成产品的过程，使生产计划具有柔性，是生产过程管理的主要任务。对加工完成的零件进行各种检查后，移交到下面的装配工序。

装配完毕的机器性能检验合格后，即完成了制造任务。

随着机械制造系统自动化水平的不断提高，以及为适应生产类型从传统的少品种大批量生产向现代的多品种变批量生产的演进，人们正在不断开发一些全新的现代制造技术和生产系统，如柔性制造系统（FMS）、计算机集成制造系统（CIMS）、精良生产（LP）、并行工程（CE）、敏捷制造（AM）、智能制造（IM）和虚拟制造（VM）等。这些新技术和生产系统的不断推广和发展，使制造业的面貌发生了巨大的变化。

2.1.4 企业生产过程的全面质量管理

全面质量管理早期称为 TQC（Total Quality Control），后逐渐发展而演化成为 TQM（Total Quality Management）。菲根堡姆于 1961 年在其《全面质量管理》一书中首次提出全面质量管理的概念：全面质量管理是为了能够在最经济的水平上，考虑充分满足用户要求的条件下进行市场研究、设计、生产和服务，把企业内各部门研制质量、维持质量和提高质量的活动构成一体的一种有效体系。

菲氏的全面质量管理观点在世界范围内得到了广泛的接受，但各个国家在实践中都结合自己的实际进行了创新。特别是 20 世纪 80 年代后期，全面质量管理得到了进一步扩展和深化，其含义远超出一般意义上的质量管理，成为一种综合、全面的经营管理方式和理念。在这一过程中，全面质量管理的概念也得到了进一步的发展。1994 版 ISO 9000 族标准中对全面质量管理的定义为：一个组织以质量为中心，以全员参与为基础，目的在于通过让顾客满意和本组织所有成员及社会受益而达到长期成功的管理途径。这一定义反映了全面质量管理概念的最新发展，也成为质量管理界的广泛共识。

全面质量管理在我国也得到了一定的发展。我国专家总结实践经验，提出了"三全一多样"的观点，如图 2-3 所示，指推行全过程的质量管理、全员的质量管理、全企业的质量管理和多方法的质量管理，是对全面质量管理基本要求的概括。

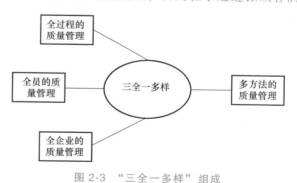

图 2-3 "三全一多样"组成

2.1.5 安全生产与环境保护

1. 安全生产

安全生产是指采取一系列措施使生产过程在符合规定的物质条件和工作秩序下进行，有效消除或控制危险和有害因素，无人身伤亡和财产损失等生产事故发生，从而保障人员安全与健康、设备和设施免受损坏、环境免遭破坏，使生产经营活动得以顺利进行的一种状态。

安全生产是安全与生产的统一，其宗旨是安全促进生产，生产必须安全。搞好安全工作，改善劳动条件，可以调动职工的生产积极性；减少职工伤亡，可以减少劳动力损失；减少财产损失，可以增加企业效益，促进生产的发展。而生产必须安全，则是因为安全是生产的前提条件，没有安全就无法正常生产。

2. 环境保护

环境保护一般是指人类为解决现实或潜在的环境问题，协调人类与环境的关系，保护人类的生存环境，保障经济社会的可持续发展而采取的各种行动的总称。通过采取行政、法律、经济、科学技术等措施，保护人类生存环境不受污染和破坏。还要依据人类的意愿保护和改善环境，使它更好地适合人类劳动和生活以及自然界中生物的生存，消除那些破坏环境并危及人类生活和生存的不利因素。

环境保护所要解决的问题大致包括两个方面的内容：①保护和改善环境质量，保护人类的身心健康，防止机体在环境的影响下变异和退化；②合理利用自然资源，减少或消除有害物质进入环境，以及保护自然资源（包括生物资源）的恢复和扩大再生产，以利于人类生命活动。

3. 安全生产与环保之间的辩证关系

我们应该持一种怎样的生态环保观和企业安全生产观呢？环保和安全生产是一对不可调和的矛盾体吗？答案是否定的。首先，它们的目标是一致的，都是为了人类的生存；其次，科学的生态环保和安全生产能够做到对立统一。世界各国的历史已经表明，在安全生产与环境变化之间有一个共同的规律：一个国家在工业化进程中必然会产生环境污染，同时随着国内生产总值（GDP）的高速增长，污染水平逐渐升高，尤其在重工业时代。但当GDP增长到一定程度后，产业结构优化以及居民环境支付意愿增强，污染水平会出现下降的趋势。当污染水平到达转折点后，反而会随着GDP的增长急转向下，直至污染水平重新回到环境容量之下。日本的经济发展过程就印证了这一规律。

2.2　机械识图基础

用正投影的方法所绘制的物体图形称为视图。三视图就是主视图（正视图）、俯视图和左视图（侧视图）的总称。

2.2.1　三视图的形成及其投影规律

一个方向的投影所表达的形体结构具有不确定性，如图2-4所示。所以，通常需将形体向多个方向投影，才能完整清晰地表达出形体的形状特征。

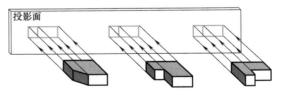

图2-4　一个投影不能确定空间物体的情况

1. 三投影面体系

选用三个互相垂直的投影面，建立三投影面体系，如图2-5所示。在三投影面体系中，三个投影面分别用 *V*（正面投影面）、*H*（水平投影面）、*W*（侧面投影面）来表示。三个投影面的交线 *OX*、*OY*、*OZ* 称为投影轴，三个投影轴的交点 *O* 称为原点。

2. 三视图的形成

如图2-6a所示，将 L 形块放在三投影面中间，分别向正面、水平面和侧面投影。在正面的投影叫主视图，在水平面上的投影叫俯视图，在侧面上的投影叫左视图。

如图 2-6b 所示，为了把三视图画在同一平面上，规定正面不动，水平面绕 *OX* 轴向下转动 90°，侧面绕 *OZ* 轴向右转 90°，使三个互相垂直的投影面展开在一个平面上，如图 2-6c 所示。把投影面的边框去掉，便得到三视图，如图 2-6d所示。

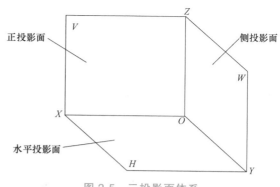

图 2-5　三投影面体系

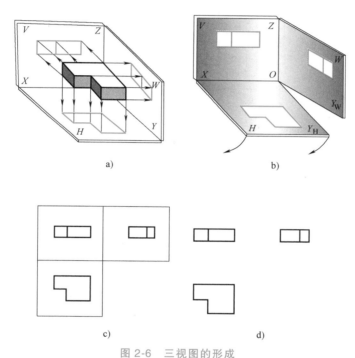

a)　　　　　　　　　　b)

c)　　　　　　　　　　d)

图 2-6　三视图的形成

a) 三面投影　b) 投影面展开　c) 展开后的投影　d) 三视图

三视图与物体方位的对应关系：物体有长、宽、高三个方向的尺寸，有上、下、左、右、前、后 6 个方位的关系，如图 2-7a 所示。6 个方位在三视图中的对应关系如图 2-7b所示。①主视图反映了物体的上、下、左、右 4 个方位关系；②俯视图反映了物体的前、后、左、右 4 个方位关系；③左视图反映了物体的上、下、前、后 4 个方位关系。

注意：以主视图为中心，俯视图、左视图靠近主视图的一侧为物体的后面，远

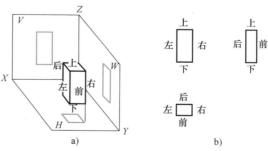

图 2-7　三视图的方位关系

a) 立体图　b) 三视图

离主视图的一侧为物体的前面。

3. 三视图的投影规律

物体左右之间的距离叫作长；前、后之间的距离叫作宽；上、下之间的距离叫作高。主视图反映物体的长和高；俯视图反映物体的长和宽；左视图反映物体的高和宽。由此可以总结出三视图之间的投影规律为（图2-8）：①V面、H面（主、俯视图）长对正；②V面、W面（主左视图）高平齐；③H面、W面（俯、左视图）宽相等。

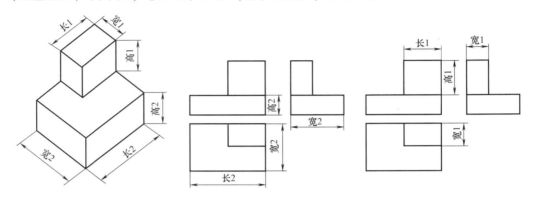

图 2-8 三视图的投影关系

这个规律可以简称为"长对正、高平齐、宽相等"的三等规律。这是三视图最基本的投影规律，也是在绘图和识图时都必须遵循的投影规律，是绘图和识图的依据。

4. 三视图的尺寸标注（GB/T 4458.4—2003，GB/T 16675.2—2012）

（1）基本规则

1）机件的真实大小应以图样所注尺寸数值为依据，与图形的大小及绘图准确程度无关。

2）图样中的尺寸，以毫米为单位时，无需注明。若采用其他单位要注明。

3）图样中所标注的尺寸，为该图样所示机件的最后完工尺寸，否则应另加说明。

（2）尺寸的组成 尺寸由尺寸界线、尺寸线和尺寸数字组成，如图2-9所示。

1）尺寸界线。它表示尺寸的度量范围。一般用细实线，也可利用轴线、中心线和轮廓线。

2）尺寸线。它表示所注尺寸的度量方向和长度，必须用细实线。

3）尺寸数字。线性尺寸数字一般应注写在尺寸线上方，也允许注写

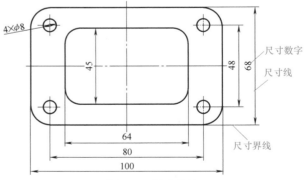

图 2-9 尺寸标注

在尺寸线的中断处。尺寸数字不能被任何图线穿过，必要时可将该图线断开。

2.2.2 图纸幅面和格式（GB/T 14689—2008）

GB/T 14689—2008《技术制图图纸幅面和格式》（其中 GB 为国家标准代号，T 表示推

荐性标准，14689 是标准顺序号，2008 是标准批准年号）规定：绘制技术图样时，应优先采用表 2-1 所规定的基本幅面，必要时也允许选用加长幅面。必须用粗实线画出图框，图框格式分为不留装订边和留有装订边两种，但同产品的图样只能采用一种格式。不留装订边的图样，其图框格式如图 2-10 所示。周边尺寸 a、c、e 见表 2-1，一般采用 A4 幅面竖装，A3 幅面横装。

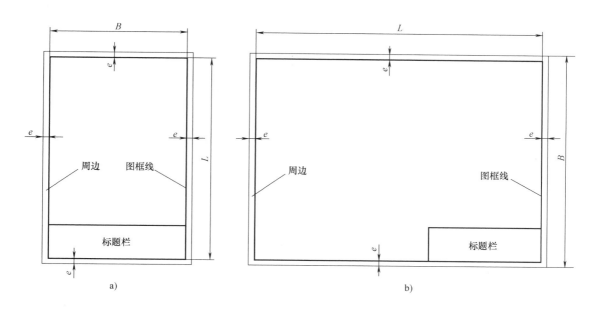

图 2-10　无装订边图纸的图框格式

a）竖装　b）横装

表 2-1　图纸的基本幅面和图框尺寸

幅面代号	幅面尺寸/mm×mm	周边尺寸/mm			
	$B \times L$	a	c	e	
A0	841 * 1198	25	10	20	
A1	594 * 841				
A2	420 * 494			10	
A3	297 * 420		5		
A4	210 * 197				

1. 比例（GB/T 14690—1993）

GB/T 14690—1993《技术制图比例》规定：比例是指图中图形与实物相应要素的线性尺寸之比。比值为 1 的比例称为原值比例，比值大于 1 的比例称为放大比例，比值小于 1 的称为缩小比例。

绘制图样时，一般应从表 2-2 规定的系列中选取不带括号的适当比例，必要时也允许选取表 2-2 中带括号的比例。

为了能从图样上得到实物大小的真实概念，尽量采用 1:1 画图。当机件不宜用 1:1 画时，也可用缩小或放大的比例画出。不论放大或缩小，在标注尺寸时必须标注机件的实际尺寸。图 2-11 所示为同一机件采用不同比例所画出的图形和标注尺寸。

表 2-2　绘图的比例

原值比例	1：1
缩小比例	$(1：1.5)$　$1：2$　$(1：2.5)$　$(1：3)$　$(1：4)$　$1：5$　$(1：6)$　$1：1×10^n$　$(1：1.5×10^n)$ $1：2×10^n$　$(1：2.5×10^n)$　$(1：3×10^n)$　$(1：4×10^n)$　$(1：5×10^n)$　$(1：6×10^n)$
放大比例	$2：1$　$(2.5：1)$　$(4：1)$　$5：1$　$1×10^n：1$　$2×10^n：1$　$(2.5×10^n：1)$ $(4×10^n：1)$　$5×10^n：1$

注：n 为正整数。

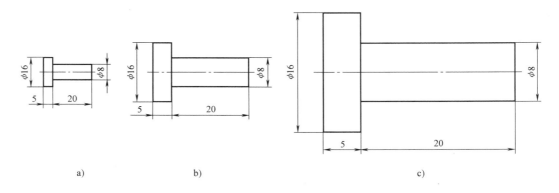

a)　　　　　　　　b)　　　　　　　　　　　c)

图 2-11　同一机件不同比例的图形及标注尺寸

a) 缩小比例 1：2　b) 原值比例 1：1　c) 放大比例 2：1

绘制同一机件的各个视图时应尽量采用相同的比例，并在标题栏的比例一栏中填写。当某个视图需要用不同的比例时，必须在该图上方或另行标注，如：

$$\frac{I}{2：1}　\frac{A}{3：1}　\frac{B—B}{5：1}$$

2. 图线的型式与应用（GB/T 4457.4—2002、GB/T 17450—1998）

国家标准中规定了八种图线型式：粗实线、细实线、波浪线、双折线、虚线、细点画线、粗点画线、双点画线，如图 2-12 所示。图线的宽度只有粗、细两种，粗线的宽度为 b，细线的宽度约为 $b/2$。

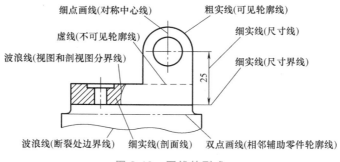

图 2-12　图线的型式

2.2.3　零件图及零件的表达

1. 零件图

零件图是生产中指导制造和检验该零件的主要图样，它不仅是把零件的内外结构、形状和大小表达清楚，还需要对零件的材料进行加工、检验、测量，提出必要的技术要求。零件图必须包含制造和检验零件的全部技术资料。因此，一张完整的零件图一般应包括一组视图、完整的尺寸、技术要求以及标题栏等内容。

（1）一组视图用于正确、完整、清晰和简便地表达出零件内外结构和形状的图形，包括机件的各种表达方法，如基本视图、剖视图、断面图、局部放大图和简化画法等。

（2）完整的尺寸　零件图中应正确、完整、清晰、合理地标出制造零件所需的全部尺寸。

（3）技术要求　零件图中必须用规定的代号、数字、字母和文字注解说明制造和检验零件时在技术指标上应达到的要求。如表面结构、极限与配合、几何公差、材料和热处理、检验方法以及其他特殊要求等。技术要求的文字一般注写在标题栏上方空白处。

（4）标题栏　标题栏应配置在图框右下角。它一般由更改区、签字区、其他区、名称以及代号区组成。填写的内容主要有零件的名称、材料、数量、比例、图样代号以及设计、审核批准者的姓名、日期等。标题栏的尺寸和格式已经标准化，可参见有关标准。

2. 零件的表达

零件的表达方案选择应首先考虑看图方便，应根据零件的结构特点选用适当的表示方法。由于零件的结构形状是多种多样的，所以在画图前，应对零件进行结构形状分析。结合零件的工作位置和加工位置，选择最能反映零件形状特征的视图作为主视图，并选好其他视图，以确定一组最佳的表达方案。

选择表达方案的原则是：在完整、清晰表示零件形状的前提下，力求制图简便。

2.2.4　图样中常见的符号

图样中常见的符号与缩写词如表 2-3。

表 2-3　图样中常见的符号与缩写词

名称	符号或缩写词	名称	符号或缩写词
直径	Φ	45°倒角	C
半径	R	深度	↓
球直径	$S\Phi$	沉孔或挫平	⊔
球半径	SR	埋头孔	∨
厚度	t	均布	EQS
正方形	□		

2.3　切削加工基础知识

2.3.1　切削加工概述

1. 切削加工的实质和分类

切削加工是利用切削刀具（或工具）和工件作相对运动，从毛坯（铸件、锻件、型材等）上切除多余的金属层，以获得尺寸精度、形状和位置精度、表面质量完全符合图样要求的机器零件的加工方法。经过铸造、锻压、焊接所加工出来的大都为零件的毛坯，很少能在机器上直接使用，一般机器中绝大多数的零件要经过切削加工才能获得。因而，切削加工对保证产品质量和性能、降低产品成本有着重要的意义。

切削加工分为钳工和机械加工两大部分。钳工一般是指通过工人手持工具对工件进行的切削加工，其主要内容有划线、錾削、锯削、锉削、刮削、研磨、钻孔、扩孔、铰孔、攻螺纹、套螺纹、机械装配和修理等。钳工使用的工具简单、方便灵活，能完成机械加工不便完成的工作，是机械制造、装配和修理工作中不可缺少的重要工种。随着生产的发展，钳工机械化的内容也逐渐丰富起来。

机械加工是指通过工人操纵机床对工件进行切削加工，其主要加工方式有车削、钻削、镗削、铣削、刨削、磨削等，如图 2-13 所示，所使用的设备相应为车床、钻床、镗床、铣床、刨床、磨床等。

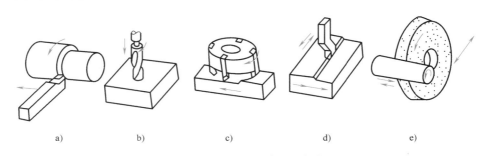

图 2-13　机械加工的主要方式
a）车削　b）钻削　c）铣削　d）刨削　e）磨削

2. 切削加工的主要特点

（1）加工精度宽　切削加工可以达到的精度和表面粗糙度值范围很广，并且可以获得很高的加工精度和很低的表面粗糙度值，一般现代切削加工技术已经达到尺寸精度 IT5 以上，表面粗糙度 Ra 值达到 $0.008\mu m$。

（2）使用范围广　切削加工零件的材料、形状、尺寸和质量范围较大。切削加工多用于金属材料的加工，如各种碳钢、合金钢、铸铁、有色金属及合金等，也可用于非金属材料的加工，如石材、木材、塑料和橡胶等。现代制造也已经有了各种型号及大小的机床，既可以加工数十米以上的大型零件，也可以加工微小的零件。加工表面包括常见的规则表面，也可以加工不规则的空间三维曲面。

（3）生产率高　在常规条件下，切削加工的生产率一般高于其他加工方法，特别是数控加工技术的发展，已将切削加工技术提高到一个崭新的阶段。

3. 切削运动

切削加工是靠刀具和工件之间的相对运动来实现的。各种机床为实现加工所必需的加工刀具与工件间的相对运动称为切削运动。根据在切削过程中所起的作用不同，切削运动分为主运动和进给运动。

（1）主运动　主运动是提供切削可能性的运动。若没有这个运动，就无法切削。其特点是在切削过程中速度最快，消耗动力最大。如图 2-14 中车削时的工件、铣削时的铣刀、磨削时的砂轮、钻削时钻头的旋转运动，刨削时刨刀的往复直线运动。

（2）进给运动（又称走刀运动）　进给运动是提供继续切削可能性的运动。若没有这个运动，就不能连续切削。其特点是切削过程中速度低、消耗动力小。

如图 2-14 所示，车刀、钻头及铣削时工件的移动，牛头刨刨削时工件的间歇移动，磨削外圆时工件的旋转和往复轴向移动及砂轮周期性横向移动都是进给运动。

切削加工中主运动只有一个，进给运动则可能是一个或多个。

主运动和进给运动可以由刀具单独完成（如钻床上钻孔），也可以由刀具和工件分别完成（如铣削、车床上钻孔）。主运动和进给运动可以同时进行（如车削、铣削、钻削、磨削），也可交替进行（如刨削）。

4. 切削用量三要素

切削运动使工件产生三个不断变化的表面，如图 2-14 所示。待加工表面是工件上有待切除的表面；已加工表面是工件经刀具切削后产生的新表面；过渡表面（又称切削表面）是工件上由切削刃形成的那部分表面。

切削用量三要素是指切削速度、进给量和背吃刀量（旧称切削深度）。它表示切削时各运动参数的数量，是切削加工前调整机床运动的依据。车削外圆、铣削平面和刨削平面时的切削用量三要素如图 2-14 所示。

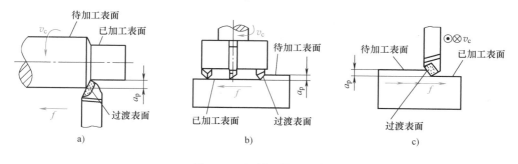

图 2-14　切削用量三要素

a）车削用量三要素　b）铣削用量三要素　c）刨削用量三要素

（1）切削速度　切削速度为切削刃选定点相对工件主运动的瞬时速度。用符号 "v_c" 表示，其单位为 m/s。

（2）进给量　进给量为刀具在进给运动方向上相对工件的位移量。可用刀具或工件每转或每行程的位移量来表述和度量。用符号 "f" 表示，其单位为 mm/r 或 mm/min。

（3）背吃刀量　背吃刀量为在通过切削刃基点并垂直工作平面的方向上测量的吃刀量。用符号 "a_p" 表示，其单位为 mm。

切削用量三要素是影响加工质量、刀具磨损、生产率及生产成本的重要参数。

粗加工时，一般以提高生产率为主，兼顾加工成本。可选用较大的背吃刀量和进给量，但切削速度受机床功率和刀具耐用度等因素的限制而不宜太高。

半精、精加工时，在首先保证加工质量的前提下，需考虑经济性。可选较小的背吃刀量和进给量，一般情况下选较高的切削速度。切削加工时可参考切削加工手册及有关工艺文件来选择切削用量。

2.3.2 切削刀具的基础知识

刀具是切削加工中影响生产率、加工质量和生产成本的最重要的因素。

1. 刀具材料应具备的性能

在切削过程中，刀具切削部分是在较大的切削压力、较高的切削温度以及剧烈摩擦条件下工作的。在切削余量不均匀或有断续表面时，刀具会受到很大的冲击与振动。因此，刀具切削部分的材料必须具备下列性能：

（1）高硬度和高耐磨性　硬度是指刀具材料抵抗其他物体压入表面的能力。刀具要从工件上切除多余的金属，其硬度必须大于工件材料硬度，一般常温下硬度应超过 60HRC。耐磨性是指材料抵抗磨损的能力。耐磨性与硬度有密切关系，硬度越高，均匀分布的细化碳化物越多，则耐磨性越好。

（2）足够的强度和韧度　切削时刀具主要承受各种应力与冲击。一般用抗弯强度和冲击韧度来衡量刀具材料的强度和韧度，它们能反映刀具材料抗断裂、崩刃的能力。但是，强度与韧度高的材料，必然引起硬度与耐磨性的下降。

（3）高的耐热性与化学稳定性　耐热性是指在高温下刀具材料保持硬度、耐磨性、强度和韧度的能力。可用高温硬度表示，也可用红硬性（维持刀具材料切削性能的最高温度限度）表示。耐热性越好，材料允许的切削速度越高。它是衡量刀具材料性能的主要指标。化学稳定性是指刀具材料在高温下不易与工件材料或周围介质发生化学反应的能力。化学稳定性越好，刀具的磨损越慢。

（4）良好的工艺性和经济性　刀具材料应有锻造、焊接、热处理、磨削加工等良好的工艺性，还应尽可能满足资源丰富、价格低廉的要求。

2. 刀具材料的种类、性能与应用

当前使用的刀具材料有：碳素工具钢、合金工具钢、高速钢、硬质合金、陶瓷、立方氮化硼和人造金刚石等，其中以高速钢和硬质合金用得最多。常用刀具材料的主要性能、牌号和用途见表 2-4。

3. 刀具的磨损和切削液的使用

在切削过程中，切屑和刀具、刀具和工件之间存在着强烈的摩擦和挤压作用，使刀具处在高温高压的作用下，切削刃由锋利逐渐变钝以致失去正常切削能力。

刀具磨损会使切削力增大，切削温度升高，切削时产生振动，最终使零件表面质量降低，并导致刀具急剧磨损或烧坏。刀具过早磨损会直接影响生产率、加工质量和加工成本。在生产中，常根据切削过程中出现的异常现象，如工件表面粗糙度值变大、切屑变色发毛、切削力突然增大、切削温度上升、发生振动和噪声显著增大等，来大致判断刀具是否已经磨钝。刀具磨钝后要及时进行刃磨。

表 2-4　常用刀具材料的主要性能、牌号和用途

种类	硬度 HRC	红硬温度/ ℃	抗弯硬度/ 10^3 MPa	工艺性能	常用牌号	用　途
碳素 工具钢	60~64	200	2.5~2.8	可冷热加工成形，切削加工和热处理性能好	T8A T10A T12A	仅用于少数手动刀具，如锉刀、手用锯条等

（续）

种类	硬度 HRC	红硬温度/ ℃	抗弯硬度/ 10^3 MPa	工艺性能	常用牌号		用途
合金 工具钢	60~65	250~300	2.5~2.8	可冷热加工成形，切削加工和热处理性能好	9SiCr CrWMn		用于低速刀具，如锉刀、丝锥、板牙等
高速钢	62~67	550~600	2.5~4.5		W18Cr4V W6Mo5Cr4V2		用于形状复杂的机动刀具，如钻头、铰刀、铣刀、齿轮刀具等
硬质合金	74~82	850~1000	0.9~2.5	不能切削加工，只能粉末压制烧结成形，磨削后即可使用。不能热处理	钨钴类	YG3 YG6 YG8	一般做成刀片镶嵌在刀体上使用，如车刀、刨刀的刀头等。钨钴类用于加工铸铁、有色金属与非金属材料。钨钛钴类用于加工钢件。钨钛钽（铌）类既适用于加工脆性材料又适用于加工塑性材料
					钨钛钴类	YT5 YT15 YT30	

减少刀具磨损的重要措施之一是切削过程中使用切削液。切削液有冷却、润滑、洗涤与排屑、防锈四大作用，生产中常用的切削液主要有水基、油基两种，其分类及适用范围见表2-5。正确使用切削液，可使切削速度提高30%左右，切削温度下降100~150℃，切削力减少10%~30%，刀具寿命延长4~5倍。合理使用切削液，还可以减小工件变形，提高加工精度、已加工表面的质量和生产率。

表 2-5 切削液的分类及适用范围

类别		主要组成	性能	适用范围	备注
水基切削液（水溶液）	合成切削液（水溶液）——普通型	在水中添加亚硝酸钠等水性防锈添加剂，加入碳酸钠或磷酸三钠，使水溶液微带碱性	冷却性能、清洗性能好，有一定的防锈性能。润滑性能差	粗磨、粗加工	—
	防锈型	在水中除添加水溶性防锈添加剂外，再加表面活性剂、油性添加剂	冷却性能、清洗性能、防锈性能好，兼有一定的润滑性能，透明性较好	对防锈性要求高的精加工	—
	极压型	再加极压添加剂	有一定极压润滑性	重切削和强力磨削	—
	多效型	—	除具有良好冷却、清洗、防锈、润滑性能外，还能防止对铜、铝等金属的腐蚀	适于黑色金属、铜、铝切削及磨削加工，也适用于极压切削或精密切削加工	—
水基切削液	乳化液——防锈乳化液	常用1号乳化油加水稀释成乳化液	防锈性能好，冷却性能、润滑性能一般，清洗性能稍差	适于防锈性要求较高的工序及一般的车、铣、钻等加工	—
	普通乳化液	常用2号乳化油加水稀释成乳化液	清洗性能、冷却性能好，兼有防锈性能和润滑性能	适于磨削加工及一般切削加工	—

（续）

类别			主要组成	性能	适用范围	备注
水基切削液	乳化液	极压乳化液	常用 3 号乳化油加水稀释成乳化液	极压润滑性能好,其他性能一般	适于要求良好的极压润滑性能的工序,如拉削、攻螺纹、铰孔以及难加工材料的加工	—
油基切削液	（切削油）	矿物油	5 号、7 号高速机械油,10 号、20 号、30 号机械油,煤油等	润滑性能好,冷却性能差,化学稳定性好,透明性好	适于流体润滑,用于冷却、润滑系统合一的机床,如多轴自动车床、齿轮加工机床、螺纹加工机床	有时需加入油溶性防锈添加剂
		动植物油	豆油、菜油、棉子油、蓖麻油、猪油、鲸鱼油、蚕蛹油等	润滑性能比矿物油好,但易腐败变质,冷却性能差,不易清洗	适于边界润滑,用于攻螺纹、铰孔、拉削	逐渐被极压切削油代替
		复合油	以矿物油为基础再加若干动、植物油	润滑性能好,冷却性能差	适于边界润滑,用于攻螺纹、铰孔、拉削	逐渐被极压切削油代替
		极压切削油	以矿物油为基础再加若干极压添加剂、油性添加剂及防锈添加剂等,最常用的有硫化切削油、含硫氯、硫磷或硫氯磷的极压切削油	极压润滑性能好,可代替动、植物油或复合油	适于要求良好的极压润滑性能的工序,如攻螺纹、铰孔、拉削、滚齿、插齿以及难加工材料的加工	

2.4　机床的分类

1. 机床的分类和编号

机床是切削加工的主要设备。为适应不同的加工需要，机床的种类很多。为了便于区别、使用和管理，需对机床加以分类并编制型号。

机床主要按其加工性质和所用的刀具进行分类。根据国家制定的机床型号编制方法（GB/T 15375—2008）目前将机床分为 11 类：车床、钻床、镗床、磨床、齿轮加工机床、螺钉加工机床、铣床、刨插床、拉床、锯床和其他机床。

在每一类机床中，又按工艺特点、布局型式和结构特性等不同，分为若干组，每一组又细分为若干系列。

除上述基本分类方法外，机床还可按其他特征进行分类。

按照工艺范围（通用程度）不同，机床可分为通用机床、专门化机床和专用机床。

按照加工精度不同，同类型机床可分为普通精度级机床、精密级机床和高精度级机床。

按照自动化程度不同，机床可分为手动、机动、半自动和自动机床。

按照质量和尺寸不同，机床可分为仪表机床、中型机床、大型机床、重型机床和超重型机床。

此外，机床还可以按主要工作部件的多少，分为单轴、多轴或单刀、多刀机床等。而且随着机床的发展，其分类方法也在不断发展。

表2-6、表2-7分别为金属切削机床类、组划分类和通用特性代号。

表2-6 金属切削机床类、组划分类

类别		组 别									
		0	1	2	3	4	5	6	7	8	9
车床 C		仪表车床	单轴自动车床	多轴自动、半自动车床	回轮、转塔车床	曲轴及凸轮轴车床	立式车床	落地及卧式车床	仿形及多刀车床	轮、轴、辊、锭及铲齿车床	其他车床
磨床	M	仪表磨床	外圆磨床	内圆磨床	砂轮机	坐标磨床	导轨磨床	刀具刃磨床	平面及端面磨床	曲轴、凸轮轴、花键轴及轧辊磨床	工具磨床
	2M	—	超精机	内圆珩磨床	外圆及其他珩磨机	抛光机	砂带抛光及磨削机床	刀具刃磨及研磨机床	可转位刀片磨削机床	研磨机	其他磨床
	3M	—	球轴承套圈沟磨床	滚子轴承套圈滚道磨床	轴承套圈超精机	—	叶片磨削机床	滚子加工机床	钢球加工机床	气门、活塞及活塞环磨削机床	汽车、拖拉机修磨机床
钻床 Z		—	坐标镗钻床	深孔钻床	摇臂钻床	台式钻床	立式钻床	卧式钻床	铣钻床	中心孔钻床	其他钻床
镗床 T		—	—	深孔镗床	—	坐标镗床	立式镗床	卧式铣镗床	精镗床	汽车、拖拉机修理镗床	其他镗床
齿轮加工机床 Y		仪表齿轮加工机	—	锥齿轮加工机床	滚齿及铣齿机	剃齿及珩齿机	插齿机	花键轴铣床	齿轮磨齿机	其他齿轮加工机	齿轮倒角及检查机
螺纹加工机床 S		—	—	—	套螺纹机	攻螺纹机	—	螺纹铣床	螺纹磨床	螺纹车床	—
铣床 X		仪表铣床	悬臂及滑枕铣床	龙门铣床	平面铣床	仿形铣床	立式升降台铣床	卧式升降台铣床	床身铣床	工具铣床	其他铣床
刨插床 B		—	悬臂刨床	龙门刨床	—	—	插床	牛头刨床	—	边缘及磨具刨床	其他刨床
拉床 L		—	—	侧拉床	卧式外拉床	连续拉床	立式内拉床	卧式内拉床	立式外拉床	键槽、轴瓦及螺纹拉床	其他拉床
锯床 G		—	—	砂轮片锯床	—	卧式带锯床	立式带锯床	圆锯床	弓锯床	锉锯床	—
其他机床 Q		其他仪表机	管子加工机床	—	刻线机	切断机	多功能机床	—	—	—	—

表 2-7　通用特性代号

通用特性	高精度	精度	自动	半自动	数控	加工中心 （自动换刀）	仿形	轻型	加重型	简式或 经济型	柔性加 工单元	数显	高速
代号	G	M	Z	B	K	H	F	Q	C	J	R	X	S
读音	高	密	自	半	控	换	仿	轻	重	简	柔	显	速

2. 机床的运动

在金属切削机床上切削工件时，工件与刀具间的相对运动，就其运动性质而言，有旋转运动和直线运动两种。但就机床上运动的功能看，则可划分为表面成形运动、切入运动、分度运动、辅助运动、操纵及控制运动和校正运动等。

（1）表面成形运动　表面成形运动简称成形运动，是保证得到工件要求的表面形状的运动。表面成形运动是机床上最基本的运动，是机床上的刀具和工件为了形成表面发生线而做的相对运动。

成形运动按其在切削加工中所起的作用，又可分为主运动和进给运动。主运动是切除工件上的被切削层，使之转变为切屑的主要运动；进给运动是依次或连续不断地把被切削层投入切削，逐渐切出整个工件表面的运动。主运动的速度高，消耗的功率大；进给运动的速度较低，消耗的功率也较小。任何一种机床，必定有主运动，且通常只有一个，但进给运动可能有一个或多个，也可能没有（如拉床）。主运动和进给运动可能是简单的成形运动，也可能是复合的成形运动。

（2）切入运动　切入运动用以实现使工件表面逐步达到所需尺寸的运动。

（3）分度运动　当加工若干个完全相同的均匀分布的表面时，为使表面成形运动得以周期地连续进行的运动称为分度运动。分度运动可以是回转的分度、可以是直线移动的分度、可以是间歇分度。分度运动分为手动、机动和自动。

（4）辅助运动　为切削加工创造条件的运动称为辅助运动。如工件或刀具的调位、快速趋近、快速退出和工作行程中空程的超越运动，以及修整砂轮、排除切屑、刀具和工件的自动装卸和夹紧等。辅助运动虽然不直接参与表面成形过程，但对机床整个加工过程却是不可缺少的，同时还对机床的生产率、加工精度和表面质量有较大的影响。

（5）操纵及控制运动　操纵及控制运动包括起动、停止、变速、换向，部件与工件的夹紧、松开、转位以及自动换刀、自动测量、自动补偿等运动。

（6）校正运动　在精密机床上，为了消除传动误差的运动称为校正运动。如精密螺纹车床或螺纹磨床中的螺距校正运动。

3. 机床的传动形式

为了实现加工过程中所需的各种运动，机床必须具备以下三个基本部分：

（1）执行件　执行件是执行机床运动的部件，如主轴、刀架、工作台等，其任务是装夹刀具或工件，直接带动它们完成一定形式的运动（旋转或直线运动），并保证其运动轨迹的准确性。

（2）运动源　运动源是为执行件提供运动和动力的装置，如交流异步电动机、直流或交流调速电动机和伺服电动机等。可以几个运动共用一个运动源，也可以每个运动有单独的运动源。

（3）传动装置（传动件）　传动装置是传递运动和动力的装置，通过它把执行件和运动源或有关的执行件之间联系起来，使执行件获得一定速度和方向的运动，并使有关执行件之间保持某种确定的相对运动关系。机床的传动装置有机械、液压、电气、气压等多种形式。传动装置还有完成变换运动的性质、方向、速度的作用。

机械传动形式工作可靠、维修方便，目前在机床上应用最广泛。其常用的传动类型有传动带、齿轮、蜗轮蜗杆、齿轮齿条和丝杠螺母传动等。

（1）齿轮传动　齿轮传动是目前机床中应用最多的一种传动方式。它的传动种类很多，其中最常用的是直齿圆柱齿轮传动，如图 2-15 所示。

齿轮传动中的主动轮每转一个齿，被动轮也转一个齿。设主动轮的齿数为 z_1，转速为 n_1，被动轮的齿数为 z_2，转速为 n_2，则传动比 i 为

$$i = \frac{n_2}{n_1} = \frac{z_1}{z_2}$$

（2）带传动　带传动是利用胶带与带轮之间的摩擦作用，将主动带轮的转动传到另一个被动带轮上去，如图 2-16 所示。

（3）蜗轮蜗杆传动　在机床传动中，蜗轮蜗杆传动是以蜗杆为主动件，将运动传给蜗轮，如图 2-17 所示。

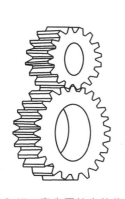
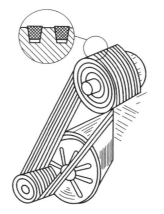
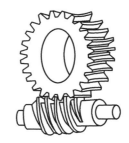

图 2-15　直齿圆柱齿轮传动　　　　图 2-16　带传动　　　　图 2-17　蜗轮蜗杆传动

（4）齿轮齿条传动　齿轮齿条传动可以将旋转运动变为直线运动（齿轮为主动），也可以将直线运动变为旋转运动（齿条为主动），如图 2-18 所示。

（5）丝杠螺母传动　这种传动可使旋转运动变为直线移动，如在车床上车螺纹，当开合螺母闭合在旋转的丝杠上时，刀架便作纵向移动，如图 2-19 所示。

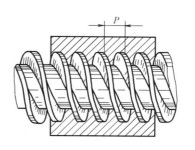

图 2-18　齿轮齿条传动　　　　　　　图 2-19　丝杠螺母传动

2.5 工程测量技术基础知识

2.5.1 工程测量技术的基本概念

测量是将被测量物的几何量值与测量单位或标准量在量值上进行比较，从而求出二者值的实验过程。测量的结果即被测量的具体数值。若被测几何量为 L，所用的计量单位 μ。确定的比值为 q，则基本的测量公式为：

$$L = q\mu$$

例如，用游标卡尺来测量一轴径，就是将被测量对象（轴的直径）用特定测量方法（游标卡尺）与长度单位（mm）相比较。若其量值为 30.52mm，那么 mm 就是计量单位，数字 30.52 就是以 mm 为计量单位时该轴径的数值。

一个完整的测量过程应包括四个要素：被测对象、计量单位、测量方法和测量精度。

1. 被测对象

在几何量测量中，被测对象是指长度、角度、表面粗糙度和几何形状。

2. 计量单位

用以度量同类值的标准量。我国法定计量单位中，长度单位以米（m）为基本度量单位，机械制造中常用的单位有毫米（mm）、微米（μm）和纳米（nm），平面角的角度单位是弧度（rad）、微弧度（μrad）、度（°）、分（′）、秒（″）。

3. 测量方法

测量方法是指根据一定的测量原理，在实时测量过程中对测量原理的运用及实际操作。广义上指测量所采用的测量原理、计量器具和测量条件的总和。

4. 测量精度

测量精度是指测量结果与真实值相一致的程度。与测量精度相反的是测量误差。任何测量过程都不可避免地会出现测量误差。测量误差大，测量精度就低；测量误差小，测量精度就高。

测量技术的基本任务是根据测量对象的特点和质量要求，拟定测量方法，选用计量器具，把被测量和标准量进行比较，分析测量过程的误差，从而得出具有一定测量精度的测量结果。至于如何提高测量效率，降低测量成本，避免发生误收、误废零件的问题，也是测量工作的重要内容。

2.5.2 常用量具

毛坯或零件在加工过程中或加工完成后，一般要借用量具进行尺寸、形状或位置精度的测量。量具的种类多种多样，根据检测物理量的不同可分为多种，如几何量具、热学量具、力学量具、电磁学量具等；根据检测过程中量具是否与物体接触，又可分为接触式测量量具和非接触式测量量具。对于机械制造过程，工件的测量大多是几何量的测量，如尺寸的测量、形状公差和位置公差的测量等。根据不同的检测要求，所用的量具也不同。生产中常用的检测量具有金属直尺、游标卡尺、千分尺、量规、90°角尺、千分表、万能角度尺、刀口形直尺等，下面分别加以介绍。

1. 金属直尺

金属直尺是具有一组或多组有序的标尺标记及标尺数码的钢制、板状的测量器具，是普通测量长度用的简单量具，一般用矩形不锈钢片制成，两边刻有线纹。

（1）金属直尺的测量范围　金属直尺的形式如图 2-20 所示。测量范围有 0～150mm，0～300mm，0～500mm，0～600mm，0～1000mm，0～1500mm，0～2000mm 七种规格，尺的一端呈方形为工作端，另一端呈半圆形并附悬挂孔可用于悬挂。金属直尺的刻线间距为 1mm，也有的在起始 50mm 内加刻了刻线间距为 0.5mm 的刻度线。

图 2-20　金属直尺

（2）金属直尺的使用范围　由于金属直尺的允许误差为 ±0.15～±0.3mm，因此，只能用于对准确度要求不高的工件进行测量。可用于划线，测量内、外径，测量长度、宽度、高度、深度等。

2. 游标卡尺

游标卡尺是一种比较精密的量具，它可以直接量出工件的内径、外径、宽度、深度等。按照读数的准确度，游标卡尺可分为 1/10、1/20 和 1/50 三种，它们的读数准确度分别是 0.1mm、0.05mm 和 0.02mm。游标卡尺的测量范围有 0～125mm、0～200mm 和 0～300mm 等多种规格。

图 2-21 是以 1/50 的游标卡尺为例，说明它的刻线原理和读数方法。

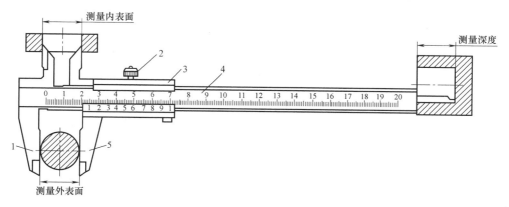

图 2-21　游标卡尺

1—尺框　2—制动螺钉　3—游标　4—尺身　5—内外量爪

刻线原理：如图 2-22 所示，当尺框与内外量爪贴合时，游标上的零线对准尺身的零线，如图 2-22a 所示，尺身每一小格为 1mm，取尺身 49mm 长度在游标上等分 50 格，即尺身上 49mm 刚好等于游标上 50 格。

游标每格长度 $=\dfrac{49}{50}\,\mathrm{mm}=0.98\mathrm{mm}$，尺身与游标尺每格之差 $=1\mathrm{mm}-0.98\mathrm{mm}=0.02\mathrm{mm}$。

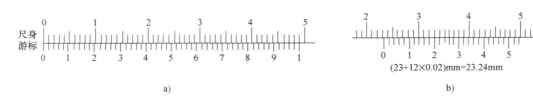

a)   b)

$(23+12\times0.02)mm=23.24mm$

图 2-22 1/50 游标卡尺的度数及示例

读数方法如图 2-22b 所示，可分为三个步骤：①根据游标零线以左的尺身上的最近刻度读出整毫米数。②根据游标零线以右与尺身上刻线对准的刻线数乘上 0.02mm 读出小数。③将上面整数和小数两部分尺寸相加，即为总尺寸。

用游标卡尺测量工件时，应使内外量爪逐渐与工件表面靠近，最后达到轻微接触，如图 2-23 所示。还要注意，游标卡尺必须放正，切忌歪斜，以免测量不准。

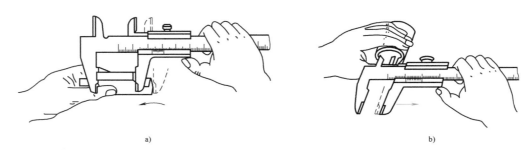

a)   b)

图 2-23 用游标卡尺测量工件

a) 测量外表面尺寸 b) 测量内表面尺寸

图 2-24 所示是专用于测量高度和深度的游标高度尺和游标深度尺。游标高度尺除用来测量工件的高度外，也可用作精密划线用。

使用游标卡尺应注意下列事项：

1) 校对零点。先擦净尺框与内外量爪，然后将其贴合，检查尺身、游标零线是否重合。若不重合，则在测量后应根据原始误差修正读数。

2) 测量时，内外量爪不得用力紧压工件，以免量爪变形或磨损，降低测量准确度。

3) 游标卡尺仅用于测量已加工的光滑表面。表面粗糙的工件和正在运动的工件都不宜用它测量，以免量爪过快磨损。

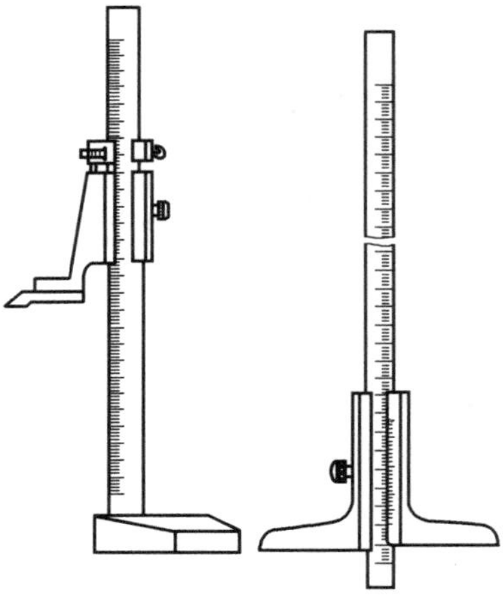

3. 千分尺

千分尺旧称百分尺、分厘卡尺或螺旋测微器。它是比游标卡尺更为精确的测量工具，其测量准确度为 0.01mm。

图 2-24 游标高度尺与游标深度尺

千分尺按其测量范围有 0~25mm、25~50mm、50~75mm、75~100mm、100~125mm 等规格。

图 2-25a 是测量范围为 0~25mm 的千分尺。其测微螺杆和微分筒连在一起,当转动微分筒时,测微螺杆和微分筒一起向左或向右移动。千分尺的刻线原理和读数如图 2-25b 所示。

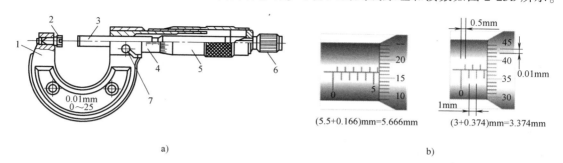

图 2-25　千分尺结构与读数

a) 结构　b) 读数

1—尺架　2—测砧　3—测微螺杆　4—固定套筒　5—微分筒　6—棘轮　7—锁紧螺钉

刻线原理:千分尺的读数机构由固定套筒和微分筒组成(相当于游标卡尺的尺身和游标)。固定套筒在轴线方向上刻有一条中线,中线上下方各刻一排刻线,刻线每小格间距均为 1mm,上下两排刻线相互错开 0.5mm;在微分筒左端锥形圆周上有 50 等分的刻度线。因测微螺杆的螺距为 0.5mm,即螺杆转一周,同时轴向移动 0.5mm,故微分筒上每一小格的读数为

$$\frac{0.5}{50}mm = 0.01mm$$

当千分尺的螺杆左端与砧座表面接触时,同时圆周上的零线应与中线对准。

测量时,读数方法可分三步:①读出距边线最近的轴向刻度线数(应为 0.5mm 的整数倍);②读出与轴向刻度中线重合的圆周刻度数;③将以上两部分读数加起来即为总尺寸。

使用千分尺应注意以下事项:

1)校对零点。将砧座与测微螺杆接触,看圆周刻度零线是否与中线零点对齐,如有误差,应记住差值。在测量时,应根据误差值修正读数。

2)当测微螺杆快要接触工件时,必须使用端部棘轮(严禁使用微分筒,以防用力过大引起测微螺杆或工件变形,造成测量不准确)。当棘轮发出“嘎嘎”打滑声时应停止转动。

3)工件测量表面要擦干净,并准确放在千分尺测量面间,不得偏斜。

4)测量时,不能先锁紧测微螺杆,后用力卡过工件,这样,将导致测微螺杆弯曲或测量面磨损,而降低准确度。

5)读数时提防读错 0.5mm。

4. 量规

量规是一种间接量具,是适用于成批大量生产的一种专用量具。量规的种类很多,可以根据工作的需要自行制作。常用量规有:检验内径的塞规、检验外径的卡规和环规、检验螺纹的螺纹量规、检验间隙的塞尺、检验半径的量规。

(1)塞规　塞规是用来检验孔径或槽宽的,如图 2-26a 所示,它的一端长度较短,其

直径等于工件的上极限尺寸，叫作"不过端"（止端）；另一端较长，其直径等于工件的下极限尺寸，叫作"过端"。检验工件孔径时，当"过端"能过去，"不过端"进不去，则说明工件的实际尺寸在公差范围之内，是合格的，否则就是不合格的，如图2-27a所示。

（2）卡规 卡规是用来检验轴径或厚度的，如图2-26b所示。它和塞规相似也有"过端"和"不过端"（止端），但尺寸上下限规定与塞规相反。测量方法与塞规相同，如图2-27b所示。

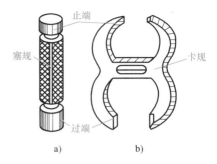

图 2-26 塞规和卡规
a）塞规 b）卡规

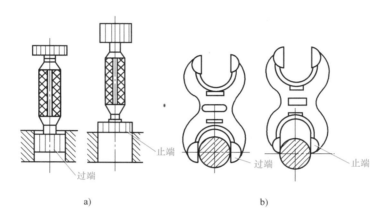

图 2-27 塞规和卡规的使用
a）塞规的使用 b）卡规的使用

（3）塞尺 塞尺是测量间隙的薄片量尺（图2-28）。它是由一组厚度不等的薄钢片组成，每片钢片上都印有厚度标记。测量时根据被测间隙的大小，选择厚度接近的薄片插入被测间隙（可用几片重叠插入）。当一片或数片尺片能塞进被测间隙，则一片或数片的尺片厚度即为被测间隙的间隙值。若某被测间隙能插入 0.05mm 的尺片，换用 0.06mm 的尺片则插不进去，说明该间隙为 0.05～0.06mm。

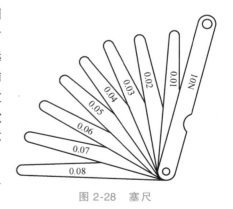

图 2-28 塞尺

测量时选用的尺片数越少越好，且必须先擦净尺面和工件，插入时用力不能太大，以免折弯尺片。

5. 90°角尺

90°角尺如图2-29所示。它的两边成90°角，用来检查工件的垂直度。当90°角尺的一边与工件一面贴紧，工件另一面与90°角尺的另一边露出缝隙，用塞尺可量出垂直度误差。

6. 千分表

千分表是精密测量中用途很广的指示式量具。它属于比较量具，只能测量出相对的数值，不能测量出绝对数值。主要用来测量工件的几何公差（如圆度、平面度、垂直度、圆跳动等），也常用于工件的精密找正。

按分度值来分，千分表有 0.01mm、0.005mm、0.002mm 及 0.001mm 几种。分度值为 0.01mm 的数量较多，因此称这种千分表为百分表，其他为千分表。

从千分表的传动原理考虑，千分表的结构可分为齿轮传动、杠杆齿轮传动及杠杆螺杆传动等几种。

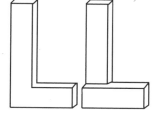

图 2-29　90°角尺

（1）百分表　百分表的结构如图 2-30 所示，属齿轮传动结构。

当测量杆向上或向下移动 1mm 时，通过齿轮传动系统带动大指针转一圈，小指针转一格。刻度盘在圆周上有 100 个等分刻度线，其每格的读数值为 1/100mm = 0.01mm，小指针每格读数为 1mm。

测量时，大小指针所示读数之和即为尺寸变化量。小指针处的刻度范围，即为百分表的测量范围。刻度盘可以转动，供测量时调整大指针对准零位刻线用。百分表使用时常装在专用百分表架上，如图 2-31 所示。

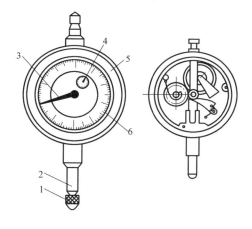

图 2-30　百分表

1—测量头　2—测量杆　3—大指针

4—小指针　5—表壳　6—刻度盘

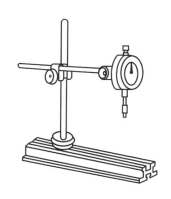

图 2-31　百分表架

百分表应用举例，如图 2-32 所示。

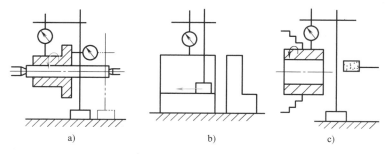

a)　　　　　　　　　　b)　　　　　　　　　　c)

图 2-32　百分表应用举例

a）检查外圆对孔的圆跳动，端面对孔的圆跳动　b）检查工件两面的平行度

c）内圆磨床上用四爪单动盘安装工件时找正外圆

（2）**内径百分表** 内径百分表是用来测量孔径及其形状精度的一种精密的比较量具，图 2-33 所示是内径百分表的结构。它附有成套的可换插头，其读数准确度为 0.01mm。测量范围有 6～10mm、10～18mm、18～35mm、35～50mm、50～100mm、100～160mm 等几种。内径百分表是测量公差等级 IT7 以上孔的常用量具，使用内径百分表的方法如图 2-34 所示。

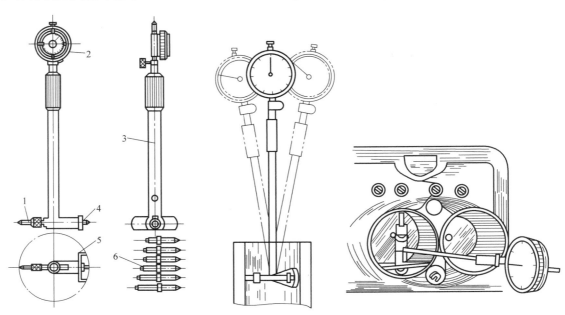

图 2-33　内径百分表

1—可换插头　2—百分表　3—接管

4—活动量杆　5—定心桥　6—可换插头

图 2-34　内径百分表使用方法

7. 万能角度尺

万能角度尺是用来测量工件内、外角度的量具，其结构如图 2-35 所示。

万能角度尺的读数机构是根据游标原理制成的。尺身刻线每格 1°。游标的刻线是取尺身的 29° 等分为 30 格，因此游标刻线每格为 $\frac{29°}{30}$，即尺身与游标一格的差值为 $1° - \frac{29°}{30} = \frac{1°}{30} = 2'$，也就是万能角度尺读数准确度为 2′，其读数方法与游标卡尺完全相同。

测量时应先校准零位。万能角度尺的零位，是当角尺与直尺均装上，且角尺的底边及基尺与直尺无间隙接触，此时尺身与游标的零线对准。调整好零位后，通过改变基尺、角尺、直尺的相互位置，可测得 0～

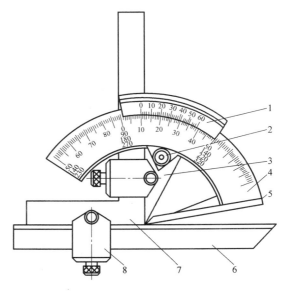

图 2-35　万能角度尺

1—游标　2—制动器　3—扁形板　4—尺身

5—基尺　6—直尺　7—角尺　8—卡块

320°的任意角度。应用万能角度尺测量工件时，要根据所测角度适当组合量尺，其应用举例如图 2-36 所示。

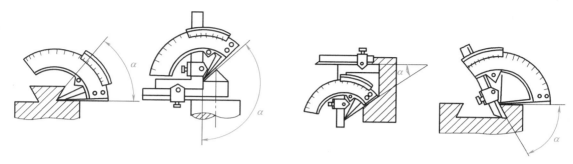

图 2-36　万能角度尺的应用

8. 刀口形直尺

刀口形直尺是用光隙法检验直线度或平面度的量尺，如图 2-37 所示。若平面不平，则刀口形直尺与平面之间的缝隙可根据光隙判断误差状况，也可用塞尺测量缝隙大小。

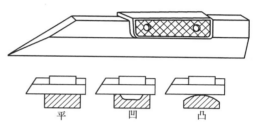

平　　凹　　凸

图 2-37　刀口形直尺及其应用

9. 量具的保养

量具保养的好坏，直接影响到它的使用寿命和零件的测量精度。因此，必须做到以下几点：

1）量具在使用前、后必须擦拭干净。

2）不能用精密量具去测量毛坯或运动着的工件。

3）测量时不能用力过猛、过大，也不能测量温度过高的工件。

4）不能把量具乱扔、乱放，更不能当工具使用。

5）不能用脏油洗量具或注入脏油。

6）量具用完后应擦洗干净、涂油，并放入专用量具盒内。

2.5.3　工程测量展室简介

工程测试技术是工业 4.0 的基础，也是物联网的基础。以知识积淀和技术传承为培养目标，从工程测量的源头开始，通过实物展示和虚拟现实等手段，向大众和广大青少年展现测量技术的发展历程，同时通过趣味性的创新实践，培养大众和青少年的创新能力。

河北工业大学工程测量展室主要实现工程测量科学原理展示、历史文化传承、创新实践与互动，主要开设工程认知课程、创新训练课程、青少年工程测量文化培训课程等。通过工程测量技术的实践与学习、工程测量设备的观摩体验，提高学生对工程测量知识的兴趣，触发其创新灵感，培养不同专业学生的工程素养和技能认知。

展室主要展示工程测量技术的原理、装置及历史文化传承展板，拥有条形码打印系统、教学设计系统两款辅助教学软件。测量内容包括力、时间、长度、温度、电磁波、电信号与传感器、几何公差、常用测量工具等 10 余种测量模块。

复习思考题

1. 简述产品设计过程。
2. 机床切削刀具的材料主要有哪些？
3. 我国国标规定的图纸幅面有哪几种？
4. 切削用量三要素是什么？
5. 生产中常用的检测量具有哪些？

第 2 篇

热加工技术

铸　　造

3.1　概述

将熔融的液态金属浇铸到与零件形状相适应的铸型空腔中，待其冷却凝固后，获得一定形状和性能的金属成形方法称为铸造。

铸造是零件毛坯最常用的生产工艺之一，它具有很多优点。与其他成形工艺相比，它不受零件毛坯重量、尺寸和形状的限制，重量从几克到几百吨，壁厚由 0.3mm 到 1m 的零件，以及形状十分复杂，用机械加工十分困难，甚至难以制得的零件，都可以用铸造的方法获得；而铸造生产的原材料来源丰富，即使是铸造生产中的金属废料，大都可以回炉再利用；设备投资较少、成本较低。

铸造的主要缺点是：生产工序较多、铸件的力学性能比锻件差、质量不稳定、废品率高。此外，传统的砂型铸造在劳动条件和环境污染方面存在一定的问题。

铸造是机械制造业中一项重要的毛坯制造工艺过程，其质量和产量以及精度等直接影响到产品的质量、产量和成本。大多数铸件只是毛坯，需要经过机械加工后才能成为各种机械零件。铸造在机械制造中的应用十分广泛。而铸造生产的现代化程度反映了机械工业的先进程度，同时也反映了环保生产和节能省材的工艺水准。

铸造的方法有很多种，通常分为砂型铸造和特种铸造。

（1）砂型铸造　砂型铸造是以砂为主要造型材料制备铸型的一种铸造方法。由于砂型铸造的自身特点（不受零件形状、大小、复杂程度及合金种类的限制，生产周期短，成本低），砂型铸造依旧是铸造生产中应用最广泛的铸造方法，尤其是单件或小批量铸件。

（2）特种铸造　特种铸造是除常规砂型重力铸造以外的铸造方法，都是特种铸造。包括消失模铸造、低压铸造和金属型铸造等。

3.2　铸型与造型材料

3.2.1　砂型及其组成

1. 砂型与型腔

（1）砂型　砂型是用型砂作为造型材料而制成的铸型，包括形成铸件形状的空腔、型芯和浇冒口系统的组合整体。砂型用砂箱支撑时，砂箱也是铸型的组成部分。

（2）型腔 型腔是指铸型中造型材料所包围的空腔部分。金属液经浇注系统充满型腔，冷凝后获得所要求的形状和尺寸的铸件。因此，型腔的形状和尺寸要和零件的形状和尺寸相适应。

2. 砂型的组成

如图 3-1 所示，铸型一般由上砂型、下砂型、型芯、型腔和浇注系统等组成，其组成部分的名称与作用见表 3-1。一般铸件的砂型多由上下两个半型装配组成，上、下砂型的接触面称为分型面。铸型中造型材料所包围的空腔部分，即形成铸件本体的空腔称为型腔。型芯一般用来形成铸件的内孔和内腔。液态金属通过浇注系统流入并充满型腔，型砂及型腔中的气体从出气口排出，而处于高温金属液包围之中的型芯所产生的气体则通过型芯通气孔排出。

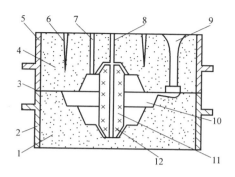

图 3-1 铸型装配图

1—下砂型 2—下砂箱 3—分型面 4—上砂型
5—上砂箱 6—通气孔 7—出气口 8—型芯通气孔
9—浇注系统 10—型腔 11—型芯 12—型芯头

表 3-1 砂型各组成部分的名称与作用

名称	作用与说明
上型	浇注时铸型的上部组元
下型	浇注时铸型的下部组元
分型面	铸型组元间的接合面
型砂	按一定比例配制的、经过混制、符合造型要求的混合料
浇注系统	为金属液填充型腔和冒口而开设于铸型中的一系列通道，通常由浇口、直浇道、横浇道和内浇道组成
冒口	在铸型内储存熔融金属的空腔，该空腔中充填的金属也称为冒口，冒口有时还起排气、集渣的作用
型腔	铸型中造型材料所包围的空腔部分，型腔不包括模样上芯头部分形成的相应空腔
排气道	在型砂及型芯中，为排除浇铸时的气体而设置的沟槽或孔道
型芯	为获得铸件的内孔或局部外形，用芯砂或其他材料制成的、安装在型腔内部的铸型组元
通气孔	在砂型或砂芯上，用针或成形扎气板扎出的通气孔，出气口的底部要与型腔离开一定距离

3.2.2 模样与芯盒

1. 模样

模样与铸件的外形相似，用来形成铸件的外部轮廓。其结构应便于制作，尺寸应精确，且具有足够的刚度和强度。模样的尺寸和形状是根据零件图和铸造工艺参数（包括起模斜度、收缩量、加工余量、铸造圆角等）得出的。模样一般是用木材、金属或其他材料制成的。

2. 芯盒

芯盒用来造型芯。铸件的孔及内腔是由型芯形成的，型芯是由芯盒制成的，应以铸件工艺图、生产批量和现有设备为依据确定芯盒的材质和结构尺寸。

制造芯盒所选用的材料，与铸件大小、生产规模和造型方法有关。一般单件小批量生产、手工造型时常用木材制造；大批量生产、机器造型时常使用铸造铝合金等金属材料或硬塑料制造。

3.2.3 型（芯）砂

1. 型（芯）砂的组成

用来形成铸件外形的造型材料称为型砂（图 3-2），用来制造型芯的材料称为芯砂。型（芯）砂是由原砂、黏结剂、附加物和水按一定比例配合，经过混制成为符合造型要求的混合物。

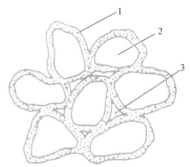

图 3-2　型砂结构示意图
1—黏土膜　2—砂粒　3—空隙

（1）原砂　原砂是组成型（芯）砂的主体，含有 85% 的 SiO_2 和少量其他物质，一般采用天然砂。粒度一般为 50～140 目。

（2）黏结剂　黏结剂可提高型（芯）砂的可塑性和强度，用于在砂粒之间形成黏结膜而使其黏结在一起，以形成砂型或芯型。铸造用黏结剂种类很多，常用的有黏土、水玻璃、植物油、合脂和树脂等，对应的型（芯）砂则被称为黏土砂、水玻璃砂、油砂、合脂砂和树脂砂。

（3）附加物　型（芯）砂中的附加物主要有木屑、煤粉等。木屑可以改善型（芯）砂的透气性和热变形，防止铸件产生气孔、变形和裂纹等；煤粉可以防止铸件黏砂，提高表面质量。

（4）水　型（芯）砂中需要加入适量的水，使黏结剂呈浆状而具有黏结力，以便在砂粒间形成黏结膜。

2. 型砂应具备的主要性能

型砂的成分和性能对铸件质量有很大的影响，因此对型砂的质量要进行适当的控制。

（1）强度　型砂抵抗外力破坏的能力称为强度。型砂必须具备足够高的强度才能在造型、搬运、合箱过程中不引起塌陷，浇铸时也不会破坏铸型表面。型砂的强度也不宜过高，否则会因透气性、退让性的下降，使铸件产生缺陷。

（2）耐火性　高温的金属液体浇入后对铸型产生强烈的热作用，因此型砂要具有抵抗高温及热作用的能力，即耐火性。如型砂的耐火性差，铸件易产生黏砂。型砂中 SiO_2 含量越多，型砂颗粒越大，耐火性越好。

（3）可塑性　可塑性指型砂在外力作用下变形，去除外力后能完整保持已有形状的能力。造型材料的可塑性好，则造型操作方便，制成的砂型形状准确、轮廓清晰。

（4）退让性　铸件在冷凝时，体积发生收缩，型砂应具有一定的被压缩的能力，称为退让性。型砂的退让性不好，铸件易产生内应力或开裂。型砂越紧实，退让性越差。在型砂中加入木屑等物可以提高退让性。

（5）透气性　高温金属液浇入铸型后，型腔内充满大量气体，这些气体必须由铸型内顺利排出，型砂这种能让气体透过的性能称为透气性。否则将会使铸件产生气孔、浇不足等缺陷。铸型的透气性受原砂的粒度、黏土含量、水分含量及砂型紧实度等因素的影响。原砂的粒度越细、黏土及水分含量越高、砂型紧实度越高，透气性则越差。

3. 型（芯）砂的制备与检验

根据在合箱和浇铸时的砂型烘干与否，黏土砂可分为湿型砂、干型砂和表面烘干型砂。湿型砂造型后不需要烘干，生产效率高，主要用于生产中小铸件；干型砂需要烘干，它主要靠涂料保证铸件表面质量，可采用粒度较粗的原砂，其透气性好，铸件不易产生冲砂、黏砂等缺陷，主要用于浇铸中大型铸件；表面烘干型砂只在浇铸前对型腔表面用适合的方法烘干一定程度，其性能兼备湿型砂和干型砂的特点，主要用于中型铸件的生产。

型砂及芯砂主要由原砂、黏结剂、附加物和水混制而成。制备型（芯）砂的工序是将上述各种造型材料按一定比例定量加入混砂机，经过混砂，在砂粒表面形成均匀的黏结剂膜，使其达到造型或造芯的工艺要求。

配好的型砂需检测合格后才能使用。型（芯）砂的性能可用型砂性能试验仪（如锤击式制样机、透气性测定仪、SQY 液压万能强度试验仪等）进行检测。检测项目包括型（芯）砂的含水量、透气性、型砂强度等。单件小批量生产时，可用手捏法检验型砂性能，如图3-3 所示。

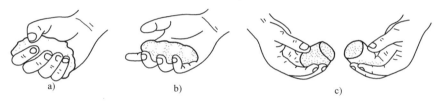

a)   b)   c)

图 3-3   检验型砂性能

a）型砂干湿度适当时，可用手攥成砂团   b）手放开后可看出清晰的手纹

c）折断时断面没有碎裂状，表明有足够的强度

3.3 造型、造芯与合型

3.3.1 造型

用造型材料、模样和砂箱等工艺装备制造铸型的过程称为造型。造型是铸造生产中最基本的工序。造型方法整体上可分为手工造型和机器造型两大类。

1. 手工造型

手工造型指用手工完成紧砂、起模、修型及合箱等主要操作的造型过程。手工造型常用的工具如图3-4 所示，其特点是操作灵活，适用性强。因此，单件小批量生产时，特别是不宜用机器造型的重型复杂件，常用此方法，但手工造型效率低，劳动强度大。

手工造型方法很多。按砂箱特征可分为两箱造型、三箱造型、脱箱造型和地坑造型等。按模样的结构特征可分为整模造型、分模造型、活块造型、挖砂造型、假箱造型和刮板造型等。常用手工造型方法的特点和应用范围见表3-2。下面介绍常见的几种手工造型方法。

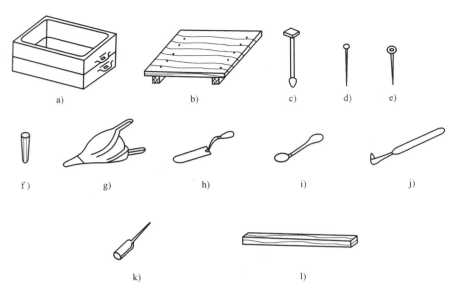

图 3-4　常用的手工造型工具

a）砂箱　b）底板　c）砂冲　d）通气针　e）起模针　f）浇口棒　g）鼓风器（皮老虎）
h）镘刀　i）秋叶（压勺）　j）砂勾　k）半圆　l）刮砂板

表 3-2　常用手工造型方法的特点和应用范围

分类	造型方法	特点			应用范围
		模样结构和分型面	砂箱	操作	
按照模样特征	整模造型	整体模；分型面为平面	两个砂箱	简单	较广泛
	分模造型	分开模；分型面多为平面	两或三个砂箱	较简单	回转类铸件
	活块造型	模样上有妨碍起模的部分，做成活块；分型面多为平面	两或三个砂箱	较费事	单件小批量
	挖砂造型	整体模，铸件最大截面不在分型面处，造型时须挖去阻碍起模的型砂；分型面一般为曲面	两或三个砂箱	费事，对操作单件小批生产的技能要求高	单件小批量生产的中小铸件
	假箱造型	为免去挖砂操作，用假箱代替挖砂操作；分型面仍为曲面	两或三个砂箱	较简单	需挖砂造型的成批铸件
	刮板造型	与铸件截面相适应的板状模样；分型面为平面	两箱或地坑	很费事	大中型轮类、管类铸件
按照砂箱特征	两箱造型	各类模样手工或机器造型均可；分型面为平面或曲面	两个砂箱	简单	较广泛
	三箱造型	铸件截面为中间小两端大，用两箱造型取不出模样，必须用分开模；分型面一般为平面，有两个	三个砂箱	费事	各种大小铸件，单件小批生产
	地坑造型	中、大型整体模、分开模、刮板模均可；分型面一般为平面	上型用砂箱、下型用地坑	费事	大、中件单件生产

（1）整模造型　整模造型的模样是一个整体，其特点是造型的模样全部放在一个砂箱

（下箱）内，分型面为平面。图 3-5 所示为整模造型的工艺过程。整模造型操作简便，所得铸型腔的形状和尺寸精确，铸件不会产生错型缺陷，此方法适用于最大截面在一端且为平面、形状简单的铸件，如压盖、齿轮坯和轴承座等。

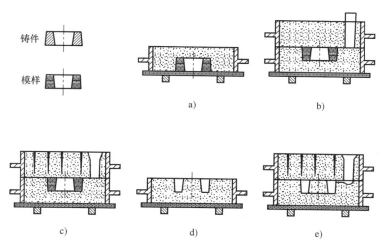

图 3-5 整模造型的工艺过程

a）造下型　b）造上型　c）开浇道、扎通气孔　d）起出模样　e）合型

（2）分模造型　分模造型是造型方法中应用最广泛的一种。当铸件最大截面不是在一端而是在中部，这时如果模样还是做成一个整体，造型时模样就会取不出来。因此需将模样沿最大截面分成两半，并用定位销加以定位，这种模样称为分开模。分模造型时，模样分别放在上下箱内，分型面为一平面。分模造型操作较简便，又适用于形状较复杂的铸件，如套筒、管子和阀体等。其造型过程如图 3-6 所示。

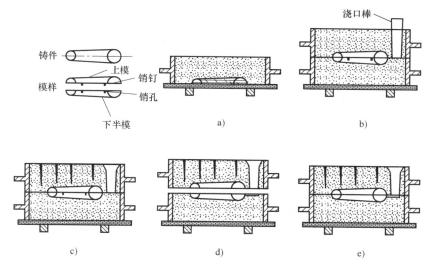

图 3-6 分模造型的工艺过程

a）用下半模造下型　b）用上半模造上型　c）开浇道、扎通气孔　d）起出模样　e）合型

（3）挖砂造型　整模造型或分模造型时，分型面是一个平面。而有些铸件的形状为曲

面或阶梯形,如手轮、端盖等,上下都不是平面,由于模样的结构要求或制模工艺等原因,模样又不便于分成两半,只好做成整体模,造型时先造好下型,然后修挖分型面,将阻碍模样取出的那一部分型砂挖掉,并修成光滑向上的斜面,然后再造上砂型,这种造型方法称为挖砂造型。挖砂造型的分型面呈曲面或有高低变化的阶梯形。图3-7所示是挖砂造型的工艺过程。

挖砂造型时,每造一个铸型就要挖砂一次,造型工时消耗多、生产效率低且对操作者技术水平要求较高,只适用于单件生产。

(4)活块造型 有些零件侧面带有凸台等突起部分,造型时这些突起部分会妨碍模样从砂型中起出,故在模样制作时,将突起部分做成活块,用销钉或燕尾槽与模样主体连接,起模时,先取出模样主体,然后从侧面取出活块,这种造型方法称为活块造型,如图3-8所示。

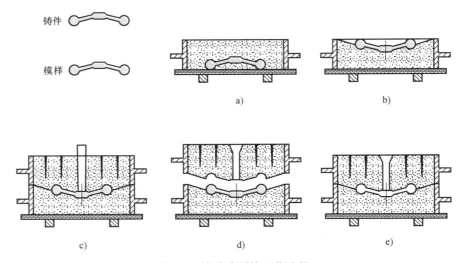

图 3-7 挖砂造型的工艺过程

a) 造下型　b) 翻转、挖出分型面　c) 造上型　d) 起模　e) 合型

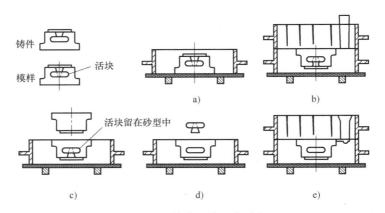

图 3-8 活块造型的工艺过程

a) 造下型　b) 造上型　c) 起出模样主体　d) 起出活块　e) 开浇道、合型

(5)三箱造型 对一些形状复杂的铸件,只用一个分型面的两箱造型难以正常取出型

砂中的模样，必须采用三箱或多箱造型的方法。三箱造型有两个分型面，操作过程较两箱造型要复杂，生产效率低，只适用于单件小批量生产，其工艺过程如图3-9所示。

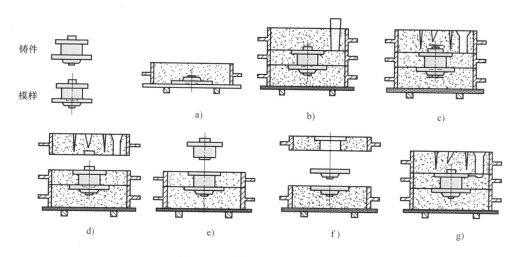

图 3-9 三箱造型的工艺过程

a）造下型 b）造中型和上型 c）扎通气孔 d）开上箱，起模 e）开中箱，起模 f）开下箱，起模 g）合型

2. 机器造型

用机械全部完成或至少完成紧砂操作等造型工序的方法，叫作机器造型。机器造型实质上是用机械方法取代手工进行造型过程中的填砂、舂砂和起模。填砂常在造型机上用加砂斗完成，要求型砂松散，填砂均匀。舂砂使砂型紧实，达到一定的强度和刚度。型砂被紧实的程度用单位体积内型砂的质量表示，称作紧实度。

机器造型一般是两箱造型，采用模板和砂箱在专门的造型机上进行。固定模样、浇铸系统的底板称为模板。模板上的定位销用于固定砂箱的位置。根据紧砂方式的不同，机器造型有震压式造型、射压式造型和抛砂式造型等。

3.3.2 造芯

型芯是铸型的重要组成部分，用型芯盒制成，主要形成铸件的内腔和孔。浇铸时，型芯被金属液包围，金属液凝固后，去掉型芯形成铸件的内腔或孔，这是型芯用得最多种的情况。对于一些比较复杂的铸件，由于单独使用模样造型有困难，这时也可用型芯（此时称为外型芯）与砂型配合构成铸件的外部形状，型芯结构如图3-10所示。

（1）芯头 芯头是型芯上用于定位和支撑的部分。

（2）芯体 芯体为型芯上用以形成铸件内腔的部分，它决定了铸件内腔的形状和大小。

（3）芯骨 芯骨又称为型芯骨，由芯砂包围，其作用是加强型芯的强度，如图3-11所示。

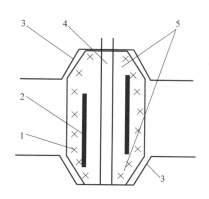

图 3-10 型芯的结构

1—芯体 2—芯骨 3—芯座

4—通气孔 5—芯头

（4）**通气孔**　在浇铸过程中，必须迅速排出型芯中的气体以及由于包围在型芯周围高温金属液的作用而形成的气体，为此，应在型芯头上开通气孔。

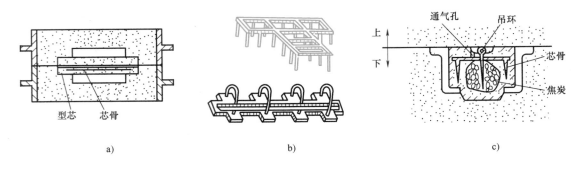

图 3-11　芯骨

a）铁丝芯骨　b）铸铁芯骨　c）非吊环芯骨

（5）**刷涂料**　在型芯与金属液接触部位要刷涂料，其作用是防止铸件黏砂，改善铸件内腔表面的粗糙度。

（6）**烘干**　型芯烘干后，其强度和透气性都能提高，发气量减少，铸件质量容易保证。

3.3.3　合型

合型是指将铸型的各个组元，如上砂型、砂芯、下砂型及浇口杯等组合成一个完整砂型的过程。合型是造型的最后一道工序，它直接影响铸件的质量。

合型的主要操作过程如下：

1. 型芯的检验和修整

型芯在放入铸型前必须做一次全面性的检验，内容包括：型芯是否烘干、有无损坏和裂纹，出气孔是否堵塞以及型芯的尺寸大小。对于发现的问题，应及时进行修整。

2. 型芯的安装

安装好的型芯在型腔中应固定不动，型芯中产生的气体应能及时顺利排出。在型腔中型芯借助芯头固定，必要时可用芯撑来增加型芯的支撑点。

3. 铸型的紧固

浇注时，金属液注入型腔后会产生抬型力，因此合型后必须对砂型进行紧固，然后才能浇注。小型铸件浇注时产生的抬型力不大，常用压铁进行紧固。大、中型铸件浇铸时会产生较大的抬型力，需要用螺栓、卡子等进行紧固。

3.4　熔炼、浇注、落砂与清理

3.4.1　合金的熔炼

合金的熔炼是铸造生产过程中相当重要的生产环节，其目的是要获得一定温度和所需成分的金属液。若熔炼工艺控制不当，会使铸件因成分和力学性能不合格而报废。在熔炼过程中要尽量减少金属液中的气体和夹杂物，提高熔化率，降低燃料消耗等，以达到最佳的技术经济指标。

1. 铸铁的熔炼

铸造用金属材料种类繁多，有铸铁、铸钢、铸造铝合金和铸造铜合金等。其中铸铁是应用最广泛的铸造合金。据统计，铸铁产量占铸件总产量的 80%。

工业上常用的铸铁是碳的质量分数大于 2.11%，以铁、碳、硅为主要元素的多元合金，它具有生产成本低廉，铸造性能良好，加工性能、耐磨性、减振性、导热性较好，以及强度和硬度适当等优点。因此，铸铁件在工程上有比铸钢更广泛的应用。但铸铁的强度较低且塑性较差，所以制造受力大而复杂的铸件，特别是中、大型铸件，往往采用铸钢。铸铁按用途分为常用铸铁和特种铸铁，常用铸铁包括灰铸铁、球墨铸铁、可锻铸铁、蠕墨铸铁；特种铸铁包括抗磨铸铁、耐腐蚀铸铁等。

对铸铁熔炼的基本要求：铁液应有足够的温度；符合要求的化学成分，且含有较少的气体和夹杂物；烧损率低；金属消耗少。

熔炼铸铁的设备很多，如感应电炉、电弧炉等。感应电炉是利用感应电流加热和熔炼金属的炉子，其结构如图 3-12 所示。金属炉料盛于由耐火材料制成的坩埚内，坩埚外面绕有内通水冷却的感应线圈。当感应线圈通以交变电流时产生交变磁场，置于坩埚内的金属炉料就会产生感应电流，并产生很高的电阻热使金属料熔化和过热。

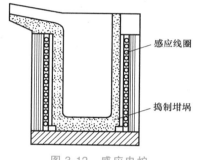

图 3-12 感应电炉

感应电炉熔炼速度快、热效率高、合金元素烧损少、易于控制合金液的化学成分和温度，且环境污染小；但设备投资较大、耗电较多。

2. 铸钢的熔炼

铸钢包括碳素钢（碳的质量分数为 0.20% ~ 0.60% 的铁碳二元合金）和合金钢（碳素钢和其他合金元素组成的多元合金）。铸钢强度较高，塑性较好，具有耐热、耐蚀、耐磨等特殊性能，某些合金钢具有特种铸铁所没有的良好的加工性和焊接性。除应用于一般工程结构件外，铸钢还广泛应用于受力复杂、要求强度高且韧性好的铸件，如水轮机转子、高压阀体、大齿轮、辊子、球磨机衬板和挖掘机的斗齿等。

铸钢液的流动性比铁液差，铸钢的收缩率比铸铁大很多，因此铸钢的铸造性比铸铁差。

铸钢熔炼的主要设备是电弧炉和感应炉。电弧炉利用炉膛内的石墨电极与金属炉料间产生电弧放电而使炉料受热熔化，同时利用冶金反应改善钢液的化学成分，并进行脱氧、脱硫工作。感应炉是利用感应器在交流电通过时炉料产生感应电流受热熔化。

3. 非铁合金的熔炼

常用的铸造非铁合金有铜合金、铝合金和镁合金等。其中，铸造铝合金应用最多，它的密度小，具有一定的强度、塑性及耐蚀性，广泛应用于制造汽车轮毂，发动机的气缸体、气缸盖、活塞等。铸造铜合金具有比铸造铝合金好得多的力学性能，并具有优良的导电性、导热性和耐蚀性，可以制造承受高应力、耐腐蚀、耐磨损的重要零件，如阀体、泵体、齿轮、蜗轮、轴承套、叶轮、船舶螺旋桨等。镁合金是目前最轻的金属结构材料，它的密度小于铝合金，但强度和刚度均高于铝合金。镁合金已广泛应用于汽车、航空航天、兵器、电子电器、光学仪器以及计算机等制造部门，如飞机的框架、壁板、起落架的轮毂，汽车发动机缸盖等。

铝合金熔炼的主要设备是电阻坩埚炉，其结构如图 3-13 所示。

铝合金熔炼的金属料是铝锭、废铝、回炉铝和其他合金等。辅助材料有熔剂、覆盖剂、精炼剂及变质剂等。铝合金的化学性质活泼，熔炼时极易发生氧化反应生成 Al_2O_3，并难以除去。铝合金在高温时易吸收氢气，当温度超过 800℃时更为严重，易使铝合金铸件产生气孔、夹杂等缺陷。所以铝合金的熔炼温度一般不超过 800℃。

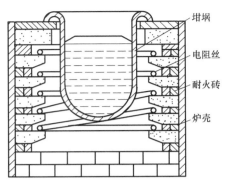

图 3-13　电阻坩埚炉结构

（标注：坩埚、电阻丝、耐火砖、炉壳）

为了获得优质的铸件，熔炼铝合金时，需要进行以下操作：

（1）清理炉料　铝合金的化学性质较为活泼，易与其他物质发生化学反应。所以要仔细清理炉料，防止杂质进入铝液，并将炉料烘干。

（2）坩埚及用具处理　对坩埚及熔炼用具的表面刷涂料并预热，以免与铝合金接触产生各种反应，改变合金化学成分。

（3）防吸气　为防止铝合金吸气，液面应用覆盖剂严密覆盖，尽量少搅动，控制熔炼温度，并加快熔炼过程。

（4）精炼　精炼是以造渣的方式去除不溶性的各种夹杂物。精炼时，先用覆盖剂严密覆盖液面，然后用精炼剂分别清除合金液中的杂质。

（5）变质处理　变质处理的目的是细化晶粒，消除枝晶，从而提高力学性能。变质处理的方法是用钠盐与铝产生置换反应，利用反应生成的钠原子使合金液变质细化。

3.4.2　合金的浇注

将金属液从浇包浇入铸型的操作过程，称为浇注。浇注对铸件的质量影响很大，操作不当将引起浇不足、冷隔、跑火、夹杂、气孔、缩孔等铸造缺陷。

1. 浇注工具

浇注的主要工具是浇包，按浇包容量浇包可分为以下几种。

（1）端包　端包的容量大约为 20kg，用于浇注小铸件。其特点是适合一人操作，使用方便、灵活，不容易伤着操作者。

（2）抬包　抬包的容量为 50～100kg，适用于浇注中小型铸件，至少要有两人操作，使用也比较方便，但劳动强度大。

（3）吊包　吊包的容量在 200kg 以上，用起重机装运进行浇注，适用于浇注大型铸件。吊包有一个操纵装置，浇注时能倾斜一定的角度，使金属液流出。这种浇包可减轻工人劳动强度，改善生产条件，提高劳动生产率。

2. 浇注工艺

（1）准备工作

1) 准备浇包。根据铸件大小选择合适的浇包，浇注工具要及时进行清理、修补并烘干。

2) 清理通道。浇注时行走的道路要畅通，不能有杂物和积水；

3) 烘干用具。避免因挡渣钩、浇包等潮湿而引起铁液飞溅及降温。

（2）浇注温度 浇注温度过低，金属液的流动性差，易使铸件产生浇不足、冷隔、气孔等缺陷；浇注温度过高，使铸件收缩增大，易形成缩孔、缩松、裂纹和粘砂缺陷。适宜的浇注温度应根据合金种类、铸件质量、壁厚和结构复杂程度综合考虑。一般厚大铸件及易产生热裂的铸件应选择较低的浇注温度；结构复杂的薄壁铸件应选择较高的浇注温度。铸铁的浇注温度为 1260~1400℃，铝合金的浇注温度为 620~730℃。

（3）浇注速度 浇注速度应根据铸件的形状和大小来决定。浇注速度较高，金属液易于充满铸型型腔，减少氧化。但速度过快，型腔中气体来不及跑出，易使铸件产生气孔，且金属液对铸型的冲击力增大，易造成冲砂和抬型等。若浇注速度过慢，会使金属液降温过多，使铸件产生冷隔和浇不足等缺陷。对于薄壁、形状复杂和具有大平面的铸件，应采用较高的浇铸速度；形状简单的厚大铸件，可采用较低的浇注速度。

3. 浇注技术

浇注时，金属液流应对准浇口杯，且不得断流；挡渣勾应挡在浇包嘴附近，防止浇包中熔渣随金属流入浇道；应及时用挡渣勾等点燃砂型中逸出的气体，加速砂型内气体的排出及减少 CO 等有害气体对环境的污染。

有色金属进行浇注时，为了防止氧化，浇注一定要平稳。同时，浇注系统应能防止金属飞溅，使金属快速、通畅地流入铸型。

3.4.3 铸件的落砂

铸件凝固冷却到一定温度后，把铸件从砂箱中取出的操作称为落砂。落砂前要掌握好开箱时间。开箱过早会造成铸铁平台表面硬而脆，机械加工困难；开箱太晚则会增加场地的占用时间，影响生产效率。一般小铸铁平台在浇铸后 1h 左右开始落砂。

落砂的方法有手工和机械两种。小批量生产一般采用手工落砂，大批量生产则多采用振动落砂机落砂。

3.4.4 铸件的清理

为了提高铸件表面质量，还需进一步对铸件进行清理，切除浇冒口，打磨毛刺并进行吹砂。

1. 浇冒口的切除

铸件必须除去浇注系统和浇冒口。对于中小型铸铁件，可用锤打掉浇冒口。铸钢件一般用氧气切割或电弧切割来去掉浇冒口。不能用气割法切除浇冒口的铸钢件和大部分铝镁合金铸件，一般采用车床、圆盘锯及带锯等进行切割。大批量生产时，许多定型铸铁、铸钢生产线都采用专用浇冒口切除线，甚至配备专用机器人或机械手来完成。

2. 铸件的表面清理

铸件的表面清理包括去除铸件内外表面的粘砂、分型面和芯头处的披缝、毛刺、浇冒口切除痕迹。其方法有手工清砂、水力清砂和水爆清砂等。

3.5 砂型铸造工艺设计

铸造工艺设计包括选择与确定分型面和浇注位置、浇注系统及工艺参数等内容。铸造工艺一经确定，模样、芯盒、铸型的结构及造型方法也就随之确定。铸造工艺是否合理直接影响铸件质量和生产效率。

3.5.1 分型面与浇注位置

确定浇注位置、选择分型面是铸造工艺设计、确定铸造工艺方案的首要任务，对整个铸造生产过程和铸件质量有着至关重要的影响。分型面是指上砂型和下砂型的分型面，往往也是模样的分模面。浇注位置是指铸件浇注时在铸型中所处的位置。分型面与浇注位置密切相关，在确定分型面的同时，一般铸件的浇注位置也同时予以确定。

砂型铸造时，一般情况下至少有上、下两个砂型，砂型与砂型之间的分界面就是分型面。由此可知，两箱造型有一个分型面，三箱造型有两个分型面。分型面是铸造工艺中的一个重要概念，分型面主要应根据铸件的结构特点来确定，并尽量满足浇注位置的要求，同时还要考虑便于造型和起模，合理设置浇注系统和浇冒口，正确安装型芯，提高劳动生产率和保证铸件质量等各因素。确定一个铸件的分型面有时有几个方案，应根据实际需要全面考虑，找出一个最佳方案。确定分型面时，应尽量满足以下原则：

1）分型面应选择在铸件的最大截面处，最好为平面，以便于造型时顺利取出模样，如图 3-14 所示。

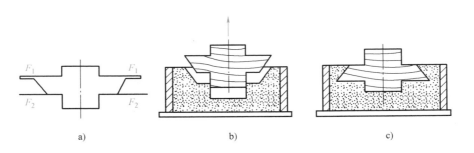

图 3-14 分型面的选择
a）选择分型面 b）合理 c）不合理

2）应使分型面数量尽可能少。大批量生产时，要采用外型芯将两个分型面改为一个分型面，从而实现机器造型。

3）应使铸件的重要加工面朝下或侧立，这是因为在浇注时，金属液中混杂的熔渣、气体等都易上浮，容易在铸件上表面形成气孔、渣孔、砂眼、夹渣等缺陷，而朝下的表面或侧立面质量较好。

4）应尽可能将整个铸件或铸件的大部分处于下砂型内，以防止和减少错型，提高铸件精度。

5）应使铸件需要补缩的厚大部位置于铸型顶部或侧面，以利于安放浇冒口。

6）使铸件的宽大平面或大面积薄壁部分置于铸型底部，以防止宽大平面产生夹砂、薄壁处产生浇不足、冷隔等缺陷。

3.5.2 浇注系统

浇注系统是为金属液流入型腔而开设于铸型中的一系列通道。其作用有：保证金属液平稳、迅速地注入型腔；阻止熔渣、砂粒等杂质进入型腔；调节铸件各部分温度和控制凝固次序；补充金属液在冷却和凝固时的体积收缩（即补缩）。正确选择浇注系统的位置及各部分的形状、尺寸，对于获得合格铸件、减少金属液的消耗具有重大意义。若浇注系统设计不合理，铸件易产生冲砂、砂眼、渣孔、浇不足、气孔和缩孔等缺陷。

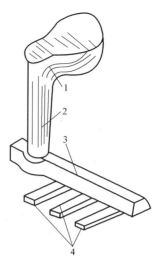

图 3-15　浇注系统的组成
1—外浇道　2—直浇道
3—横浇道　4—内浇道

1. 浇注系统组成

浇注系统一般由外浇道、直浇道、横浇道和内浇道组成，如图 3-15 所示。对于形状简单的小铸件，可以省去横浇道。

（1）外浇道　外浇道也叫浇口杯，多为漏斗形或盆形。其作用是接纳从浇包倒出来的金属液，减轻金属液对砂型的冲击，使之平稳地流入直浇道，并具有挡渣和防止气体卷入直浇道的作用。

（2）直浇道　直浇道是连接外浇口与横浇道的垂直通道，一般呈上大下小的圆锥形。其主要作用是使液态金属保持一定的流速和压力，以便于金属液充满型腔。直浇道高度越大，金属液充满型腔的能力越强。如果直浇道的高度或直径太小，会使铸件产生浇不足的现象。

（3）横浇道　横浇道是浇注系统中的水平通道部分，一般开设在下箱的分型面上，其断面通常为梯形。横浇道的主要作用是分配金属液进入内浇道，并起挡渣作用，还能减缓金属液的流速，使金属液平稳地流入内浇道。

（4）内浇道　内浇道是浇注系统中引导液态金属进入型腔的通道，一般位于下型分型面处，其断面多为扁梯形或月牙形，也可为三角形。内浇道可控制熔融金属的流动速度和方向，并能调节铸件各部分的冷却速度，其断面形状、尺寸、位置和数量是决定铸件质量的关键因素之一，应根据金属材料的种类、铸件的质量、壁厚大小和铸件的外形而设计。对壁厚较均匀的铸件，内浇道应开在薄壁处，使铸件冷却均匀，铸造热应力小；对壁厚不均匀的铸件，内浇道应开在厚壁处，以便于补缩；大平面薄壁铸件，应多开几个内浇道，以便于金属液快速充满型腔。

2. 浇注系统的类型

内浇道的位置对铸件质量影响很大，因为随着内浇道位置的不同，金属液流入型腔的方式就不同，则金属液在型腔中的流动情况和温度分布情况也随之不同。如图 3-16 所示，根据内浇道中金属液流入型腔的方式，可将浇注系统分为：顶注式浇注系统、底注式浇注系统、中注式浇注系统和阶梯式浇注系统。

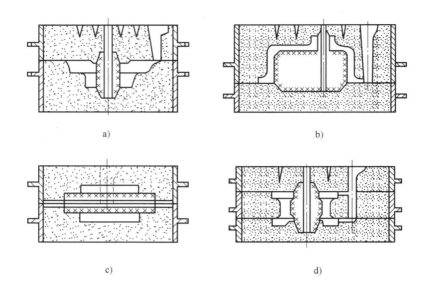

图 3-16　浇注系统类型

a）顶注式浇注系统　b）底注式浇注系统　c）中注式浇注系统　d）阶梯式浇注系统

3.5.3　冒口

为防止缩孔和缩松，往往在铸件的最高部位、最厚部位以及最后凝固部位设置冒口。冒口是在铸型内储存供补缩铸件用金属液的空腔，当液态金属凝固收缩时起到补充液态金属的作用，也有排气和集渣的作用。冒口的形状多为圆柱形、方形或腰圆形，其大小、数量和位置视具体情况而定，如图 3-17 所示。应当说明的是，铸件冷凝后，冒口与铸件相连，清理铸件时，应除去冒口将其回炉。

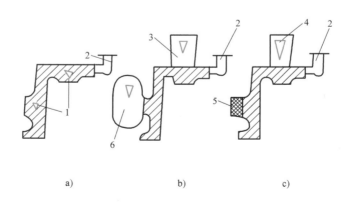

图 3-17　冒口的设置

a）铸件中的缩孔　b）用明冒口和暗冒口补缩　c）用明冒口补缩和冷铁

1—缩孔　2—浇注系统　3、4—冒口　5—冷铁　6—暗冒口同时，在冒口难以补缩的部位放置冷铁，避免在铸件壁厚交叉及急剧变化部位有裂纹产生。冷铁分为内冷铁和外冷铁两大类，放置在型腔内浇注后与铸件熔合为一体的金属激冷块称为内冷铁，在造型时放在模样表面的金属激冷块称为外冷铁。外冷铁一般可重复使用。

3.5.4 铸造工艺参数

1. 加工余量

加工余量是指铸件加工面上预留的、准备切除的金属层厚度。加工余量取决于铸件的精度等级，与铸件材料、铸造方法、生产批量、铸件尺寸、浇注位置等因素有关。

2. 收缩余量

为补偿铸件在冷却过程中产生的收缩，使冷却后的铸件符合图样的要求，需要放大模样的尺寸，放大量取决于铸件的尺寸和该合金的铸造收缩率。一般中小型灰铸铁件的铸造收缩率约为1%，非铁金属的铸造收缩率约为1.5%，铸钢件的铸造收缩率约为2%，铝合金的铸造收缩率为1.2%。

3. 起模斜度

为使模样（或型芯）易从铸型（或芯盒）中取出，在模样（或芯盒）上与起模方向平行的壁的斜度称为起模斜度。

4. 铸造圆角

为了便于金属熔液充满型腔和防止铸件产生裂纹，把铸件转角处设计为过渡圆角。

5. 不铸出的孔和槽

为简化铸造工艺，铸件上的小孔和槽可以不铸出，而采用机械加工。所以，这些孔或者槽在模样对应部位不仅要做成实心的，还要向外突出一部分，以便在铸型中作出存放芯头的空间（芯座）。一般铸铁件上直径小于30mm、铸钢件上直径小于40mm的孔可以不铸出。

3.5.5 铸造安全操作规程

1）严格遵守安全操作规程，进入训练教学区必须穿工作服、工作鞋，戴工作帽，女同学必须把长发纳入帽内，禁止穿高跟鞋、拖鞋、裙子、短裤。

2）工作前检查自用设备和工具，砂型必须排列整齐，并留出通道。

3）造型时要保证分型面平整、吻合。

4）禁止用嘴吹型砂，使用吹风机时，要选择无人方向吹，以免砂尘飞入眼中。

5）搬动砂箱和砂型时要按顺序进行，以免倒塌伤人。

6）浇注时应穿戴防护用具，除直接操作者外，其他人必须离开一定距离。

7）浇注速度及流量要掌握适当，浇注时人不能站在铝水正面，并严禁从冒口正面观察。

8）发生任何事故时，要保持镇静，服从统一指挥。

复习思考题

1. 什么是铸造？

2. 生活中常见的铸件有哪些？

3. 常见的铸造缺陷有什么？

4. 型砂由哪些材料组成？

5. 浇注系统由哪几部分组成？

6. 什么是分型面，分型面选择的一般性原则是什么？

7. 落砂时铸件的温度过高或过低，各有什么坏处？清理浇冒口的方法有哪些？

8. 试结合实习中出现的缺陷和废品，分析产生的原因并提出防止方法。

第4章

焊　　接

4.1　焊接基础知识

4.1.1　概述

　　焊接在机械制造中是应用较为广泛的金属连接成形技术。焊接连接技术不同于其他机械连接，它是利用原子间的结合作用来实现连接的，连接后不可拆卸。焊接是通过加热或加压，或者两者并用，并且用或不用填充材料，使两个或两个以上分离的物体产生原子结合而连接成一体的加工方法。

　　焊接具有省工、省料、体轻、接头致密和容易实现机械化、自动化等特点。另外，焊接在铸件、锻件的缺陷以及磨损零件的修复方面也发挥着其他加工方法不可代替的作用。目前，焊接已广泛应用于机械、桥梁、船舶、车辆、航空、石油、化工和电子等行业中。

4.1.2　焊接方法分类

　　焊接的方法有很多，按焊接过程中金属所处的状态及工艺特点不同可以分为熔焊、压焊和钎焊三大类。

　　（1）熔焊　　熔焊是利用局部加热的方法将连接处的金属加热至熔化状态，不加压力完成的焊接方法。根据加热过程中加热热源不同，这种焊接方法有气焊、焊条电弧焊、氩弧焊、二氧化碳气体保护焊、等离子焊、电子束焊以及激光焊等。

　　（2）压焊　　压焊是焊接时施加一定压力而完成的焊接方法。这种焊接方法有加热和不加热两种形式，它是使被焊工件在固态下克服其连接表面的不平度和氧化物等杂质的影响，使其产生塑性变形，从而形成不可拆分的连接接头。这种焊接的方法有电阻焊（点焊、缝焊、对焊等）、锻焊、超声波焊等多种。

　　（3）钎焊　　钎焊是采用比母材熔点低的金属材料作为钎料，将焊件和钎料加热到高于钎料熔点，但又低于母材熔点的温度，利用液态钎料润湿母材，填充接头间隙并与母材相互扩散实现连接焊件的方法。这种焊接方法有烙铁钎焊、火焰钎焊、感应钎焊等。

4.2 焊条电弧焊

　　焊条电弧焊是以焊条与工件作为电极，利用电弧放电产生的热量熔化焊条与工件，用手工操作焊条进行焊接的一种方法。焊条电弧焊所需的设备简单、操作方便、灵活，适应各种条件下的焊接，特别适用于结构形状复杂、焊缝短小、弯曲或各种空间位置的焊接。

　　焊条电弧焊示意图如图 4-1 所示，焊接前，将焊钳和工件分别连接在弧焊机输出端的两极，并用焊钳夹持焊条。焊接时，让焊条和工件进行接触，之后迅速将焊条提高一定距离，在焊条与工件之间即可形成电弧，这个过程称为引弧。焊接电弧是指焊接时在两个电极之间气体介质发生的一种长时间的剧烈放电现象。电弧在燃烧时产生较高的温度，其最高可达 6000～8000℃。电能以电弧的形式转化成热能，并利用转化的热能使焊条末端和工件表面熔化，形成熔池。随着电

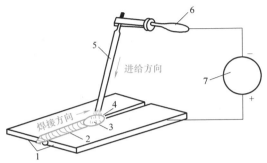

图 4-1　焊条电弧焊示意图
1—焊件　2—焊缝　3—熔池　4—电弧
5—焊条　6—焊钳　7—弧焊机

弧沿焊接方向移动，熔化金属迅速冷却凝固形成焊缝。即随着焊条的移动，新的熔池不断产生，原有的熔池不断冷却、凝固，形成焊缝，使分离的两个焊件连接在一起。焊后使用清渣锤把覆盖在焊缝上的熔渣清理干净，检查焊接质量。

4.2.1　焊条电弧焊设备

　　焊条电弧焊的主要设备是电弧焊机，简称弧焊机或电焊机。焊接时，为了顺利引燃电弧并始终保持稳定燃烧，弧焊机在性能上具有陡降的外特性、适当的空载电压和短路电流，同时还有良好的动特性和调节特性。常用的弧焊机分为交流弧焊机和直流弧焊机两大类。

1. 交流弧焊机

　　交流弧焊机是一种具有下降外特性的降压变压器，如图 4-2 所示。它把 220V 或 380V 的电压降至 55～80V（即焊机的空载电压），以满足电弧引燃和电弧稳定燃烧的条件。焊接时，电压会自动下降到电弧的正常工作电压 20～40V。它能自动限制短路电流，因而不怕引弧时焊条与工件的接触短路，还能供给焊接时所需的电流，一般从几十安培到几百安培，并可根据工件的厚度和所用焊条直径调节电流值。电流调节一般分为初调和细调两级。交流弧焊机有分

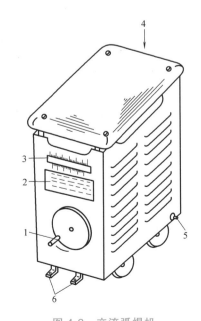

图 4-2　交流弧焊机
1—调节手柄　2—焊机标牌　3—电流指示器　4—焊机输入端　5—接地螺栓　6—焊接电源两极

体式弧焊机、同体式弧焊机、动铁漏磁式弧焊机、动圈式弧焊机和抽头式弧焊机等类型。交流弧焊机的结构简单，制造和维修方便，价格低廉，工作时噪声小，应用比较广泛；主要缺点是焊接电弧不够稳定。

2. 直流弧焊机

直流弧焊机有旋转式直流弧焊机和整流式弧焊机两种。旋转式直流弧焊机结构复杂、维修困难、噪声大、耗电多，逐渐被淘汰。整流式弧焊机如图4-3所示，噪声低、耗电小，已经逐步取代旋转式直流弧焊机。它将交流电经过变压整流后获得直流电，既弥补了交流电焊机电弧不稳定的缺点，又比直流弧焊机结构简单、维修容易、噪声小。在焊接质量要求高或焊接 2mm 以下薄板钢件、有色金属、铸铁和特殊钢件时，电源宜采用整流弧焊机。

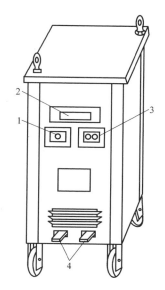

图 4-3 整流式弧焊机
1—电流调节器 2—电流指示盘
3—电源开关 4—焊接电源两极

直流弧焊机的输出端有正极、负极之分，焊接时电弧两端温度不同。因此直流弧焊机输出端有正接、反接两种接法。焊件接弧焊机正极，焊条接负极，称为正接，焊接厚板时，一般采用直流正接，这是因为电弧正极的温度和热量比负极高，采用正接能获得较大的熔深；焊件接弧焊机的负极，焊条接正极，称为反接，焊接薄板时，为了防止烧穿，常采用反接。但使用碱性焊条时，均采用直流反接。

3. 焊接工具及防护用品

焊接电缆：芯线用纯铜制成，有良好的导电性，线皮为绝缘性橡胶。

焊钳：它的作用是夹持焊条和传导电流。

面罩：用红色或褐色硬纸板，正面开有长方形孔，内嵌白玻璃和黑玻璃，防止焊接时的飞溅、弧光及熔池和焊件的高温对焊工面部及颈部灼伤的一种遮蔽。

敲渣锤：用以清掉覆盖在焊缝上的焊渣以及周边的飞溅物。

其他防护用品：焊工手套、护脚、工作服和平光眼镜。

4.2.2 焊条

焊条是电弧焊的焊接材料，由焊芯和药皮两部分组成，如图4-4所示。

1. 焊芯

焊芯是焊条内具有一定长度和直径的金属丝。焊接时焊芯有两个作用：①作为电极传导电流，产生电弧；②熔化后作为填充金属，与熔化的母材一起组成焊缝金属。焊条的直

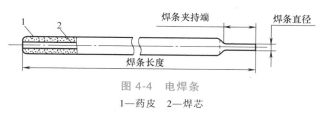

图 4-4 电焊条
1—药皮 2—焊芯

径用焊芯的直径表示，常用的焊条直径有 2.0mm、2.5mm、3.2mm、4.0mm、5.0mm 等几种，长度 250~550mm 不等。

2. 药皮

药皮是压涂在焊芯表面的涂料层，由矿石粉、铁合金、有机物和黏结剂按一定的比例配

制而成。药皮的主要作用是：

（1）机械保护作用　利用药皮熔化后释放出的气体和形成的熔渣隔离空气，防止有害气体侵入熔化金属。

（2）冶金处理作用　去除有害杂质（如氧、氢、硫、磷）和添加有益的合金元素，使焊缝获得合乎要求的化学成分和力学性能。

（3）改善焊接工艺性能　使电弧燃烧稳定、飞溅少、焊缝成形好、易脱渣等。

4.2.3　焊条电弧焊焊接位置

在实际生产中，由于焊件结构和焊件移动的限制，焊缝在空间位置可以分为平焊、立焊、横焊和仰焊四种，如图 4-5 所示。

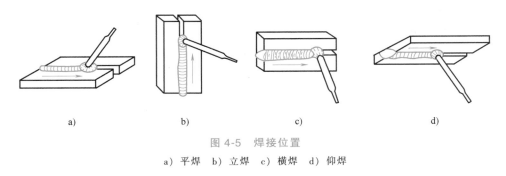

a)　　　　　　　b)　　　　　　　c)　　　　　　　d)

图 4-5　焊接位置

a）平焊　b）立焊　c）横焊　d）仰焊

4.2.4　焊条电弧焊基本操作

1. 焊前准备

焊前准备包括焊条烘干、工件表面的清理、工件的组装及预热。对于低碳钢和级别较低的低合金高强度钢结构，一般无需预热。但对钢性大的或者焊接性差的容易开裂的结构，焊前需要预热。

2. 引弧

常用的引弧方式有敲击引弧法和划擦引弧法，如图 4-6 所示。

（1）敲击法引弧的操作要领　敲击法是将焊条末端对准焊件，然后将手腕下弯，使焊条轻微碰一下焊件后迅速提起 2~4mm，即引燃电弧。引弧后，手腕放平，使电弧长度保持在与所用焊条直径适当的范围内，使电弧稳定燃烧。

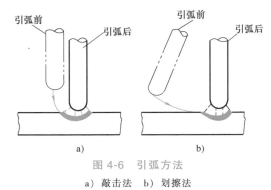

图 4-6　引弧方法

a）敲击法　b）划擦法

（2）划擦法引弧的操作要领　划擦法先将焊条的末端对准焊件，然后手腕扭转一下，像划火柴似的将焊条在焊件表面轻轻划擦一下引燃电弧，再迅速将焊条提起 2~4mm 使电弧引燃，并保持电弧长度使之稳定燃烧。

3. 运条

为保证焊缝质量，正确运条是十分必要的。在焊接过程中，焊条相对焊缝所做的各种运动的总称叫运条。电弧引燃后，必须掌握焊条与焊件之间的角度，如图 4-7 所示，焊条要有三个基本方向运动，如图 4-8 所示。

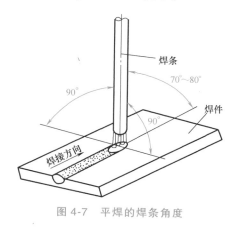

图 4-7　平焊的焊条角度

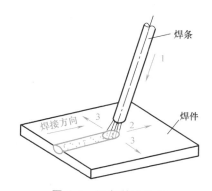

图 4-8　运条基本动作
1—向下送进　2—沿焊接方向移动　3—横向摆动

（1）焊条向熔池方向送进的运动　为了使焊条在熔化后仍能有一定的弧长，要求焊条向熔池方向送进的速度与焊条熔化的速度相适应。如果焊条送进的速度低于焊条熔化的速度，则电弧的长度逐渐增加，最终导致断弧；如果焊条送进的速度太快，则电弧长度迅速缩短，使焊条末端与焊件接触造成短路，同样会使电弧熄灭。

（2）焊条沿焊接方向的移动　这个运动主要是使焊接熔化金属形成焊缝。焊条移动的速度与焊接质量、焊接生产率有很大关系。如果焊条移动太快，则电弧可能来不及熔化足够的焊条与焊件金属，造成未焊透、焊缝较窄；若焊条的移动太慢，则会造成焊缝过高、过宽，外形不整齐，焊接较薄焊件时容易造成焊穿。因此，运条速度适当才能焊缝均匀。

（3）焊条的横向移动　横向移动的主要目的是为了得到一定宽度的焊缝，防止两边产生未熔合或夹渣，也能延缓熔池金属的冷却速度，利于气体逸出。焊条横向摆动的范围应根据焊缝宽度与焊条的直径而定，横向摆动的速度应根据熔池的熔化情况灵活掌握。横向摆动力求均匀一致，以获得宽度一致的焊缝。正常的焊缝一般为焊条直径的 2~5 倍。

总之，在焊接时除应保持正确的焊接角度外，还应根据不同的焊接位置、接头形式、焊件宽度灵活运用运条中的三个动作，分清熔渣与铁液，控制熔池的形状大小，才有可能焊出合格的焊缝。

4. 焊缝的收尾

焊缝收尾时由于操作不当往往会形成弧坑，这样会降低焊缝的强度，产生应力集中或裂纹。为了防止和减少弧坑的出现，焊接时通常采用三种方法：

（1）划圈收弧法　划圈收弧法指将焊条移至焊缝终止处，作圆圈运动，直到填满弧坑后再拉断电弧。此法适用于厚板收弧，适合于酸、碱性焊条厚板焊接的收尾。

（2）反复断弧收尾法　反复断弧收尾法适合于酸性焊条，厚、薄板和大电流焊接的收尾。

（3）回焊收弧法　回焊收弧法适合于碱性焊条的收尾。

5. 焊后清理、检查

焊接完成后，要除去工件表面飞溅物、熔渣，进行外观检验，若发现有缺陷要进行焊补。

4.3 氩弧焊

（1）氩弧焊是国内外发展很快、应用最广泛的一种焊接技术　近年来，氩弧焊，特别是手工钨极氩弧焊，已经成为各种金属结构焊接中必不可少的手段，所以全国各地对氩弧焊工的需求也越来越大。近些年来，氩弧焊的机械化、自动化程度得到了很大的提高，并向着控制因子越来越多的数控化方向发展，达到了一个更高的阶段。

（2）钨极氩弧焊的焊接过程　钨极氩弧焊的焊接过程如图4-9所示。从焊枪喷嘴中喷出的氩气流，在电弧区形成严密的保护气层，将电极和金属熔池与空气隔绝；同时，利用电极（钨极或焊丝）与焊件之间产生的电弧热量，来熔化附加的填充焊丝（或自动给送的焊丝）及基本金属，待液态熔池金属凝固后即形成焊缝。

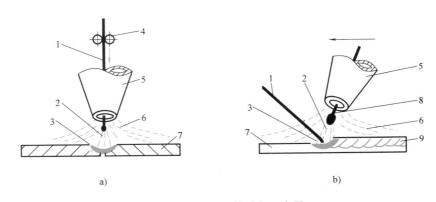

图 4-9　氩弧焊焊接过程示意图
a）熔化极氩弧焊　b）非熔化极氩弧焊
1—焊丝　2—电弧　3—熔池　4—送丝轮　5—喷嘴　6—氩气　7—工件　8—钨极　9—焊缝

（3）氩弧焊的优点　氩弧焊之所以能获得如此广泛的应用，主要是因为有如下优点：

1）氩气保护可隔绝空气中的氧气、氮气、氢气等对电弧和熔池产生的不良影响，减少合金元素的烧损，以得到致密、无飞溅、质量高的焊接接头。

2）氩弧焊的电弧燃烧稳定，热量集中，弧柱温度高，焊接生产效率高，热影响区窄，所焊的焊件应力、变形、裂纹倾向小。

3）氩弧焊为明弧施焊，操作、观察方便。

4）电极损耗小，弧长容易保持，焊接时无熔剂、涂药层，所以容易实现机械化和自动化。

5）氩弧焊几乎能焊接所有金属，特别是一些难熔金属、易氧化金属，如镁、钛、钼、锆、铝等及其合金。

6）不受焊件位置限制，可进行全位置焊接。

4.4 焊接安全操作规程

1）进入工作场地必须穿戴工作服及防护用具（劳保手套及防护眼镜等）。

2）使用焊机前，需检查电器线路是否完好，二次线圈和外壳接地是否良好；检查电焊钳柄绝缘是否完好。电焊钳不用时，应放在绝缘体上。

3）操作前必须检查周围是否有易燃、易爆物品；如有，必须移开后才能工作。

4）推闸刀开关时，人体应偏斜站立，并一次推上，然后开动电焊机。停工时，要先关电焊机，再拉下闸刀开关。

5）电焊工作台必须装好屏风板，眼睛切勿直视电弧。

6）移动电焊机位置时，必须先切断电源。焊接中突然停电时，应立即关闭电焊机。

7）电焊机如有线路破损漏电、保险丝多次烧断等故障时，应停止使用，并报告指导教师处理。

8）在潮湿的地方进行电焊工作时，应加强防触电措施（如穿绝缘胶鞋或放绝缘垫板等）。

9）在露天焊接时，必须要有风挡；如果风力大于5级，一般禁止露天焊接作业。

10）保持场地清洁卫生。焊接后的零件要摆放整齐，严禁磕碰已加工表面。

11）下班时，应关掉电源，并将电源线及焊接线整理好。

复习思考题

1. 焊接的实质是什么？
2. 焊缝的空间位置有哪些？
3. 焊条由哪几部分组成？作用分别是什么？
4. 请简述焊条电弧焊操作步骤。
5. 钨极氩弧焊钨极是否熔化？

第 3 篇

传统制造技术

车削加工

5.1 概述

　　车削加工是指工件在车床上作旋转运动，刀具相对工件作直线切削运动的加工过程。车削时，工件的旋转运动为主运动，刀具的直线运动为进给运动即辅运动。车削加工在切削加工中是最常用的一种加工方法，车床占机床总数的一半左右，在机械加工中具有重要的地位和作用。

　　车床使用的刀具主要有车刀、钻头、铰刀、丝锥和滚花刀等，主要加工回转体表面，如内、外圆柱面，内、外圆锥面，端面，内、外沟槽，内、外螺纹，内、外成形表面，钻孔，扩孔，铰孔，镗孔，滚花等，车床加工范围如图 5-1 所示。

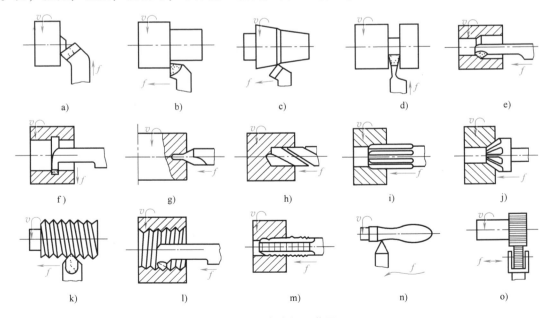

图 5-1　车床加工范围

a) 车端面　b) 车外圆　c) 车圆锥面　d) 切槽、切断　e) 镗孔　f) 切内槽　g) 钻中心孔　h) 钻孔
i) 铰孔　j) 锪锥孔　k) 车外螺纹　l) 车内螺纹　m) 攻螺纹　n) 车成形面　o) 滚花

62

5.2 普通卧式车床

5.2.1 车床型号

车床的种类很多，常用的有卧式车床、立式车床、自动及半自动车床、仪表车床、数控车床等。其中应用最广泛的是卧式车床，适用于加工一般工件。

目前工程实训常用的卧式车床有 C6132、C6136、C6140 等几个型号。以 C6140 卧式车床为例，其字母与数字的含义如下（GB/T 15375—2008）：

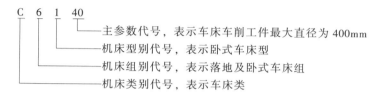

C 6 1 40
主参数代号，表示车床车削工件最大直径为 400mm
机床型别代号，表示卧式车床型
机床组别代号，表示落地及卧式车床组
机床类别代号，表示车床类

5.2.2 普通卧式车床的主要组成

图 5-2 所示为 C6140 车床的结构外形图。它由主轴箱、进给箱、溜板箱、光杠、丝杠、刀架、尾座、床身、床脚等部分组成。

（1）主轴箱 主轴箱旧称床头箱，内装主轴和变速机构。车削时，车床主电动机启动后通过带轮的带传动将运动传递给箱体内主轴，由主轴带动卡盘作旋转运动。通过改变在主轴箱上面板的手柄位置，可使主轴获得不同的转速（32 ~ 2000r/min）。同时将运动传给进给箱。主轴是空心结构，能通过长棒料，其右端有外螺纹，用于连接卡盘、拨盘等附件。

（2）进给箱 进给箱旧称走刀箱，它是进给运动的变速机构，位于主轴箱的下部。其将主轴箱内的旋转运动传递给光

图 5-2 C6140 普通卧式车床
1—主轴箱 2—卡盘 3—刀架 4—尾座
5—进给箱 6—丝杠 7—光杠 8—操纵杠
9—溜板箱 10—床脚 11—床身

杠或丝杠，同时通过变换进给箱上的手柄位置，可使光杠或丝杠获得不同的转速，以改变进给量的大小。

（3）溜板箱 溜板箱旧称拖板箱，溜板箱是进给运动的操纵机构。它使光杠或丝杠的旋转运动分别通过齿轮齿条传动副或丝杠开合螺母传动副转换成直线运动，推动车刀作进给运动。溜板箱上有大中小三层滑板。大滑板固定在溜板箱上，沿床身导轨作纵向移动；中滑板安装在大滑板上方的横向导轨上，作横向移动；小滑板位于转盘上面的燕尾槽内，可作短距离的纵向移动。

（4）光杠与丝杠 光杠与丝杠是将进给箱的运动传至溜板箱。当接通光杠时用于普通车削，当接通丝杠并闭合开合螺母时可车削螺纹。溜板箱内设有互锁机构，使光杠、丝杠两

者不能同时使用。

（5）刀架　刀架位于小滑板的上方，用来装夹车刀。松开锁紧手柄，即可转动刀架，把所需要的车刀更换到工作位置。刀架下方是转盘，松开紧固螺母后，可转动转盘，使它和床身导轨成工作需要的角度，而后再拧紧螺母，进行车削锥面等工作。

（6）尾座　尾座由套筒、尾座体和底板三部分组成。用于安装顶尖，以支持较长工件进行加工，或安装钻头、铰刀等刀具进行孔类加工。偏移尾座可以车较长工件的锥面。

（7）床身与床脚　床身与床脚是车床的基础件，用来连接各主要部件并保证各部件在运动时有正确的相对位置。在床身上有供溜板箱和尾座移动用的导轨。

5.3　车刀及其安装

5.3.1　车刀的材料

常用的刀具材料主要有高速工具钢和硬质合金两大类。

1. 高速工具钢

高速工具钢俗称白钢，是一种加入较多钨、钼、铬、钒元素的高合金工具钢，制造简单，刃磨方便。其强度、冲击韧度、工艺性很好，是制造复杂形状刀具的主要材料。如：成形车刀、麻花钻头、铣刀、齿轮刀具等。高速工具钢的耐热性不高，切削速度不快。

2. 硬质合金

硬质合金由高硬度、难熔的金属碳化物（WC、TiC）粉末用 Co、Mo、Ni 做黏合剂高温高压烧结而成，因此其硬度、耐磨性和耐热性都很高，但抗弯强度和韧性较差，适用于切削塑性材料，切削速度较快。

5.3.2　车刀的种类和用途

在车削过程中，由于零件的形状、大小和加工要求不同，采用的车刀也不相同。车刀的种类很多，用途各异。车刀的用途分类如图 5-3 所示。

1. 外圆车刀

外圆车刀又称尖刀，主要用于车削外圆、平面和倒角。一般分为三种形状：

（1）直头尖刀　直头尖刀主偏角与副偏角基本对称，一般为 45°左右，前角可在 5~30°选用，后角一般为 6~12°。

（2）45°弯头车刀　45°弯头车刀主要用于车削不带台阶的光轴，它可以车外圆、端面和倒角，使用比较方便，刀头和刀尖部分强度高。

（3）75°弯头车刀　75°弯头车刀的主偏角为 75°，适用于粗车加工余量大、表面粗糙、有硬皮或形状不规则的零件，它能承受较大的冲击力，刀头强度高，耐用度高。

2. 偏刀

偏刀的主偏角为 90°，用来车削工件的端面和台阶，有时也用来车外圆，特别是用来车削细长工件的外圆，可以避免把工件顶弯。偏刀分左偏刀和右偏刀两种，常用的是右偏刀，它的切削刃向左。

3. 切断刀

切断刀的刀头较长，其切削刃亦狭长，这是为了减少工件材料消耗和切断时能切到工件中心轴线。因此，切断刀的刀头长度必须大于工件的半径。

4. 扩孔刀

扩孔刀又称镗孔刀，用来加工内孔。它可以分为通孔刀和不通孔刀两种。通孔刀的主偏角小于90°，一般为45~75°，副偏角20~45°，扩孔刀的后角应比外圆车刀稍大，一般为10~20°。不通孔刀的主偏角应大于90°，刀尖在刀杆的最前端，为了使内孔底面车平，刀尖与刀杆外端距离应小于内孔的半径。

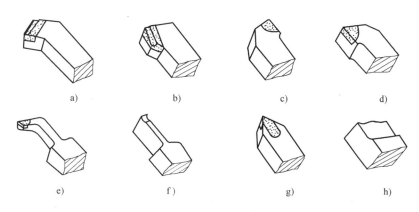

a)　　　　b)　　　　c)　　　　d)

e)　　　　f)　　　　g)　　　　h)

图 5-3　车刀用途分类

a）45°弯头车刀　b）75°弯头车刀　c）90°左偏刀　d）90°右偏刀
e）45°扩孔刀　f）切断刀　g）螺纹车刀　h）成形车刀

5. 螺纹车刀

螺纹按牙型可分为三角形螺纹、方形螺纹和梯形螺纹等，相应使用三角形螺纹车刀、方形螺纹车刀和梯形螺纹车刀等。螺纹的种类很多，其中以三角形螺纹应用最广。采用三角形螺纹车刀车削米制螺纹时，其刀尖角必须为60°，前角取0°。

6. 成形车刀

成形车刀用来车削圆弧面和成形面，按照其结构和形状不同，可分为平体、棱体、圆体三种。

5.3.3　车刀的结构

车刀由刀头和刀杆两部分组成，刀头是车刀的切削部分，刀杆是固定在刀架上的部分。刀头由三面（前面、主后面、副后面）、两刃（主切削刃、副切削刃）、一尖（刀尖）组成，如图 5-4 所示。

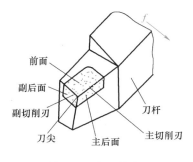

图 5-4　车刀结构

前面为刀具上切屑流出时所经过的表面。主后面为刀具与工件切削表面相对的表面。副后刀面为刀具与工件已加工表面相对的表面。主切削刃为前面与主后面的交线，担负主要切削任务。副切削刃为前面与副后面的交线，担负少量切削任务。刀尖为主切削刃与副切削刃的交点，实际上常磨成一段过渡圆弧或者直线。

5.3.4 车刀的安装

车削前要先将选好的车刀安装在刀架上，车刀安装是否正确，对操作安全和加工质量有很大影响。车刀安装注意事项如图 5-5 所示。

1）车刀刀尖应与工件轴线等高。车刀刀尖过高，则车刀主后面会与工件产生摩擦，不易车削；刀尖过低，工件会被抬起，导致工件从卡盘上掉下来，甚至把车刀折断。为了使车刀刀尖对准工件轴线，可通过调整车刀刀尖高度，使其与装在尾座上的回转顶尖高度一致。刀尖的高度可用一些厚薄不同的垫片来调整。

2）车刀伸出长度。车刀伸出过长，切削时容易产生振动，工件表面易产生振纹，甚至会把车刀折断；车刀伸出过短，容易发生刀架与卡盘碰撞。一般伸出长度不超过刀杆高度的 2 倍。

3）车刀刀杆应与车床主轴轴线垂直。

4）车刀位置装正后，应交替拧紧刀架螺钉。

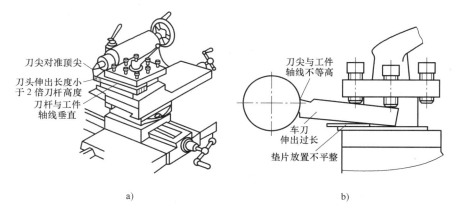

图 5-5　车刀的安装
a）正确　b）错误

5.4　车床自定心卡盘及工件安装

工件安装的主要任务是使工件准确定位及夹持牢固。由于各种工件的形状和大小不同，所以有不同的安装方法。

自定心卡盘是车床最常用的附件。自定心卡盘上的三爪是同时动作的，可以达到自动定心兼夹紧的目的，其装夹方便，但定心精度不高，工件上同轴度要求较高的表面，应尽可能在一次装夹中车出。传递的扭矩也不大，故自定心卡盘适于夹持圆柱形、六角形等中小工件。当安装直径较大的工件时，可换上反爪进行装夹。

自定心卡盘是由爪盘体、小锥齿轮、大锥齿轮和三个卡爪组成，如图 5-6 所示。三个卡爪上有与平面螺纹相同螺牙与之配合，三个卡爪在爪盘体中的导槽中呈 120° 均布。爪盘体的锥孔与车床主轴前端的外锥面配合，起对中作用，通过键来传递扭矩，最后用螺母将卡盘体锁紧在主轴上。

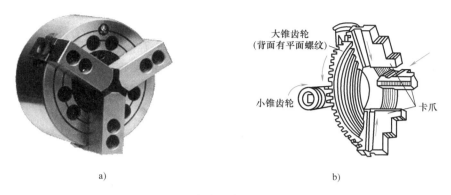

大锥齿轮
（背面有平面螺纹）

小锥齿轮

卡爪

a)   b)

图 5-6   自定心卡盘及其结构

当转动其中一个小锥齿轮时，即带动大锥齿轮转动，其上的平面螺纹又带动三个卡爪同时向中心或向外移动，从而实现自动定心。定心精度为 0.05~0.15mm。三个卡爪有正爪和反爪之分，有的卡盘可将卡爪反装即成反爪，当换上反爪即可安装较大直径的工件。装夹方法如图 5-7 所示。当直径较小时，工件置于三个正爪之间装夹；此外也可将三个卡爪伸入工件内孔利用正爪的径向张力装夹盘、套、环状零件；而当工件直径较大，用正爪不便装夹时，可将三个正爪换成反爪进行装夹；当工件长度大于 4 倍直径时，应在工件右端用尾座顶尖支撑。

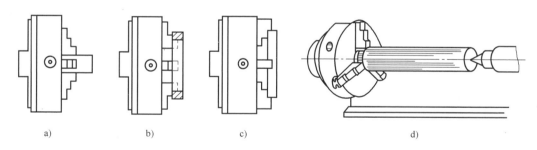

a)   b)   c)   d)

图 5-7   三爪卡盘的应用

a) 正爪   b) 正爪装夹盘套环类   c) 反爪   d) 与顶尖配合使用

5.5   车床操作基础

5.5.1   刻度盘及刻度盘手柄的使用

车削时，为了能够正确和迅速地掌握背吃刀量和进给量，必须熟练使用中滑板和小滑板上的刻度盘。

1. 中滑板上的刻度盘

中滑板上的刻度盘紧固在中滑板丝杆轴上，丝杆螺母固定在中滑板上，当手柄带着刻度盘转一周时，中滑板丝杆也转一周，这时丝杆螺母带动中刀架移动一个螺距。所以中滑板横向进给的距离（即切深）可按刻度盘的格数计算。刻度盘每转一格，横向进给的距离 = 丝杆螺距/刻度盘格数（mm）。

如 C6140 车床中滑板丝杆螺距为 4mm，刻度盘等分为 200 格，当手柄带动刻度盘每转一格时，中滑板移动的距离为 4mm/200 = 0.02mm，即进刀切深为 0.02mm。由于工件是旋转的，所以工件上被切下的部分是车刀切深的两倍，即工件直径改变了 0.04mm。

进刻度时，如果刻度盘手柄转动过量或试切后发现尺寸有误，由于丝杆与螺母之间有间隙存在，绝不能将刻度盘直接退回到所需的刻度，而是应反转约一周后再转至所需刻度，如图 5-8 所示。

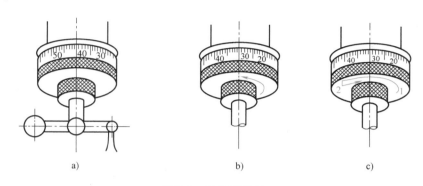

图 5-8　手柄刻度盘

a）要求手柄转至 30 但转到了 40　b）错误：直接退至 30　c）正确：反转约一周后，再转至 30

2. 小滑板刻度盘

小滑板刻度盘每转一格，则带动小滑板纵向移动的距离为 0.05mm。其主要用于控制工件长度方向的尺寸。与横向进给不同，小滑板移动了多少，工件长度就改变了多少。

5.5.2　试切的方法与步骤

工件在车床上安装后，需根据工件的加工余量决定走刀次数和每次走刀的切深。由于刻度盘和丝杠均有间隙误差，半精车和精车时不能仅靠刻度盘读数进刀，还需采用试切的方法，方法与步骤如图 5-9 所示。

1）开车对刀，车刀与工件表面轻微接触，如图 5-9a 所示。

2）向右退出车刀，如图 5-9b 所示。

3）横向进刀 a_{p_1}，如图 5-9c 所示。

4）车削纵向长度 1~3mm，如图 5-9d 所示。

5）退出车刀，进行直径测量，如图 5-9e 所示。

6）如果未到尺寸，再横向进刀 a_{p_2}，如图 5-9f 所示。

以上是试切的一个循环，若仍未到尺寸，则按以上的循环再进行试切。

5.5.3　粗车和精车

车削加工往往要经过多次车削才能完成。为了提高生产效率，保证加工质量，车削加工分为粗车和精车。若零件精度要求很高时，车削又可分为粗车、半精车和精车。

粗车的目的是尽快从工件上切去大部分加工余量，使工件接近最后的形状和尺寸。粗车

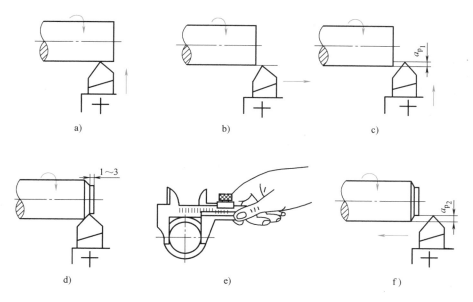

图 5-9 试切的步骤

要给精车留有合适的加工余量，粗车和半精车为精车留的加工余量一般为 0.5~2mm。

精车的目的是要保证零件的尺寸精度和表面粗糙度等技术要求，其尺寸精度可达 IT9~IT7，表面粗糙度值 Ra 达 1.6~0.8μm。精车的切削用量见表 5-1。

表 5-1 精车切削用量

		a_p/mm	f/(mm/r)	v/(m/s)
车削铸铁件		0.10~0.15		60~70
车削钢件	高速	0.30~0.50	0.05~0.2	100~120
	低速	0.05~0.10		3~5

5.5.4 切削液的使用

车削时使用充足的切削液，不但可以减小切屑、车刀及工件间的摩擦，还能带走大量的热能，有利于提高车刀的使用寿命和工件的加工质量。

使用切削液时，需有效地冲击在切屑和刀头上，一般情况下，切削热的分布是切屑占80%，车刀占 10% 左右，工件占 10%。

5.6 基本车削方法

5.6.1 车外圆及台阶

1. 车外圆

在车削加工中，车削外圆是最基本的操作。车外圆时常见的方法如图 5-10 所示。直头车刀强度较好，常用于粗车外圆；45°弯头车刀适用于车削不带台阶的光轴；主偏角为90°的偏刀适于加工细长工件的外圆。

其具体步骤操作如下：

1）正确安装工件和车刀。

2）选择合理的切削用量。

3）对刀试切，并调整背吃刀量。开机使工件旋转，转动横向进给手柄，使车刀与工件表面轻微接触，完成对刀。之后通过之前选择的背吃刀量，计算刻度格数，进刀。试切一小段，进行测量，调整背吃刀量。

4）重新进刀车削，当自动进给车削到所需长度后，退出自动状态，退刀之后停车。

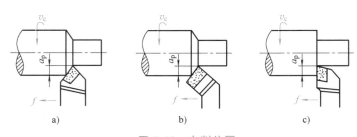

图 5-10　车削外圆

a）直头刀车外圆　b）45°弯头车刀车外圆　c）右偏刀车外圆

2. 车台阶

（1）**低台阶车削方法**　较低的台阶面可用偏刀在一次进给同时车出，车刀的主切削刃要垂直于工件的轴线，如图 5-11a 所示，同时可用角尺对刀或以车好的端面来对刀，如图5-11b所示，使主切削刃和端面贴平。

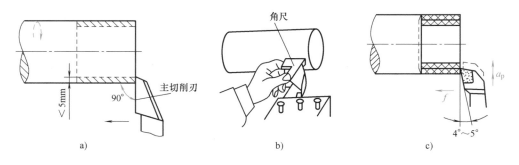

图 5-11　车台阶

a）低台阶一次车出　b）用角尺对刀　c）高台阶多刀车出

（2）**高台阶车削方法**　车削高于 5mm 台阶的工件时，因肩部过宽，会引起振动。因此高台阶工件可先用外圆车刀把台阶车成大致形状，然后将偏刀重新安装，使主切削刃与工件端面成 5°左右的间隙，分层进行切削，如图 5-11c 所示，但最后一刀必须用横向进给完成。

为使台阶长度符合要求，可用刀尖预先刻出线痕，以此作为加工界限。

5.6.2　车端面

圆柱体工件两端的平面叫做端面，为了让工件端面变得更加平整并且去除毛刺，要进行车削端面的操作。

当用弯头刀车端面时，如图 5-12a 所示。

以主切削刃进行切削则很顺利，如果再提高转速也可车出粗糙度值较小的表面。弯头车刀的刀尖角等于 90°，刀尖强度要比偏刀大，不仅用于车端面，还可车外圆和倒角等。

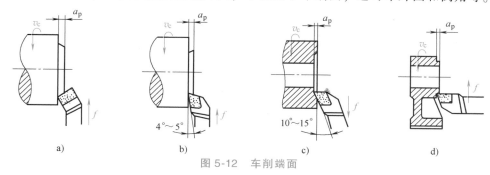

图 5-12　车削端面

当用偏刀车端面时，如图 5-12b 所示，如果是由外向里进刀，则是利用副切削刃进行切削，表面粗糙度较差；用右偏刀由中心向外车削端面时，如图 5-12c 所示，利用主切削刃切削，表面粗糙度较好，不易产生凹面；用左偏刀由外向中心车端面时，如图 5-12d 所示，利用主切削刃切削，切削条件有所改善。

5.6.3　钻孔

在车床上加工圆柱孔时，可以用钻头、扩孔钻、铰刀和镗刀进行钻孔、扩孔、铰孔和镗孔工作。

1. 中心孔和中心钻的类型及作用

中心孔按照形状和作用分为四种，即 A 型、B 型、C 型以及 R 型。其中 A 型和 B 型为常用的中心孔，如图 5-13 所示。A 型中心孔一般适用于无需要多次安装或不保留中心孔的零件。B 型中心孔是在 A 型中心孔的端部多一个 120°的圆锥孔，目的是保护 60°锥孔，避免其被碰伤，一般适用于多次装夹加工的零件。

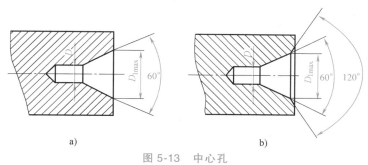

图 5-13　中心孔
a）A 型中心孔　b）B 型中心孔

常用的中心钻有两种：A 型不带护锥中心钻，适用于加工 A 型中心孔；B 型带护锥中心钻，适用于加工 B 型中心孔。

2. 钻孔

（1）钻孔方法　在材料表面加工出孔叫钻孔，如图 5-14 所示。装夹好工件与端面车刀，并准备好中心钻和钻头，开动车床，车平端面，摇动尾座手柄钻中心孔，换尾座钻头，摇动尾座手柄使钻头慢慢进给完成钻孔。钻孔较深时注意经常退出钻头，排出切屑。

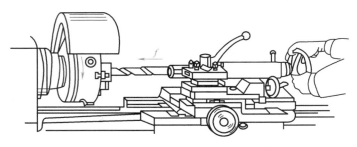

图 5-14 在车床上钻孔

（2）注意事项 钻钢料时，需不断注入冷却液。钻孔进给不能过快，以免折断钻头。一般钻头越小，进给量越小，但切削转速可加大；钻大孔时，进给量可大些，但切削转速应降低。当孔即将钻通时，应减小进给量，否则易损坏钻头。孔钻通后应把钻头退出后再停车。钻孔的精度较低、表面粗糙，多用于孔的粗加工。

5.6.4 切断和切槽

使用槽型的刀具，将工件从原材料上切下来的加工方法叫切断，在工件上切出沟槽称为切槽。

1. 切断刀的安装

1）刀尖必须与工件轴线等高，否则不仅不能切断工件，而且易使切断刀折断，如图 5-15 所示。

2）切断刀或切槽刀必须与工件轴线垂直，否则车刀的副切削刃与工件两侧面产生摩擦，如图 5-16 所示。

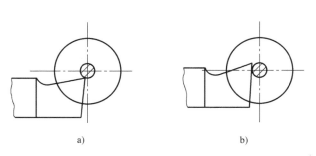

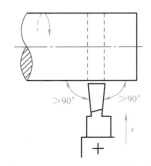

图 5-15 切断刀尖须与工件中心同高

a）刀尖过低易被压断 b）刀尖过高不易切削

图 5-16 切槽刀的正确位置

2. 切断

棒料直径小于主轴内孔时，可把棒料插在主轴孔中，用卡盘夹紧，切断刀距离卡盘爪的距离应小于工件的直径，否则容易引起振动或将工件抬起而损坏车刀，如图 5-17 所示。切断在两顶尖或一端卡盘夹紧、另一端用顶尖顶住的工件时，不可将工件完全切断。在切断时应采用较低的切削速度、较小的进给量。因为切断刀本身的强度较差，容易折断，操作时要特别小心。同时应充分使用冷却液，使排屑顺利。接近切断时必须放慢进给速度。

3. 切槽

车削宽度小于 5mm 的沟槽时，可用刀头宽度等于槽宽的切槽刀车出。

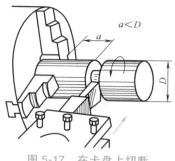

图 5-17 在卡盘上切断

在车削宽度大于 5mm 的沟槽时，应先用外圆车刀的刀尖在工件上刻两条线，以确定沟槽的宽度和位置，然后用切槽刀在两条线之间进行粗车，但这时必须在槽的两侧面和槽的底部留下精车余量，最后根据槽宽和槽底进行精车，如图 5-18 所示。

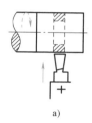 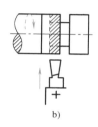 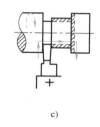

a)　　　　　　　　b)　　　　　　　　c)

图 5-18 切宽槽

a）第一次横向进给　b）第二次横向进给　c）最后一次横向进给后再以纵向进给精车槽底

5.7 车削安全操作规程

1. 劳保用品的穿戴

操作前要穿紧身工作服，袖口扣紧，上衣下摆不能敞开，严禁戴手套，不得在开动的机床旁穿、脱、换衣服。女生必须戴好安全帽，长发应放入帽内，不得穿裙子、拖鞋、高跟鞋。必须佩戴护目镜，以防铁屑飞溅伤眼。

2. 操作前的准备工作

1）车床开始工作前要有预热，并低速空载运行 2~3min，检查机床运转是否正常。

2）认真检查润滑系统工作是否正常（润滑油是否充足，冷却液是否充足），如车床长时间未开动，先采用手动方式向各部分供油润滑。

3）使用的刀具应与机床允许的规格相符，有严重破损的刀具要及时更换。

4）检查卡盘夹紧时的工作状态。

3. 操作过程中的安全注意事项

1）车床运转时，严禁用手触摸车床的旋转部分，严禁在车床运转时隔着车床传送物件。装卸工件、更换刀具、加油以及打扫切屑，均应停车时进行。清除铁屑应用刷子或钩子，禁止用手清理。

2）车床运转时，不准测量工件，不准用手去制动转动的卡盘。用砂纸时，应放在锉刀上，严禁戴手套时使用砂纸，磨破的砂纸不准使用。

3）加工工件必须按机床技术要求选择切削用量，以免造成意外事故。

4）加工切削停车时应将刀退出。切削长轴类工件必须使用回转顶尖，防止工件弯曲变形伤人。伸入床头箱的棒料长度不应超出箱体主轴之外。

5）高速切削时，应有防护罩，选择合理的转速和刀具，工件和刀具的装夹要牢固。

6）机床运转时，操作者不能离开机床，发现机床运转不正常时，应立即停车进行检查修理。当突然停电时，要立即关闭机床，并将刀具退出工作部位。

7）工作时必须侧身站在操作位置，禁止身体正面对着转动的工件。

8）车床运转过程中出现异响或主轴箱局部温度过高等异常现象时，要立即停车并报告指导教师。

9）严禁在操作中做与实习内容无关的事情，例如听音乐、看电影、玩手机游戏等。

4. 操作完毕后的注意事项

1）清除切屑、擦拭机床，使机床与环境保持清洁状态。

2）检查润滑油、冷却液的状态，及时添加或更换。

3）依次关掉机床的电源和总电源。

4）打扫现场卫生，填写设备使用记录。

复习思考题

1. C6136 车床的最大切削直径是多少？

2. 若进给手轮的圆周刻度有 200 个格，进给丝杠的螺距是 4mm，则进给 0.1mm 需要转多少格？

3. 车削圆柱面的方法有哪些？

4. 普通车床常用刀具有哪些？

5. 安装车刀时，刀具偏高或偏低会产生什么切削效果？

6. 光杠和丝杠的作用是什么？二者有何区别？

7. 车刀刀头由哪几个部分组成？

8. 车床操作过程中需要注意哪些安全操作事项？

9. 车削时为什么要开车对刀？

10. 主轴转速提高时，刀架运动速度加快，进给量是否增加？

11. 用车刀粗车加工铸铁件时，常出现崩刃，这是为什么？如何解决？

第6章

铣 削 加 工

6.1 概述

铣削是指在铣床上利用旋转的多齿刀具对移动的工件进行切削加工的方法。铣削是以铣刀的旋转运动为主运动，以工件的移动为进给运动的一种切削加工方法。

铣削所用旋转的多切削刃刀具，不但可以提高生产率，而且还可以使工件表面获得较小的表面粗糙度值。正常生产条件下，铣削加工的尺寸精度可达 IT9～IT7，表面粗糙度值 Ra 可达 $6.3～1.6\mu m$。因此，在机械制造业中，铣削加工占有相当大的比重。

铣削加工范围很广，它可以加工平面、台阶、各类沟槽、成形表面及齿轮等，如图 6-1 所示。

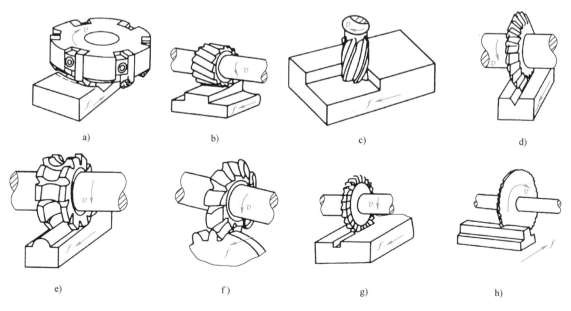

图 6-1 铣削加工的应用范围

a）端铣刀铣大平面　b）圆柱铣刀铣平面　c）立铣刀铣台阶面　d）角度铣刀铣槽　e）成形铣刀铣凸圆弧
f）齿轮铣刀铣齿轮　g）三面刃铣刀铣直槽　h）锯片铣刀切断

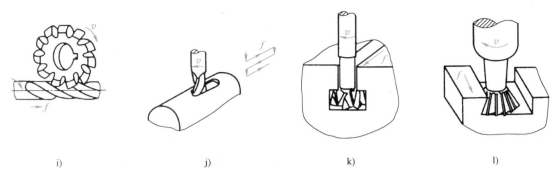

i)   j)   k)   l)

图 6-1　铣削加工的应用范围（续）

i）成形铣刀铣螺旋槽　j）键槽铣刀铣键槽　k）T形槽铣刀铣 T形槽　l）燕尾槽铣刀铣燕尾槽

6.2　铣床

　　根据结构、用途及运动方式不同，铣床可分为不同的种类，常用的有卧式铣床、立式铣床、龙门铣床等。

6.2.1　卧式铣床

　　卧式铣床是主轴与工作台面平行布置的一类铣床。它又可分为普通卧式铣床和万能卧式铣床。下面以 X6132 型万能卧式铣床为例，介绍其特点、型号及组成。

1. 特点

　　工作台可以在水平面内左右扳转 45°，以便铣削加工斜槽、螺旋槽等表面，扩大了铣床的加工范围。

2. 型号

　　根据国家机床型号编制方法（GB/T 15375—2008），X6132 型万能卧式铣床的型号 X6132 含义如下：

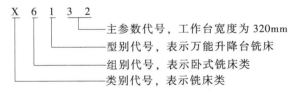

X 6 1 3 2
　　　　　└── 主参数代号，工作台宽度为 320mm
　　　└──── 型别代号，表示万能升降台铣床
　　└────── 组别代号，表示卧式铣床类
　└──────── 类别代号，表示铣床类

3. 组成

　　如图 6-2 所示，铣床由下列几部分组成。

　　（1）床身　床身用来支撑和固定铣床各部件。

　　（2）底座　底座用以支承、安装、固定铣床的各个部件，底座还是一个油箱，其内部装有切削液。

　　（3）横梁　横梁上装有安装吊架，用以支撑刀杆的外端，减小刀杆的弯曲和振动。

　　（4）主轴　主轴用来安装刀杆并带动它旋转。主轴做成空心轴，前端有锥孔，以便安装刀杆。

（5）升降台　升降台位于工作台、回转盘、横向滑板的下方，并带动它们沿床身的垂直导轨作上下移动，以调整台面与铣刀间的距离。升降台内装有进给运动的电动机及传动系统。

（6）横向滑板　横向滑板用来带动工作台在升降台的水平导轨上作横向移动。

（7）转台　转台上端有水平导轨，下面与横向工作台连接，可供工作台移动、转动。

（8）工作台　工作台用来安装工件和夹具。台面上有 T 形槽，可用螺栓将工件和夹具紧固在工作台上。工作台的下部有一根传动丝杠，通过它使工作台带动工件作纵向进给运动。

6.2.2　立式铣床

它与卧式铣床的主要区别是主轴与工作台面是垂直布置的，如图 6-3 所示。

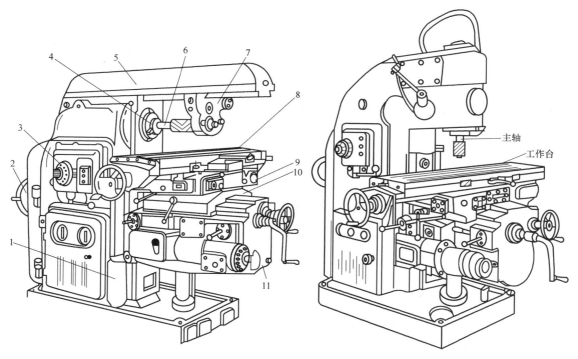

图 6-2　X6132 型卧式万能升降台铣床外观图

1—床身底座　2—主传动电动机　3—主轴变速机构　4—主轴
5—横梁　6—刀杆　7—吊架　8—工作台　9—转台
10—横向滑板　11—升降台

图 6-3　立式升降台铣床外观图

6.2.3　龙门铣床

龙门铣床是一种大型高效能通用机床。由于龙门铣床的刚性和抗振性比较好，它允许采用较大的切削用量，并可用几个铣头同时从不同方向加工几个表面，机床生产效率高，因此在成批和大量生产中得到广泛应用，如图 6-4 所示。

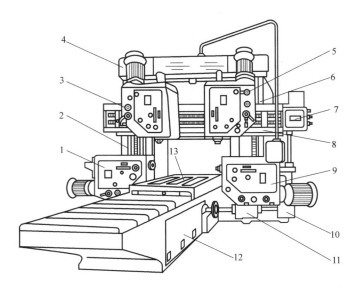

图 6-4　龙门铣床外形

1—左水平铣头　2—左立柱　3—左垂直铣头　4—连接梁　5—右垂直铣头　6—右立柱　7—垂直铣头进给箱
8—横梁　9—右水平铣头　10—进给箱　11—右水平铣头进给箱　12—床身　13—工作台

6.3　铣刀及其安装

6.3.1　铣刀

1. 铣刀切削部分材料的基本要求

在切削过程中，刀具切削部分因受切削力、切削热和摩擦力的影响而磨损，刀具材料必须具备以下基本要求：①高硬度和耐磨性；②良好的耐热性；③高强度和好韧性。

2. 铣刀的种类和用途

铣刀的种类很多，用途也各不相同。

按材料不同，铣刀分为高速工具钢铣刀和硬质合金铣刀两大类；按刀齿与刀体是否为一体又分为整体式铣刀和镶齿式铣刀两类；按铣刀的安装方法不同分为带孔铣刀和带柄铣刀。常用铣刀的种类及用途见表 6-1。

表 6-1　常用铣刀的种类及用途

用途	种类	铣刀图示	铣削示例
铣削平面 用铣刀	圆柱铣刀		

（续）

用途	种类	铣刀图示	铣削示例
铣削平面用铣刀	面铣刀	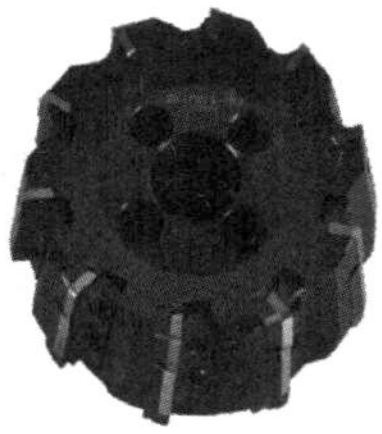	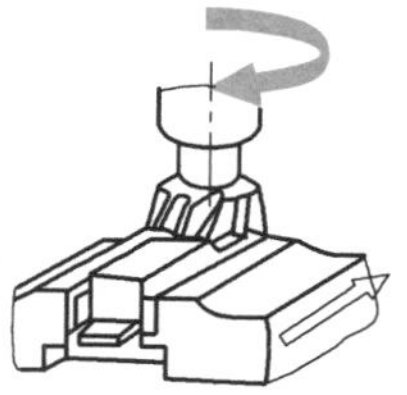
铣削直角沟槽和台阶用铣刀	直柄和锥柄立铣刀		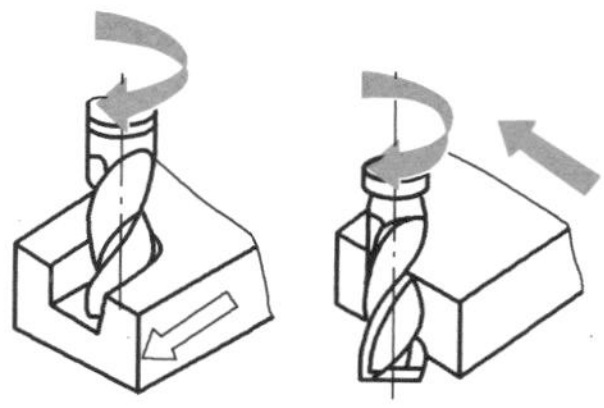
	直齿和错齿三面刃铣刀	 	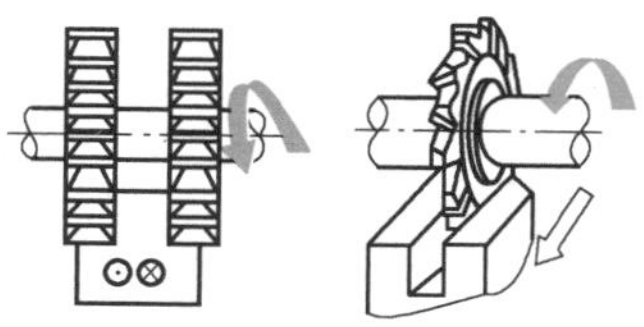
	键槽铣刀		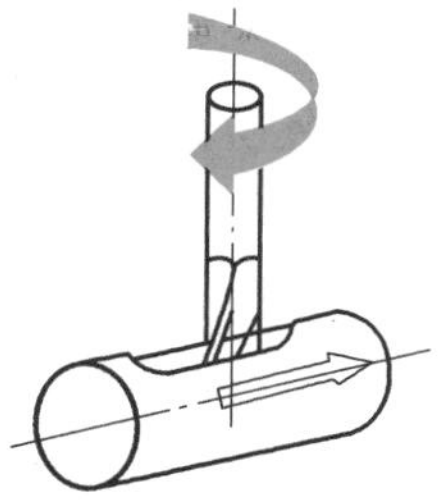
切断及铣窄槽用铣刀	锯片铣刀		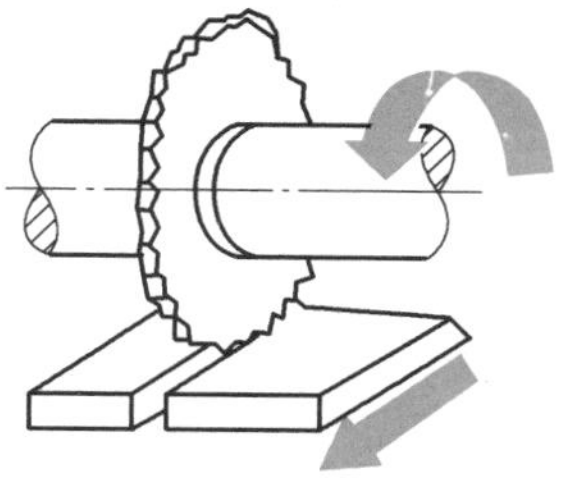

（续）

用途	种类	铣刀图示	铣削示例
铣削特形沟槽用铣刀	T 形槽铣刀		
	燕尾槽铣刀		
	角度铣刀		

6.3.2　铣刀的安装

铣刀的结构不同，在铣床上的安装方法也不一样。带孔的圆柱铣刀安装在刀杆上，刀杆与主轴的连接方法如图 6-5 所示。

安装铣刀的步骤如下：

1）在刀杆上先套上几个垫圈，装上键，再套上铣刀，需注意旋转方向，如图 6-6a 所示。

2）在铣刀外边的刀杆上再套上几个垫圈，拧紧左旋螺母，如图 6-6b 所示。

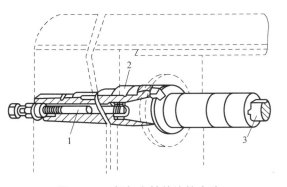

图 6-5　刀杆与主轴的连接方法
1—拉杆　2—主轴　3—刀杆

3）装上支架，拧紧支架紧固螺钉，在轴承孔内加润滑油，如图 6-6c 所示。

4）初步拧紧螺母，开机观察铣刀是否装正，然后用力拧紧螺母，如图 6-6d 所示。装刀前应将刀杆、铣刀及垫圈擦干净，以保证铣刀安装正确。

加工平面可以用端铣也可以用周铣的方法；用圆柱铣刀加工平面，又有顺铣与逆铣之分。在选择铣削方法时，应根据它们各自的特点选取合理的铣削方式，保证加工质量和提高生产效率。

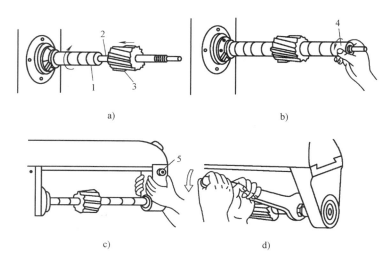

图 6-6　安装铣刀的步骤

a）套上垫圈和铣刀　b）套上垫圈，拧紧螺母　c）装上支架，加润滑油　d）校正铣刀，拧紧螺母

1—垫圈　2—键　3—铣刀　4—压紧螺母　5—紧固螺钉

6.4　铣床附件及工件的安装

6.4.1　铣床附件

铣床常用的附件有平口虎钳、回转工作台、万能立铣头、分度头等。

1. 平口虎钳

平口虎钳也叫机用虎钳，是一种通用夹具，主要用于安装尺寸小、形状规则的零件，如图 6-7 所示。

2. 万能立铣头

万能立铣头外形如图 6-8 所示，铣头主轴可在空间内扳转出任意角度。卧式铣床上安装的万能铣头不仅能完成各种立式铣床的工作，还能在一次装夹中对工件进行各种角度的铣削。

图 6-7　平口虎钳　　　　　　　　　图 6-8　万能立铣头

3. 回转工作台

回转工作台又称转盘或圆形工作台，是立式铣床的重要附件，如图6-9所示。工作台内部为蜗轮蜗杆传动，工作时，摇动手轮使转盘做旋转运动，转台周围有刻度来确定转台位置，转台中央的孔用来找正和确定工件的回转中心。回转工作台适用于对较大工件进行分度和非整圆弧槽、圆弧面的加工。

图6-9　回转工作台

4. 万能分度头

在铣削加工中，要求工件铣好一个面或槽后，能转过一定角度，继续加工下一个面或槽，这种转角叫做分度。分度头就是用来进行分度的装置。

（1）万能分度头的作用　它能对工件做任意圆周等分或通过挂轮使工件做直线移距分度；可将工件轴线装置成水平、垂直或倾斜的位置；使工件随纵向工作台的进给做等速旋转，从而铣削螺旋槽、凸轮等。

（2）万能分度头的结构　万能分度头结构如图6-10所示。底座上装有转动体，分度头主轴可随转动体在垂直面内向上90°至向下10°范围内转动，主轴的前端一般装有自定心卡盘或者顶尖来安装工件。分度时，拔出定位销，摇动分度手柄，通过蜗轮蜗杆带动分度头主轴旋转进行分度。

（3）万能分度头的分度原理　主轴上固定有齿数为40的蜗轮，它与单头蜗杆相啮合，如图6-11所示。当拔出定位销、转动手柄时，通过一对齿数相等的齿轮传动，使蜗杆带动蜗轮及主轴传动。

手柄每转动一圈，主轴转动1/40圈。如果工件要分为 z 等分，则每一等分要求主轴转过 $1/z$ 圈。因此分度时，手柄应转过的转数 n 与工件等分数 z 之间具有以下关系式：

$$1 : \frac{1}{40} = n : \frac{1}{z} \quad 即 \quad n = \frac{40}{z}$$

图6-10　万能分度头

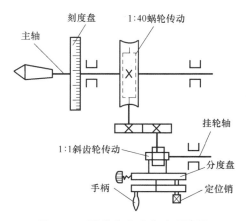

图6-11　万能分度头传动系统图

6.4.2　工件的安装

铣床常用的工件安装方法如下：

1. 用平口虎钳装夹

使用平口虎钳时，先把钳口找正并固定在工作台上，然后再安装工件，如图 6-12 所示。装夹工件时，运用划针找正，并使工件被加工面高出钳口。

2. 用压板螺栓装夹

当工件较大或形状奇异时，可用压板、螺栓、垫铁和挡铁将工件直接固定在工作台上进行铣削，如图 6-13 所示。

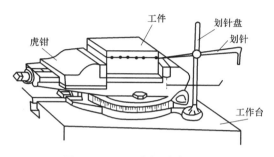

图 6-12 平口虎钳装夹工件

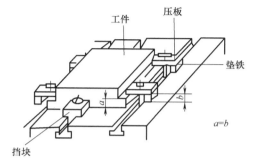

图 6-13 在工作台上直接装夹工件

3. 用分度头装夹

分度头常用于装夹有分度要求的工件。它既可以用分度头卡盘（或顶尖）与尾座顶尖一起使用来装夹轴类零件，如图 6-14 所示，也可以仅用分度头卡盘直接装夹工件。

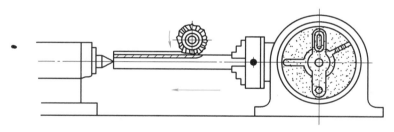

图 6-14 分度头卡盘与顶尖水平安装工件

当零件的生产批量较大时，可采用专用夹具或组合夹具来装夹工件。

6.5 铣削加工的基本操作

6.5.1 铣平面

1. 铣平面的方法

铣削平面时选择不同的铣刀，其安装方法与铣削方法均有所不同。通常我们选择圆柱铣刀、端铣刀或立铣刀在铣床上进行平面铣削加工。

（1）圆柱铣刀铣平面　圆柱铣刀铣削平面一般在卧式铣床上进行，采用这种刀齿分布在圆周表面的铣刀铣削平面的方式又称为周铣法，如图 6-15 所示。根据铣刀的旋转方向与工件进给方向的关系，又将周铣法分为顺铣与逆铣两种方式。顺铣时，铣刀的旋转方向与工件的进给方向相同；逆铣时，铣刀的旋转方向与工件的进给方向相反。

逆铣时，铣刀的切削刃开始接触工件后，将在表面滑行一段距离后才真正切入金属，切削刃容易磨损，而且铣刀对工件有上抬的切削分力，影响工件的稳固性，如图6-15a所示。

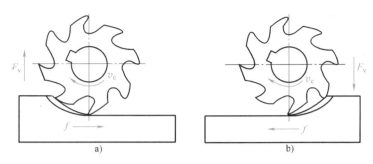

图 6-15　逆铣法与顺铣法
a）逆铣法　b）顺铣法

顺铣时，铣削的水平分力与工件的进给方向相同，工件的进给会受工作台传动丝杠与螺母之间间隙的影响，工作台的窜动和进给量不均匀，因此切削力不稳定，严重时会损坏刀具与机床，如图6-15b所示，因此，用圆柱铣刀铣平面时一般用逆铣法加工。

（2）端铣刀铣平面　采用端铣刀铣削平面，在立式铣床或卧式铣床上均可进行，如图6-16所示。利用铣刀端面上的刀齿进行加工的这种铣削平面的方法又称为端铣法。

端铣刀大多镶有硬质合金刀头，其刀杆又比较短，刚性好，铣削过程更为平稳，所以加工时可以采用较大的切削用量，以提高加工效率。另外端铣时端面铣刀的切削刃又起修光作用，因此表面粗糙度的 Ra 值较小。端铣法既提高了生产率，又提高了表面质量，因此端铣已成为在大批量生产中加工平面的主要方式之一。

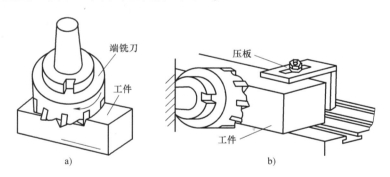

图 6-16　端铣刀铣平面
a）用端铣刀在立式铣床铣平面　b）用端铣刀在卧式铣床铣平面

（3）立铣刀铣平面　在立式铣床上还可以采用立铣刀加工平面，如图6-1c所示。与端铣刀相比，立铣刀回转直径相对较小，因此加工效率较低，加工较大平面时，有接刀纹，表面粗糙度的 Ra 值较大。但其加工范围广，可进行各种内腔表面的加工。

2. 铣削平面实例

铣削平面的机床操作步骤如图6-17所示，具体叙述如下：

1）移动工作台对刀。刀具接近工件时启动机床，铣刀旋转，缓慢移动工作台，使工件和铣刀接触，将垂直进给刻度盘的零线对准，如图6-17a所示。

2）纵向退出工作台，使工件离开铣刀，如图 6-17b 所示。

3）调整铣削深度。利用刻度盘的标志，将工作台升高到规定的铣削深度位置，然后将升降台和横向工作台紧固，如图 6-17c 所示。

4）切入工件。先手动使工作台纵向进给，当切入工件后，改为自动进给，如图 6-17d 所示。

5）下降工作台，退回。铣完一遍后停车，下降工作台，如图 6-17e 所示，并将纵向工作台退回，如图 6-17f 所示。

6）检查工件尺寸和表面质量，依次继续铣削至符合要求。

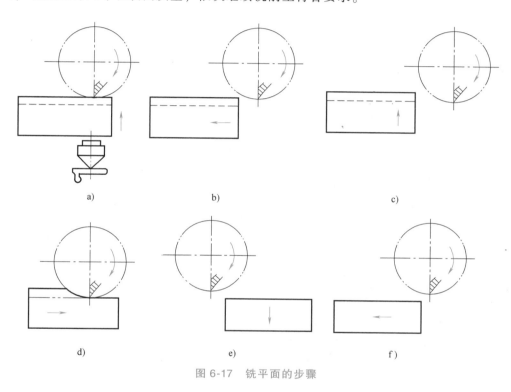

图 6-17 铣平面的步骤

6.5.2 铣斜面

铣斜面常用的方法有三种：偏转工件铣斜面、偏转铣刀铣斜面和用角度铣刀铣斜面。

1. 偏转工件铣斜面

（1）划线校正工件角度（图 6-18a） 铣削斜面时，先按图样要求划出斜面的轮廓线。对尺寸不大的工件，可用平口虎钳装夹。工件装夹后，用划针盘把所划的线校正得与工作台平行，然后夹紧，进行铣削，就可得到所需要的斜面。这种方法因为需要划线与校正，步骤复杂，只适合单件或小批量生产。

（2）垫铁调整工件角度（图 6-18b） 在零件基准的下面垫一块倾斜的垫铁，则铣出的平面就与基准面成倾斜位置。改变倾斜垫铁的角度，可加工不同角度的斜面。用倾斜垫铁装夹工件比较方便，因而在小批量生产中常用这种加工方法。

（3）万能分度头调整工件角度（图 6-18c） 在一些圆柱形和特殊形状的零件上加工斜

面时，可利用分度头将工件调整到所需位置再铣出斜面。

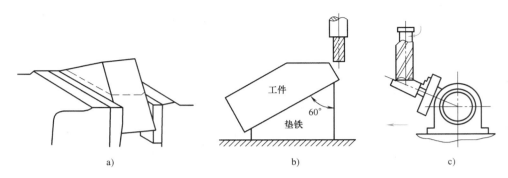

图 6-18　偏转工件角度铣斜面

2. 偏转铣刀铣斜面

在铣头可回转的立式铣床上加工斜面时可以调整立铣头的角度，使铣刀角度倾斜到与工件斜面角度相同后铣削斜面，如图 6-19 所示。此方法铣削时，由于工件必须横向进给才能铣出斜面，因此受工作台行程等因素限制，不宜铣削较大的斜面。

3. 角度铣刀铣斜面

较小的斜面可以直接用角度铣刀铣出，如图 6-20 所示，其铣出的斜面的倾斜角度由铣刀的角度保证。

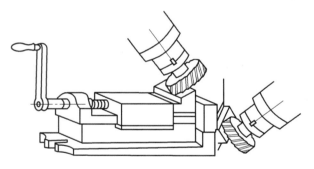

图 6-19　偏转铣刀角度铣斜面

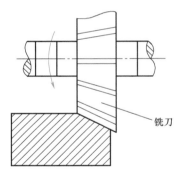

图 6-20　用角度铣刀铣斜面

6.5.3　铣台阶面

在铣床上铣台阶面时，可以用三面刃盘铣刀铣削，如图 6-21a 所示，也可以用立铣刀铣削，如图 6-21b 所示。在成批生产中，也可以用组合铣刀同时铣削几个台阶面，如图 6-21c 所示。

6.5.4　铣沟槽

在铣床上能加工的沟槽种类很多，如直角沟槽、V 形槽、T 形槽、燕尾槽和键槽等。本节只介绍直角沟槽、键槽、T 形槽和燕尾槽的铣削加工。

1. 铣削直角沟槽

加工敞开式直角沟槽，当尺寸较小时，一般都选用三面刃盘铣刀加工，成批生产时采用

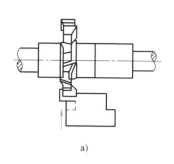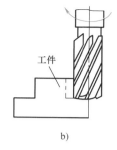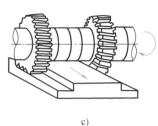

a)　　　　　　　　　b)　　　　　　　　　c)

图 6-21　铣削台阶面

盘形槽铣刀加工，成批生产尺寸较大的直角沟槽则选用
合成铣刀；加工封闭式直角沟槽，一般采用立铣刀或键
槽铣刀在立式铣床上加工，需要注意的是，采用立铣刀
铣削沟槽时，特别是铣窄而深的沟槽时，由于排屑不
畅，散热面小，所以在铣削时采用较小的铣削用量。同
时，由于立铣刀中央无切削刃，不能向下进刀，因此必
须先在工件上钻落刀孔以便其进刀（图 6-22）。

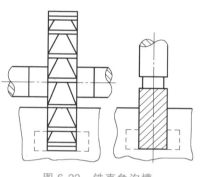

图 6-22　铣直角沟槽

2. 铣削键槽

常见的键槽有封闭式和敞开式两种，加工单件封闭
式键槽时，一般在立式铣床上进行，工件可用平口虎钳
装夹（图 6-23b），加工时应注意键槽铣刀一次轴向进给不能太大，要逐层切削；敞开式键
槽多在卧式铣床上用三面刃盘铣刀进行加工（图 6-23a）。

在铣削键槽时，首先需要做好对刀工作，以保证键槽的对称度。

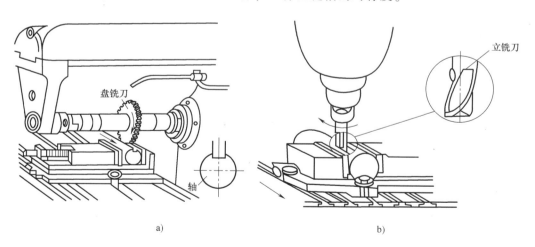

a)　　　　　　　　　　　　　　　　　b)

图 6-23　铣削键槽

a）在卧式铣床上铣削开口键槽　b）在立式铣床上铣削封闭式键槽

3. 铣削 T 形槽

加工 T 形槽时，首先划出槽的加工线，然后铣出直角槽，再在立式铣床上用 T 形槽铣
刀铣出 T 形槽，最后再用角度铣刀铣出倒角，如图 6-24 所示。

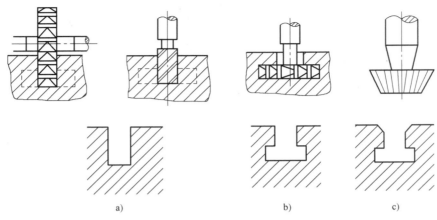

图 6-24 铣削 T 形槽

a）铣直角槽 b）铣 T 形槽 c）倒角

4. 铣削燕尾槽

铣削燕尾槽的加工过程与加工 T 形槽相似。先铣出直角槽后，再选用燕尾槽铣刀铣出左、右两侧燕尾，如图 6-25 所示。

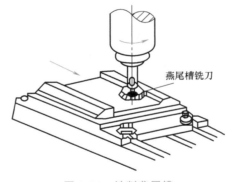

燕尾槽铣刀

图 6-25 铣削燕尾槽

6.6 铣削安全操作规程

1. 铣工伤害、安全隐患及操作规范（见表 6-2）

2. 铣工安全文明生产知识

1）实训时应穿好工作服，袖口要扎紧或戴袖套。戴工作帽，留长发者将头发全部塞入帽内，防止衣角或头发被铣床转动部分卷入而发生安全事故。

表 6-2 铣工伤害、安全隐患及操作规范

序号	伤害	安全隐患	操作规范
1	触电	机床陈旧,电气线路损坏,私自开启电控柜	开机前,先用手背轻触机床,检查是否漏电。电气故障必须由专职电工进行维修,操作人员不得私自开启电控柜。

（续）

序号	伤害	安全隐患	操作规范
2	绞伤	头发、衣物绞入旋转的铣刀或其他旋转的部件	正确穿戴劳保用品,不接近正在旋转的部件,停机改变主轴转速,停机测量、装卸工件
3	烫伤	加工时铁屑飞出	选择合理的切削用量并选择正确的站位
4	划伤	触碰工件毛刺、铁屑	正确清理毛刺,用专用工具清理铁屑
5	砸伤	工具柜上放置的工件或工具等物品掉落,工件未装夹紧固	物品用完摆放至正确的位置、工件装夹牢固

2）严禁戴手套操作铣床,以免发生事故。

3）铣床机构比较复杂,操作前必须熟悉铣床性能及其调整方法。

4）操作时,头不能过分靠近铣削部位,防止切屑烫伤眼睛或皮肤。高速铣削时要戴好防护镜,防止高速切削飞出的铁屑损伤眼睛,若有切屑飞入眼睛,千万不要用手揉擦,应及时请医生治疗。

5）装拆铣刀时要用抹布衬垫,不要用手直接接触铣刀。

6）使用扳手时,用力方向尽量避开铣刀,以免扳手打滑而造成不必要的损伤。

7）合理选用铣削用量、铣削刀具及铣削方法,正确使用各种工具、夹具,熟悉所操作铣床的性能。不能超负荷工作,工件和夹具的重量不能超过机床的载重量。

8）铣削操作过程中应严格遵守安全操作规程,必须做到以下几点:

开机前:

① 开机前必须将导轨、丝杠等部件的表面进行清洁并加注润滑油;工作时不要把工、夹、量具放置在导轨面或工作台表面上,以防不测。

② 检查自动手柄是否处在"停止"的位置,其他手柄是否处在所需位置。

③ 工件、刀具要夹牢,限位挡铁要锁紧。

开机时:

① 不准变速或做其他调整工作,不准用手摸铣刀及其他旋转的部件。

② 不得度量尺寸。

③ 不准离开机床做其他事情,并应站在适当的位置。

④ 发现异常现象应立即停机,报告指导教师。

⑤ 在切削过程中,不能用手触摸工件和清理切屑,以免铣刀损伤手指。铣削完毕,要用毛刷清除铁屑,不要用手抓或用嘴吹。

9）工作完毕后,一定要清除铁屑和油污,擦拭干净机床,并在各运动部位适当加油,以防生锈。

10）做好机床交班工作等。

复习思考题

1. 简述铣削的特点和应用。

2. 简述卧式铣床的主要组成部件和功能。

3. 顺铣和逆铣的区别是什么?

4. 试述分度头的工作原理。

第7章

刨削加工

7.1 概述

在刨床上使用单刃刀具相对于工件作直线往复运动进行切削加工的方法，称为刨削。刨削是金属切削加工中的常用方法之一，在机床床身导轨、机床镶条等较长、较窄零件表面的加工中，刨削仍然占据着十分重要的地位。

刨削加工的特点：

1. 优点

1）刨削的通用性好，生产准备容易；

2）刨床结构简单，操作方便，有时一人可开几台刨床；

3）刨刀与车刀基本相同，制造和刃磨简单；

4）刨削的生产成本较低，尤其对窄而长的工件或大型工件的毛坯或半成品可采用多刀多件加工，有较高的经济效益。

2. 缺点

（1）生产效率低　由于刨刀在切入和切出时会产生冲击和振动，并需要缓冲惯性；另外，刨削为单刀单刃断续切削，回程不切削且前后有空行程。因此，刨削速度低，生产效率也低。

（2）加工质量不高　刨削加工工件的尺寸精度一般为 IT10~IT8，表面粗糙度值 Ra 一般为 $6.3 \sim 1.6 \mu m$，直线度一般为 $0.04 \sim 0.12 mm/m$。因此刨削加工一般用于毛坯、半成品，质量要求不高及形状较简单零件的加工。

7.2 刨床

7.2.1 牛头刨床

1. 牛头刨床的型号

常用的刨床为牛头刨床，如图 7-1 所示，主要用于加工不超过 1m 的中小型零件。例如 B6063 型牛头刨床，其中 B6063 的字母和数字的含义如下（GB/T 15375—2008）：

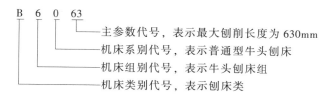

主参数代号，表示最大刨削长度为630mm
机床系列代号，表示普通型牛头刨床
机床组别代号，表示牛头刨床组
机床类别代号，表示刨床类

2. 牛头刨床的组成

牛头刨床由底座、床身、滑枕、横梁、工作台和刀架组成。

（1）底座 底座用于吊装和安装（支撑和平衡）刨床。

（2）床身 床身安装在底座上，主要用来支撑和连接各零部件。其顶面的水平导轨供滑枕作水平直线往复运动，侧面导轨供带动工作台的横梁升降运动。另外，床身内部还装有控制滑枕速度和行程长度的变速机构和摇臂机构。

（3）滑枕 滑枕主要用来带动刀架（或刨刀）沿水平方向做直线往复运动，其运动快慢、行程长度、起始位置均可调整。

（4）横梁 横梁主要用来带动工作台做上下和左右进给运动，其内部有丝杠螺母副。

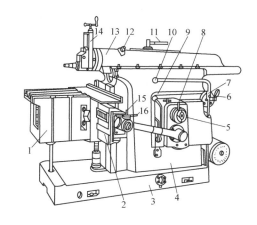

图7-1 牛头刨床结构示意图

1—工作台 2—横梁 3—底座 4—床身 5—调节行程长度手柄 6、7—变速手柄 8—进给量调节手柄 9—工作台快速移动手柄 10—操纵手柄 11—紧定手柄 12—调节滑枕位置手柄 13—滑枕 14—刀架 15—工作台横向或垂直进给转换手柄 16—进给运动换向手柄

（5）工作台 工作台主要用来直接安装工件或装夹工件的夹具，台面上有T型槽供安装螺栓压板和夹具用。

（6）刀架 如图7-2所示，刀架主要用来夹持刀具、转动刀架进给手柄。刀架可上下移动，以调整刨削深度或加工垂直面时作进给运动。松开转盘上的螺母，将转盘扳转一定角度后，可使刀架作斜向进给以加工斜面。滑板上装有可偏转的刀座，其上的抬刀板可使刨刀在回程时充分抬起，防止划伤已加工表面和减少摩擦阻力。

3. 牛头刨床的主要机构与调整

（1）变速机构 变速机构主要用于加工速度的变换，可获得六种不同的加工速度，它由两组滑动齿轮组成。

（2）摇臂机构（或摆杆机构） 如图7-3所示，摇臂机构主要把由电动机传递的旋转运动转换为滑枕的直线往复运动。电动机的旋转运动由带经小齿轮传递给摇臂齿轮，使摇臂齿轮上的偏

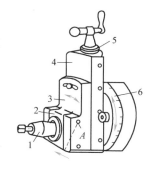

图7-2 刀架

1—刀架 2—抬刀板 3—刀座 4—滑板 5—刻度盘 6—转盘

心滑块在摇臂上的滑槽内来回滑动，迫使摇臂绕支架左右摆动，最后带动滑枕作直线往复运动。滑枕向前和向后运动时，滑块的转角分别为α和β，且α大于β。因此，滑枕向前的工作运动速度慢，向后回程运动速度快，而两端速度为零，中间速度最快。相关操作为：

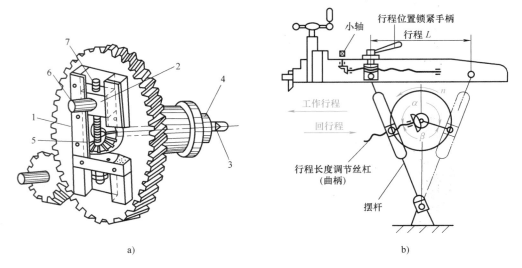

图 7-3　摆杆机构

a）实物图　b）结构图

1—大齿轮　2—调节滑块　3—调节轴　4—锁紧螺母　5—锥齿轮　6—曲柄轴　7—调节丝杠

1）滑枕行程长度的调整。滑枕行程长度一般比工件的加工长度大 30~40mm。调整时，先松开行程长度调整方榫端部的螺母，用曲柄转动轴通过锥齿轮带动小丝杠转动，带动偏心滑块在摇臂齿轮端面的位置改变，从而使摆杆的摆动幅度随之改变，达到改变滑枕行程长度的目的。顺时针转动则行程增长；反之，则行程缩短。

2）滑枕行程起始位置的调整。松开滑枕锁紧手柄，转动行程位置调整方榫，通过一对锥齿轮使丝杠旋转，使滑枕移动到所需位置。顺时针转动，则滑枕起始位置向后移动；反之，则向前移动。

3）滑枕行程速度的调整。根据变速标牌所示位置，扳动变速手柄到所需位置。

（3）棘轮进给机构　该进给机构主要是实现工作台的横向间歇进给。当大齿轮带动一对齿数相等的齿轮转动时，通过连杆使棘爪摆动，并拨动固定在进给丝杠上的棘轮转动。棘爪每摆动一次，便拨动棘轮和丝杠转动一定的角度，从而使工作台实现一次横向进给。由于棘爪背面是斜面，当它反向摆动时，爪内弹簧被压缩，棘爪从棘轮顶上滑过，不带动棘轮转动，实现了间歇进给。相关调整操作为：

1）横向进给量的调整。调整棘轮罩缺口的位置，改变棘爪拨动棘轮的齿数 k（一般为1~10），从而实现横向进给量的调整。

2）横向进给方向的调整。提起棘爪转动 180°，然后重新放回原来的棘轮齿槽中，同时将棘轮罩反向转动，使另一边露出棘爪拨动的齿。调整时要注意连杆的位置也应调转 180°，以便刨刀后退时进给。

7.2.2　龙门刨床

龙门刨床是具有门式框架和卧式长床身的刨床。龙门刨床主要用于刨削大型工件，也可在工作台上装夹多个零件同时加工，是工业的母机。龙门刨床的工作台带动工件通过门式框架作直线往复运动，空行程速度大于工作行程速度。横梁上一般装有两个垂直刀架，刀架滑座可在垂直面内回转一个角度，并可沿横梁作横向进给运动；刨刀可在刀架上作垂直或斜向进给运动；横梁可在两立柱上作上下调整。一般在两个立柱上还安装可沿立柱上下移动的侧刀架，以扩大加工范围，工作台回程时能机动抬刀，以免划伤工件表面。机床工作台的驱动可用发电机-电动机组或用可控硅直流调速方式，调速范围较大，在低速时也能获得较大的驱动力。有的龙门刨床还附有铣头和磨头，变型为龙门刨铣床和龙门刨铣磨床，工作台既可作快速的主运动，也可作慢速的进给运动，主要用于重型工件在一次安装中进行刨削、铣削和磨削平面等加工。

7.3 刨刀及其安装

刨刀是用于刨削加工的、具有一个切削部分的刀具。刨刀根据用途可分为纵切、横切、切槽、切断和成形刨刀等。刨刀的结构与车刀基本类似，但刨刀工作时为断续切削，受冲击载荷。因此，在同样的切削截面下，刀杆断面尺寸比车刀大 1.25～1.5 倍，并采用较大的负刃倾角（-20°～-10°），以提高切削刃抗冲击载荷的性能。为了避免刨刀刀杆在切削力作用下产生弯曲变形，从而使刀刃啃入工件，通常使用弯头刨刀。重型机器制造中常采用焊接-机械夹固式刨刀，即将刀片焊接在小刀头上，然后夹固在刀杆上，以利于刀具的焊接、刃磨和装卸。在刨削大平面时，可采用滚切刨刀，其切削部分为碗形刀头，圆形切削刃在切削力的作用下连续旋转，因此刀具磨损均匀，寿命很高。

刨刀的安装方法：刨刀要磨得平直，把每一把刨刀都装入卡槽，刀口外露稍长一点，要保持轴心可以旋转，螺丝转到八分紧，用直尺平躺立于刨床后一块面板上，贴紧面板，直尺一端放在刨口上，反向旋转轴心，如果刀口高于面板，用木制的锤子敲打刀片，分中间和两端三点调整，直到每一把刀口三点都刚好擦过直尺，这说明刀口与平板的高度一致，旋紧螺丝就行了。

1. 刨刀的常用种类（图7-4）
1）平面刨刀。用来刨削水平面。
2）偏刀。用来加工垂直面、台阶面和斜面。
3）切槽刀。用来加工直角槽和切断。
4）样板刀。用来加工成形面。
5）弯切刀。用来加工 T 形槽等。
6）角度刀。用来加工成一定角度的表面，如燕尾槽等。

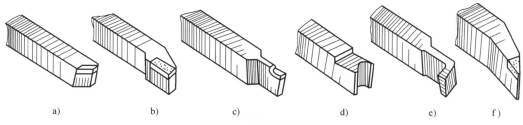

图 7-4 常用刨刀种类
a）平面刨刀 b）偏刀 c）切槽刀 d）样板刀 e）弯切刀 f）角度刀

2. 刨刀的调整

1）把盖刃拧在刨刃上，刨刃快口要探出盖刃约 1mm，拧紧。

2）把刨刃放进刨槽内，盖刃朝上，刨刃在下，贴着刨床。

3）插进刨楔，轻敲刨楔。

4）左手拿刨子，将刨子反过来，从刨子头部看到刨底，此时刨刃应该探出刨底平面 0.15~0.2mm，再看探出部分两侧是否均匀，就用锤子轻敲刨刃的上端找正，刨刃探出过多，敲敲刨子正面后尾，刨刀就缩回刨床，刨刃探出过少，就轻敲刨刃上部。如此反复调整刨刃，直至刨刃探出尺寸合适。反过刨身，轻敲刨楔实现紧固后就可以使用了。如果发现刨不动，或者刨花太厚，说明刨刃探出太多，需要调整；如果刨花太薄，说明刨刃探出太少，可以敲刨刀后尾，增加进刀量。反复上述动作，直至切屑正常。

7.4 工件的安装

刨床上工件的装夹方法主要有以下三种：

1. 平口虎钳装夹

在牛头刨床上，常采用平口虎钳装夹工件，如图 7-5 所示。平口虎钳既是机床的附件，又是一种通用夹具，一般用于装夹形状简单、规则的小型零件。使用时先将其固定在工作台上，然后再采用划线、直接找正等方法装夹工件。

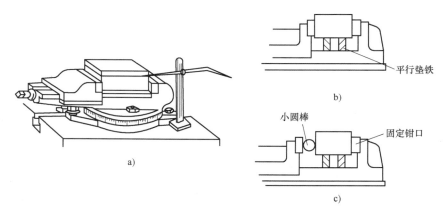

图 7-5 平口虎钳装夹工件

a）找正 b）底面定位 c）固定钳口定位

装夹工件时应注意以下几点：

1）工件的待加工面必须高于钳口。

2）为使工件贴实，可用铜锤或木锤敲击工件。

3）为保护工件和钳口，可在钳口处垫上铜皮等较软的垫片。

4）对刚性较差的工件，可在其薄弱方向使用支承或用垫铁垫实。

2. 压板、螺栓装夹

对于大型工件和形状不规则的工件，可以根据工件的特点和外形尺寸，采用相应的简易工具如压板把工件固定在工作台上直接进行刨削，如图 7-6 所示。

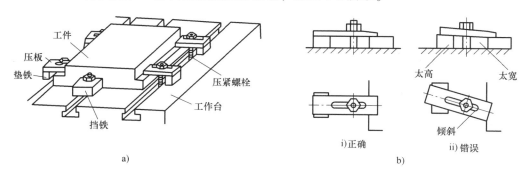

图 7-6 压板
a）用压板装夹工件 b）压板使用

装夹时应注意以下几点：

1）合理布置压板位置，尽量使其靠近切削面；同时压紧力的大小要适当，以防止工件变形。

2）对薄壁等易变形工件，应在其空位置上增加辅助支承（如千斤顶等）或垫铁，以防止振动或变形。

3）工件装夹完毕后，应进行校对，以防变形或移位。

4）压板必须安置在工件不易变形处（如垫铁处），以防工件因夹紧而变形。

3. 专用夹具装夹

专用夹具是用来完成工件某一工序特定加工内容专门设计制造的高效工艺设备，它既能使装夹过程迅速完成，又能保证工件加工后的正确性，适合于批量生产使用。

7.5 刨削加工的基本操作

刨削平面具体操作如下：

1）刀具的选择与装夹。根据工件的材料、加工表面的精度及表面粗糙度选择刨刀。粗刨时选用普通直头或弯头平面刨刀，精刨时选用较窄的圆头精刨刀（圆弧半径为 3~5mm），刀具选好后正确装夹。

2）工件的装夹。工件采用平口钳装夹。

3）机床的调整。调整刨刀的行程长度、起始位置、行程速度、工作台的高度，如图 7-7 所示。

4）进给量的选择及调整。粗刨时，a_p 和 f 取大值，v_c 取较低值；精刨时，a_p 和 f 取小值，v_c 取较高值；

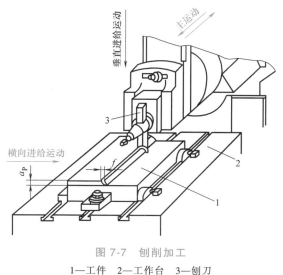

图 7-7 刨削加工
1—工件 2—工作台 3—刨刀

5）加工。开车加工成形。

7.6 刨削安全操作规程

1. 刨工伤害、安全隐患及操作规范（表7-1）

表 7-1 刨工伤害、安全隐患及操作规范

序号	伤害	安全隐患	操作规范
1	撞伤	运动中的刨床头部	加工时不要站在刨床的前方，应站在刨床的两侧；注意不能多人操作机床；测量工件须按下机床停止按钮
2	砸伤	工具柜上放置的工件等物品掉落	物品正确摆放，工件应该装夹牢固
3	烫伤	加工时铁屑飞出	远离机床、正确站远
4	划伤	工件毛刺、刨刀刃易划伤	正确清理毛刺，用专用工具清理铁削
5	触电	电气线路损坏，私自开启电控柜	电气故障必须由专职电工进行维修，操作人员不得拆接电气线路、元件，不得开启电气柜

2. 刨工安全操作规程

启动前准备：

1）工件必须夹牢在夹具或工作台上，装夹工件的压板不得长出工作台，在机床最大行程内不准站人。刀具不得伸出过长，应装夹牢靠。

2）校正工件时，严禁用金属物猛敲或用刀架推顶工件。

3）调整冲程时刀具不接触工件。用手柄进行全程试验滑枕调整后应随时取下手柄，以免落下伤人。

4）刨床的床面或工件伸出过长时，应设置防护栏，栏杆内禁止通过行人或堆放物品。

5）刨床在刨削最大工件前，应先检查工件与龙门柱、刀架间的预留空隙，并检查工件高度限位器是否安装正确牢固。

6）刨床的工作台面和床面刀架上禁止、存放工具和其他物品。

7）作用于牛头刨床手柄上的力，在工作台水平移动时不应超过 8kg，上下移动时不应超过 10kg。

8）工件装卸、翻身时应注意锐边、毛刺割手。

运转中注意事项：

1）在刨削行程范围内，前后不得站人，不准将头、手伸到牛头前观察切削部分和刀具，未停稳之前不准测量工件。

2）吃刀量和进刀量要适当，进刀前应使刨刀缓慢靠近工件。

3）刨床必须运转后方可进刀或吃刀，在刨削中欲使刨床停止运转，应先将刨床退离工件。

4）运转速度稳定时，滑动轴承温升不应超过 60℃，滚动轴承温升不应超过 80℃。

5）经常检查刀具、工件的固定情况和机床各部件的运转是否正常。

复习思考题

1. 牛头刨床主要由哪几个部分组成？各有何功用？
2. 刨削前，牛头刨床需作哪些方面的调整？怎样调整？
3. 在牛头刨床上，刀具和工件如何运动？与车削相比，刨削的运动有什么特点？
4. 刨刀与车刀相比有何特点？
5. 简述刨水平面的一般步骤。
6. 刨削与水平面成 60°角的斜面时，刀架如何调整？
7. 龙门刨床的结构有何特点？它适用于加工哪些工件？

第8章

钳 工

8.1 概述

钳工主要是利用虎钳、各种手用工具和一些机械工具对工件进行加工的方法，是切削加工的重要工种之一，可分为普通钳工、模具钳工、装配钳工、机修钳工等。钳工的基本操作有划线、凿削、锯削、锉削、钻孔、扩孔、锪孔、铰孔、攻螺纹、套扣、刮削、研磨、矫正、弯曲、铆接以及作标记等。

钳工所用设备主要有工作台、虎钳、钻床、砂轮机等。虎钳是夹持工件的主要工具，分台虎钳和手虎钳两种，最常用的是台虎钳，它的规格用钳口宽度来表示，有 100mm、125mm、150mm、200mm 等多种。

手锤是钳工操作中的重要工具，用来锤击施力，其规格用锤头质量表示。锤柄安装的紧固与否非常重要，松动的锤头在挥击时会飞出伤人发生事故，也会影响锤击落点的准确性。

1. 安装使用台虎钳时的注意事项

1）安装台虎钳时，必须使固定钳身的钳口工作面与钳台边缘平齐，以保证夹持长条形工件时不受钳台边缘影响；

2）台虎钳固定必须牢固，以保证工作时固定钳身没有松动，否则容易损坏虎钳和影响工件加工质量；

3）夹紧工件时，手柄上不准套上管子或用锤敲击，以免损坏丝杠或螺母上的螺纹；

4）工件应夹在钳口中部，以使钳口受力均匀；

5）不能将活动钳身的伸出平面当铁砧用，以免破坏其与固定钳身的配合精度而影响其进出移动；

6）台虎钳的丝杠、螺母和其他活动表面都要经常加油润滑和防锈，工作完毕应清理现场保持整洁；

7）工作中要注意钳口螺钉是否有松动，如出现松动必须及时旋紧，以免事故发生。

2. 安装锤柄时注意事项

1）锤柄嵌入后与锤头的贴合必须良好，即两椭圆度应一致；

2）锤柄的中心线与锤头中心线垂直；

3）必须用带有倒刺的金属锲子打进嵌入锤头柄的端部，使其胀开而紧固锤头。

8.2　划线

划线是根据图样要求，在毛坯或半成品上划出加工界线的一种操作。

8.2.1　划线的作用

划线的作用如下：

1）准确、清晰地在毛坯或半成品表面上划出加工位置的线，它可作为加工工件和安装工件的依据。

2）根据所划线条可以检查毛坯的形状和尺寸是否合格。

3）在板料上合理排料划线，可节约材料。划线可分为平面划线和立体划线两种：

① 平面划线：在工件或毛坯的一个表面上划线，如图 8-1a 所示。

② 立体划线：在工件的长、宽、高三个方位上划线，如图 8-1b 所示。

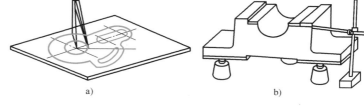

图 8-1　平面划线和立体划线

8.2.2　划线工具

（1）划线平板　划线平板是划线的基准工具，如图 8-2 所示，它是用铸铁制成的。其上平面是用作划线的基准平面（根据平面的平面度和表面粗糙度的不同，又有不同的精度级别），因此使用时，应根据工件的精度要求选择相应的平板，并避免对平板进行碰撞和敲击，以免使其精度降低。

（2）千斤顶　千斤顶是放在平板上用来支承工件的工具，它的高度可用其丝杠转动来调准，以便找正工件。通常用三个千斤顶支承一个工件，如图 8-3 所示。

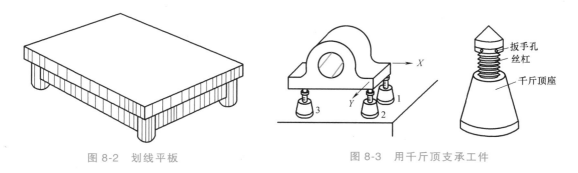

图 8-2　划线平板

图 8-3　用千斤顶支承工件

（3）V 形铁　V 形铁用来支承圆形工件，可使工件轴线与平板平行，如图 8-4 所示。

（4）方箱　方箱是划线的基准工具，如图 8-5 所示。它是用铸铁制成的空心正六面体，

6 个面都像平板一样经过精密加工，相邻面的垂直度和相对面的平行度精度很高，其上设有 V 形槽和压紧装置，可用来夹持工件。通过翻转方箱可以在工件表面上划出相互垂直的线。

（5）划针　划针是用来在工件表面上划线的基本工具，常用 $\phi3 \sim \phi6mm$ 的划针，它由工具钢或弹簧钢丝制成，其端部经淬火磨尖，划针用法如图 8-6 所示。

（6）划规　划规可以用来对圆、圆弧进行划线，还可用来等分线段和量取尺寸。常见的划规有普通划规、定距划规和弹簧划规，如图 8-7 所示。其用法与制图中的圆规用法相同。

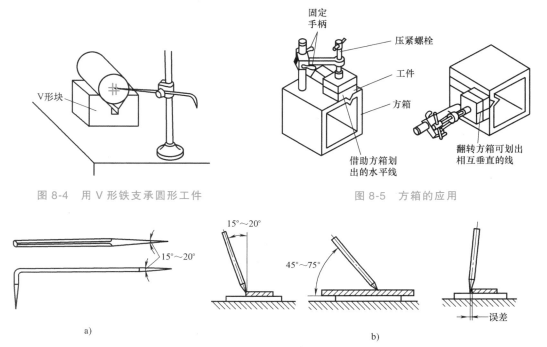

图 8-4　用 V 形铁支承圆形工件

图 8-5　方箱的应用

图 8-6　划针及划线方法
a）划针　b）划线方法

（7）划卡　划卡又称单脚规，用来确定轴和孔的中心位置，或用于以已加工边为基准边划平行线，如图 8-8 所示。

（8）划针盘　划针盘是在工件上进行立体划线和校正工件位置的工具。主要分为普通划针盘和可调划针盘，如图 8-9 所示。通过调整夹紧螺母可将划针固定在立柱上的任何位置，划针的直头端焊有硬质合金，用来划线；弯头用来校正工件位置。

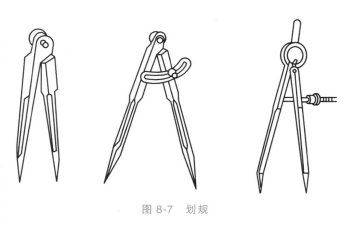

图 8-7　划规

（9）样冲　用样冲在划出的线条上打出小而均匀的样冲眼作为标记，有利于确定加工位置。样冲的尖端须经淬火热处理以保证其硬度。样冲如图 8-10 所示。

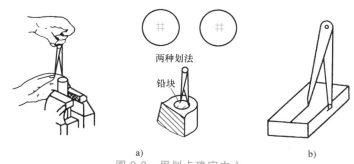

图 8-8 用划卡确定中心

a）用划卡定中心　b）用划卡划直线

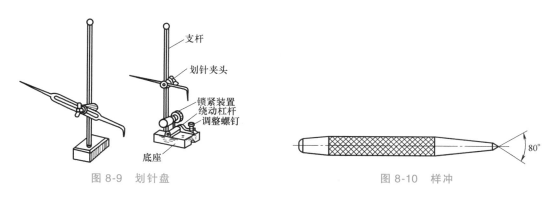

图 8-9 划针盘　　　　　图 8-10 样冲

8.2.3 划线基准

划线时，应在工件上选择一个或几个面（或线）作为划线的依据，这样的面（或线）称为划线基准。

1. 划线基准的选择原则

1）以设计基准（零件图上标注的主要基准）作为划线基准。

2）若工件各表面都为毛坯，应以较平整的大平面作为划线基准。

3）若工件上有一个已加工面，应以已加工面作为划线基准。

4）若工件有孔或凸台，应以它们的中心线作为划线基准。

2. 常用划线基准

1）以互相垂直的两个已加工面为划线基准，如图 8-11a 所示。

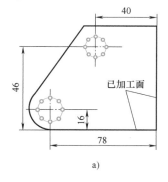

a)

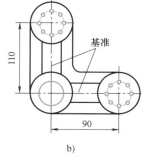

b)

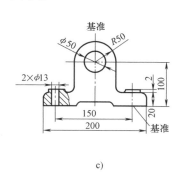

c)

图 8-11 划线基准

2）以互相垂直的两条中心线为划线基准，如图 8-11b 所示。

3）以一个平面和一条中心线为划线基准，如图 8-11c 所示。

8.2.4　划线操作

以轴承座为例，立体划线的步骤和方法如下：

1）研究零件图，选择并确定划线基准。

2）划线前的准备工作：检查毛坯是否合格；清理毛坯上的氧化皮，去除浇、冒口留下的疤痕、毛刺等；在划线部位涂上涂料（常用的涂料有白粉笔、白灰浆、蓝油及硫酸铜等）；用木块堵上孔；将千斤顶放在划线平板上并调整好高度。

3）将工件放在千斤顶上，根据孔中心和上表面细调千斤顶，使工件水平，如图 8-12a 所示，水平的找正可用划针盘完成。

4）根据尺寸要求，准确划出各水平线，如图 8-12b 所示。

5）将工件翻转 90°，用直角尺找正，划出相互垂直的线，如图 8-12c 所示。

6）将工件再翻转 90°，用直角尺在两个方向上找正、划线，如图 8-12d 所示。

7）检查所划线条是否正确，若有误则及时纠正，无误则打样冲眼。

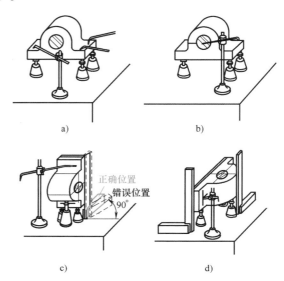

图 8-12　轴承座的划线方法与步骤

a）根据孔中心及上面调节千斤顶，使工件水平

b）划出各水平线　c）翻转 90°，用直角尺找正划线

d）翻转 90°，用直角尺在两个方向找正划线

8.3　锯削

8.3.1　手锯

手锯是手工锯削的工具，由锯弓和锯条组成。分为可调式和固定式两种，如图 8-13 所示

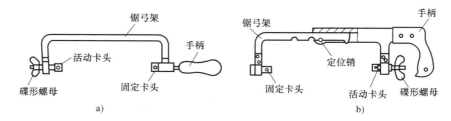

图 8-13　手锯的结构

a）固定式锯弓　b）可调式锯弓

示。固定式锯弓（U形弓）是整体的，仅安装固定长度的锯条，如图 8-13a 所示；可调式锯弓（伸缩弓）由前后两段组成，可安装不同长度、规格的锯条，如图 8-13b 所示。

锯条常用碳素工具钢或高速工具钢制造，常用手工锯条规格为长 300mm、宽 12mm、厚 0.8mm。

锯条通常根据工件材料的硬度及其厚度来选用，见表 8-1。

表 8-1　锯条的选用

锯齿粗细		齿条的长度 200mm、250mm、300mm	应用
齿数/25mm	粗齿	14~18	适用于锯软钢、铸铁、纯铜及人造胶质材料
	中齿	22~24	适用于锯，中等硬度钢及壁厚的钢管、铜管或中等厚度的普通钢材、铸铁等
	细齿	32	适用于锯硬钢等硬材料、薄形金属、薄壁管子、电缆等
	细变中	32~20	适用于一般工厂，易于起锯

8.3.2　锯削操作

1. 锯条的安装

手锯是在向前推进时进行切削的，所以锯条安装时要保证锯齿的方向正确，锯齿尖部方向向前，如图 8-14 所示。锯条松紧要适度，若锯条装得太紧，则易折断；若锯条装得太松，则易歪斜。

2. 工件夹持

1）夹持要牢固，不可有抖动。

2）工件需夹持在虎钳的左侧，以方便操作。

3）锯削线应与锯口垂直，离钳口一般为 5~10mm。

a)　　　　　　　　　　　　　　　b)

图 8-14　锯条的安装
a）正确装法　b）错误装法

3. 握锯方法

右手满握锯柄，左手轻抚在锯弓前端，如图 8-15 所示。

4. 锯削站立姿势

锯削站立姿势如图 8-16 所示。锯削时，操作者应站立在台虎钳的左侧，左脚向前迈半步，与台虎钳的中轴线成 30°角；右脚在后，与台虎钳中轴线成 75°角，两脚间的间距与肩同宽。身

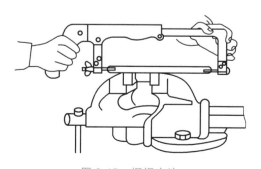

图 8-15　握锯方法

体与台虎钳中轴线成 45°角。

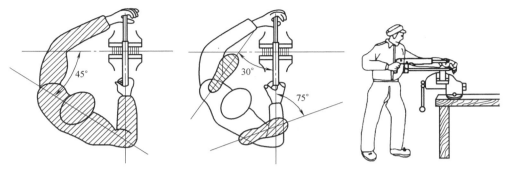

图 8-16　锯削站立姿势

5. 起锯

起锯如图 8-17 所示，应注意：

1）起锯的方式有远起锯和近起锯两种，一般采用远起锯。

2）起锯角 θ 以 15°左右为宜，为了使起锯的位置正确和平稳，可用左手拇指挡住锯条来定位。

3）起锯压力要小，往返行程要短，速度要慢，这样可使起锯平稳。

4）当起锯出锯口后，锯条应逐渐改作水平直线往复运动。

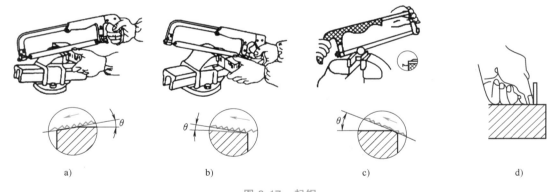

图 8-17　起锯

a）远起锯　b）近起锯　c）起锯角太大　d）拇指挡住锯条起锯

6. 锯削

1）推锯。开始进锯时，用力要均匀，左手扶锯，右手推动锯子向前运动，上身倾斜跟着一起运动，右腿伸直向前倾，操作者的重心在左腿，且左膝盖弯曲。锯子行至 3/4 锯子长度时，身体停止向前运动，但两臂继续将锯子送到头，尽可能使全部锯齿参与切削。

2）回锯。左手要把锯弓略微抬起，右手向后拉动锯子，让锯条从工件轻轻滑过，不应加压或摆动，身体逐渐回到原来位置，锯削速度为大约往复 40 次/min。

3）当接近锯断时，缓慢控制锯条来切断材料。

7. 结束

锯削结束后，应把锯条放松。

8.3.3 锯削的应用

1. 锯削圆形工件

锯削管类工件时，当锯穿一处管壁后，应将工件向手锯推弓方向转一个角度，再继续锯，如图8-18a所示。

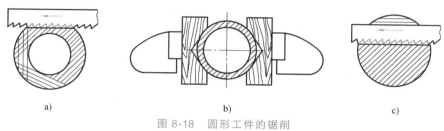

图8-18 圆形工件的锯削

a）圆管的锯削 b）薄壁管的锯削 c）圆钢的锯削

锯削薄壁管子时，必须将工件夹持在辅助夹具（如两块V形木衬垫）中，如图8-18b所示。采用锯管类工件的方法锯削棒类工件。当锯面要求较高时，应采用图8-18c所示的方法。

2. 锯削平面工件

锯削扁钢应从宽面起锯，如图8-19a所示，以避免锯条被卡住或折断，并能得到整齐的锯面。锯削薄板工件时，应将薄板工件夹在两木块之间，如图8-19b所示，以防止振动和变形。图8-19c为各类型钢锯削的实例，其锯削方法与扁钢基本相同。

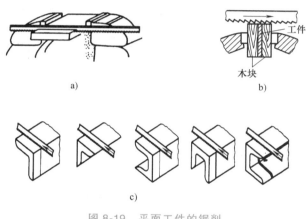

图8-19 平面工件的锯削

a）扁钢的锯削 b）薄板的锯削 c）型钢的锯削

8.4 锉削

锉削是用锉刀对工件表面进行切削加工的操作，它是钳工的主要操作之一，加工后的表面粗糙度 Ra 可达 $1.6 \sim 0.8$mm。

8.4.1 锉刀的构造及种类

锉刀由工作部分和锉柄组成，结构如图8-20所示，其大小以工作部分的长度表示。锉刀多用碳素工具钢制造。锉刀的锉齿多是在剁锉机上剁出的，然后经淬火、回火处理，其齿形如图8-21所示。锉刀的锉纹多制成双纹，以便锉削时省力，锉面不易堵塞。

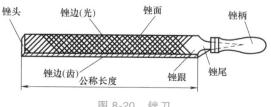

图8-20 锉刀

　　锉刀的粗细，是以每 10mm 长的锉面上锉齿的齿数来划分的。粗锉刀（4~12 齿/cm）的齿间大，不易堵塞，适于粗加工或锉铜、铝等软金属；细锉刀（13~24 齿/cm）适于锉钢和铸铁等；光锉刀（30~40 齿/cm）适于精锉表面；油光锉刀（50~62 齿/cm）仅用来最后修光表面。锉刀越细，锉出工件的表面越光，但生产率也越低。锉刀可分为平锉、方锉、三角锉、半圆锉及圆锉等，如图 8-22 所示，以平锉用得最多。

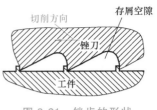

图 8-21　锉齿的形状

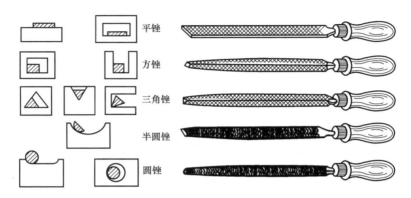

图 8-22　锉刀的种类和用途

8.4.2　锉削的应用

　　锉削时必须掌握正确握锉的方法，以及施力变化。使用大的平锉时，左手压在锉端上，使锉刀保持水平，如图 8-23a 所示；用中型平锉时，因用力较小，左手的大拇指和食指捏着锉端，引导锉刀水平移动，如图 8-23b 所示。锉削时握锉方法如图 8-23 所示。锉刀前推时加压，并保持水平；返回时，不宜紧压工件，以免磨钝锉齿和损伤已加工表面。

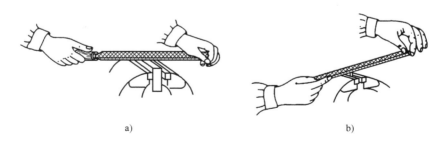

a)　　　　　　　　　　　　　　b)

图 8-23　握锉方法
a）大平锉握法　b）中型平锉握法

锉平面的步骤和方法为：

（1）选择锉刀　锉削前，应根据金属的软硬、加工表面和加工余量的大小、工件的表面粗糙度要求等来选择锉刀。加工余量小于 0.2mm 时，宜用细锉。

（2）夹持工件　工件应牢固地夹在虎钳钳口中部，并略高于钳口；夹持已加工表面时，应在钳口与工件间垫以铜制或铝制垫片。

（3）锉削　粗锉时可用交叉锉法，如图 8-24b 所示。此法的锉痕是交叉的，故去屑较快，并容易判断锉削表面的不平程度，有利于把表面锉平。交叉锉削后，再用顺向锉法，如图 8-24a 所示，进一步锉光平面。平面基本锉平后，在余量很少的情况下，可用细锉或光锉以推锉法修光，如图 8-24c 所示。推锉法一般用于锉光较窄的平面。

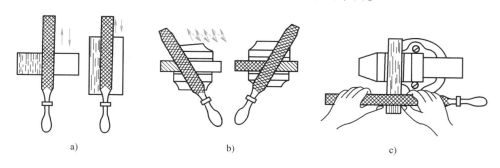

图 8-24　平面锉削法
a）顺向锉法　b）交叉锉法　c）推锉法

（4）检验　锉削时，工件的尺寸可用钢直尺、卡钳或游标卡尺检查。工件的平直度及直角可用 90°角尺根据其是否能透过光线来检查，如图 8-25 所示。

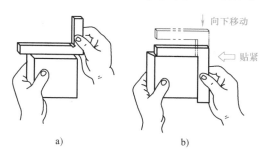

图 8-25　检查平直度和直角
a）检查平直度　b）检查直角

8.5　钻孔

钳工操作中涉及的主要是中、小型尺寸的圆孔及螺纹孔的加工，可采用的方法有钻孔、扩孔、铰孔、攻丝等。

8.5.1　钻床

钳工操作中常用的孔加工设备为台式钻床、立式钻床和摇臂钻床。

1. 台式钻床

台式钻床是放在工作台上使用的，钻孔直径一般在 13mm 以下，最小可加工 1mm 的孔，如图 8-26 所示。

钻孔时，钻头安装在钻夹头中，钻夹头安装在主轴下端的锥孔中。使用者可通过改变带在塔形带轮上的位置来改变转速。工件一般用平口钳装夹，然后放置在工作台上。主轴的高度可以根据加工的需要来调节。

钻削加工时，主轴带动钻头的旋转运动是主运动，主轴的轴向移动为进给运动。

台式钻床结构简单、价格低廉、使用方便，在钳工装配和仪表制造中应用广泛。

2. 立式钻床

立式钻床的规格可用最大钻孔直径来表示，常用的有 25mm、35mm、40mm 和 50mm 等。立式钻床的结构如图 8-27 所示。

与台式钻床相比，立式钻床刚性好、功率大，可以采用较大的切削用量，还可以自动进给，生产效率和加工精度较高。

立式钻床的工作台尺寸不大，并且不能在水平面内移动，必要时只能手工移动工件，因此仅用于加工中小型工件上的孔。

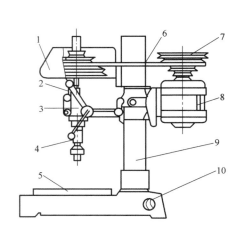

图 8-26 台式钻床

1—带罩 2—钻头进给手柄 3—主轴架 4—主轴
5—工作台 6—带 7—带轮 8—电动机
9—立柱 10—底座

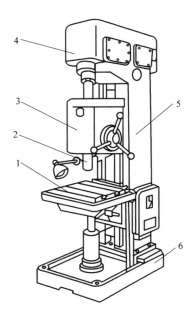

图 8-27 立式钻床

1—工作台 2—主轴 3—进给箱 4—主轴
变速箱 5—立柱 6—底座

3. 摇臂钻床

摇臂钻床有一个能沿立柱上下移动同时可以绕立柱旋转 360° 的摇臂，摇臂上的主轴箱及主轴可以沿摇臂的水平导轨移动，如图 8-28 所示。因此摇臂钻床可以方便地将刀具调整到需要的位置，适合加工大型工件及多孔工件。

8.5.2 钻孔操作

用钻头在实体材料上加工孔的操作称为钻孔。钻孔的加工精度一般为 IT12，表面粗糙度值 $Ra12.5\mu m$。

1. 麻花钻

钻孔操作中常用的刀具是麻花钻，一般用高速工具钢制造。麻花钻由工作部分、颈部和柄部三部分构成，如图 8-29 所示。

工作部分又包括切削部分和导向部分。切削部分包括两条主切削刃、两条副切削刃、一条横刃、两个前面、两个主后面、两个副后面（即棱边）和两个刀尖，相当于两个直头外圆车刀在空间相互缠绕并连接在一起，如图 8-30 所示。标准麻花钻的顶角一般为 $2\phi = 118° \pm 2°$，螺旋角 $\omega = 18° \sim 30°$。

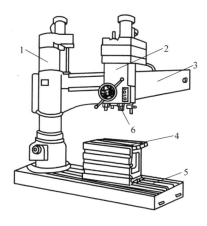

图 8-28　摇臂钻床

1—立柱　2—主轴箱　3—摇臂
4—工作台　5—底座　6—主轴

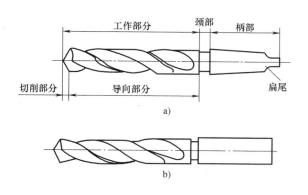

图 8-29　麻花钻的结构

a）锥柄　b）直柄

导向部分由经过铣、磨或轧制而成的两条对称螺旋槽组成，用于形成切削刃和前角，起排屑和通过冷却液的作用；导向部分还有两条细长的棱边，略带倒锥，用于形成副偏角并引导钻头方向，还可减小与孔壁的摩擦。

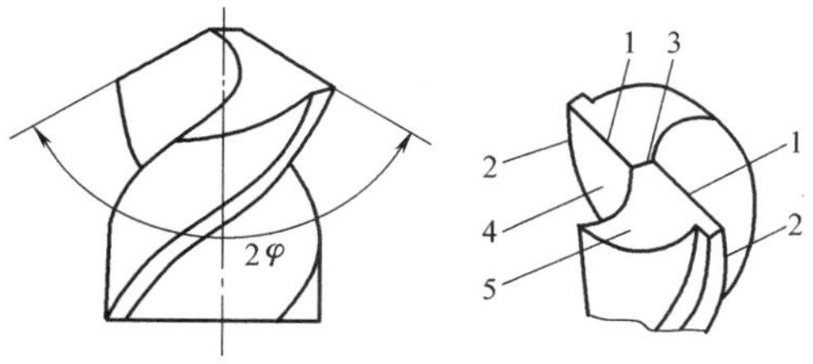

颈部是磨削柄部时的退刀槽。柄部用于夹持，可传递来自机床的扭矩。钻柄一般有直柄和锥柄两种：

1）直柄　传递的扭矩较小，一般用于直径在 12mm 以下的钻头；

图 8-30　麻花钻切削部分的结构

1—主切削刃　2—副切削刃　3—横刃
4—前面　5—主后面

2）锥柄　对中性好，可传递较大的扭矩，用于直径大于 12mm 的钻头。

2. 钻孔方法

（1）工件的安装　工件安装的方法与工件的形状、大小、生产批量及孔的加工要求等因素有关。单件小批量生产或者孔的加工要求不高时，可以用划线来确定孔的中心位置，然后采用通用夹具安装。在薄板、小工件上钻削直径小于 8mm 的孔时，可以用手虎钳装夹工件；形状规则的小型工件可以用平口钳装夹；较大的工件可以用压板、螺栓直接装夹在钻床工作台上；圆柱形工件上沿半径方向钻孔时可使用 V 形铁。如图 8-31 所示。

（2）钻削　钻削时，应先对准中心试钻一个浅坑，检查孔的位置是否正确，若孔轴线偏了，可以用样冲纠正，然后再钻削。钻孔的进给速度要均匀，将要钻通时要减小进给量，以防止卡住或折断钻头。钻较深的孔（深径比大于 5）时由于轴向力和扭矩过大，一般应分

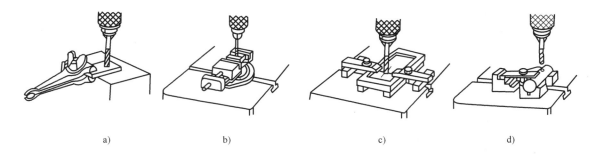

图 8-31　各种工件的装夹

a）手虎钳装夹　b）平口钳装夹　c）压板螺栓装夹　d）V 形铁装夹

多次钻出并加冷却液。当孔径较大时，应先钻一个直径小一些的孔，然后再用所需孔径的钻头进行扩孔。

钻削的切削用量应根据工件材料、钻头条件及钻孔直径等因素来选择。

3. 扩孔

用扩孔钻在原有孔的基础上进一步扩大孔径并提高孔质量的加工方法称为扩孔。扩孔的加工精度一般为 IT11~IT10，表面粗糙度 Ra 值可达 6.3~3.2μm。

（1）扩孔　扩孔是在已有孔的基础上进行扩大加工，不需要导向，加工余量比钻削小，一般为 0.4~5mm，能够采用较大的进给量，生产效率较高。

（2）扩孔钻　扩孔钻的形状与麻花钻相似、但齿数较多，一般有 3~4 个齿，因此切削时受力均衡，没有横刃且轴向力较小，其形状如图 8-32 所示。扩孔钻刀体的强度较高、刚性较好，因此切削平稳。

扩孔加工质量比钻孔高，可以校正孔的轴线偏差。扩孔还可以作为精度要求不高的孔的终加工或者铰孔前的预加工。

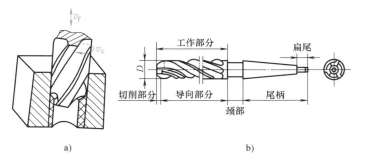

图 8-32　扩孔和扩孔钻

a）扩孔　b）扩孔钻

4. 铰孔

用铰刀对孔进行精加工的方法称为铰孔，广泛应用于精加工中小尺寸（直径 3~150mm）的圆孔，精度一般可达 IT8~IT7，表面粗糙度 Ra 可达 3.2~0.8μm。手铰时精度甚至可以达到 IT6，表面粗糙度 Ra 可达 0.4~0.1μm。

（1）铰刀　铰刀可分为手用铰刀和机用铰刀两种，手用铰刀刀体较长，机用铰刀刀体较短，如图 8-33 所示。

铰刀由工作部分、颈部、柄部三部分组成，工作部分又分为切削部分和修光部分。

（2）铰孔　铰孔一般在扩孔之后进行，加工时铰刀在孔中不能倒转，即使是退出铰刀

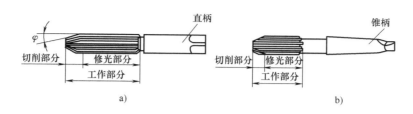

图 8-33 铰刀

a）手用铰刀　b）机用铰刀

时也不能倒转。加工时必须根据工件材料来选取适当的冷却润滑液，这样既可以降低切削区的温度，又有利于提高加工质量、降低刀具磨损。铰孔可以有效地提高孔的尺寸精度和表面质量，但一般不能提高孔的位置精度。

5. 锪孔

用锪钻改变已有孔的端部形状的操作称为锪孔，此种加工方法多在扩孔之后进行，又称为划窝。锪钻的种类很多，可以加工圆柱形沉孔、圆锥形沉孔、鱼眼坑以及孔端的凸台等，如图 8-34 所示。

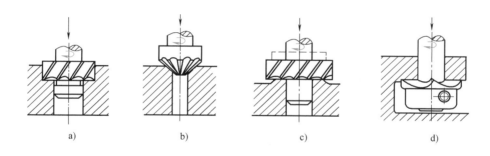

图 8-34 锪孔

a）锪圆柱孔　b）锪圆锥孔　c）锪凸台　d）锪鱼眼坑

8.6 攻螺纹和套螺纹

用丝锥在圆孔的内表面上加工内螺纹称为攻螺纹，如图 8-35a 所示；用板牙在圆杆的外表面上加工外螺纹称为套螺纹，如图 8-35b 所示。

8.6.1 攻螺纹

1. 丝锥

丝锥是专门用来攻螺纹的刀具。丝锥由切削部分、修光部分（定位部分）、容屑槽和柄部构成。切削部分在丝锥的前端，呈圆锥状，切削负荷分配在几个切削刃上。定位部分具有完整的齿形，用来校准和修光已切出的螺纹，并引导丝锥沿轴向运动。容屑槽是沿丝锥纵向开出的 3~4 条槽，用来容纳攻丝所产生的切屑。柄部有方榫，用来安放攻丝扳手和传递扭矩。丝锥及其应用如图 8-36 所示。

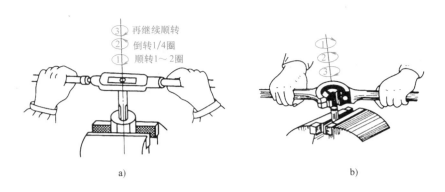

a)　　　　　　　　　　　　　　　　　b)

图 8-35　攻螺纹和套螺纹

a) 攻螺纹　b) 套螺纹

攻螺纹时，为了减少切削力，提高丝锥的耐用度，将攻螺纹的整个切削量分配给几支丝锥来担负。这种配合完成攻丝工作的几支丝锥称为一套。先用来攻螺纹的丝锥称头锥，其次为二锥，再次为三锥。一般攻 M6～M24 以内的丝锥每套有两支，攻 M6 以下或 M24 以上的螺纹，每套丝锥为三支。

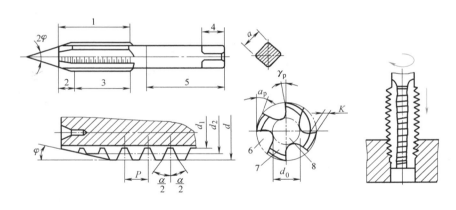

图 8-36　丝锥及其应用

1—工作部分　2—切削部分　3—修光部分　4—方头　5—柄部　6—容屑槽　7—齿　8—心部

2. 铰杠

铰杠是用来夹持和扳转丝锥的专用工具，如图 8-37 所示。铰杠是可调式的，转动右手柄，可调节方孔的大小，以便夹持不同规格的丝锥。

3. 攻螺纹步骤

1）钻螺纹底孔，底孔的直径通过查表或用经验公式计算得出。

对钢铁及韧性材料，计算公式为

$$d = D - P$$

对铸铁及脆性材料，计算公式为：

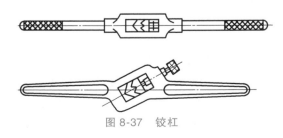

图 8-37　铰杠

$$d = D - (1.05 \sim 1.1) P$$

上两式中，d 为螺纹底孔直径；D 为螺纹大径，即工件螺纹公称直径；P 为螺距。

在不通孔中加工内螺纹时，由于丝锥不能在孔底部切出完整螺纹，因此底孔深度 H 应大于螺纹的有效长度 L，计算公式为

$$H = L + 0.7D\,(螺纹大径)$$

2）倒角。在孔口部倒角，倒角处的直径可略大于螺纹大径，以利于丝锥切入，并防止孔口螺纹崩裂。

3）用头锥攻螺纹。开始时，将丝锥垂直放入工件螺纹底孔内，然后用铰杠轻压旋入 1~2 周，用目测或直角尺在两个互相垂直的方向上检查，使丝锥与端面保持垂直。当丝锥切入 3~4 周后，可以只转动，不加压，每转 1~2 周回转 1/4 周，以使切屑断落。攻通孔时，只用头锥攻穿；攻不通孔时，应做好记号，以防丝锥触及孔底。

4）用二锥、三锥攻螺纹。先将丝锥放入孔内，用手旋入几周后，再用铰杠转动，转动时无需加压。

5）润滑。对钢件攻螺纹时应加乳化液或润滑油润滑；对铸铁、硬铝件攻螺纹时一般不加润滑油，必要时可加煤油润滑。

8.6.2 套螺纹

1. 套螺纹工具

（1）板牙 板牙一般由合金工具钢制成。常用的圆板牙如图 8-38a 所示，板牙在圆柱面上开有顶尖坑，供紧固螺钉紧固板牙用，在靠近螺纹处，开有 3~4 个排屑孔，并形成刀刃。圆板牙螺孔的两端有 40° 的锥度部分，是板牙的切削部分，圆板牙轴向的中间段是校准部分，起修光作用，也是套螺纹时的导向部分，如图 8-38a 所示。

（2）板牙架 它是用来夹持圆板牙的工具，如图 8-38b 所示。

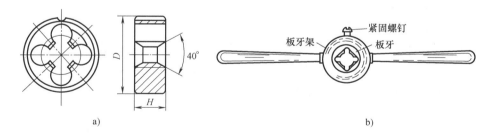

图 8-38 圆板牙及板牙架

a）圆板牙 b）板牙架

2. 套螺纹方法

1）套螺纹前需先确定套螺纹圆杆的直径。由于套螺纹时有明显的挤压作用，因此圆杆直径应略小于螺纹大径，具体数值可以查阅相关的手册来确定，或用经验公式计算：

$$d = D - 0.13P$$

式中，d 为圆杆直径；D 为螺纹大径；P 为螺距。

2）圆杆的端部必须先做出合适的倒角。圆板牙端面与圆杆应保持垂直，避免套出的螺纹有深有浅。

3）板牙开始切入工件时转动要慢，压力要大，套入 3~4 周后，只转动、不加压。要时常反转来断屑。

8.7 装配

装配是将合格的零件按装配工艺组装起来，并经调试使之成为合格产品的过程。它是产品制造过程中的最后环节。

8.7.1 装配的概念

组成产品的零件加工质量很好，但整机却有可能是不合格品，其原因就是装配工艺不合理或装配操作不正确。因此，产品质量的好坏，不仅取决于零件的加工质量，而且还取决于装配质量。装配质量差的产品，精度低、性能差，寿命短，将造成很大的损失。在整个产品制造过程中，装配工作占的比重很大。大批量生产中，装配工时约占机械加工工时的 20%，而在单件小批量生产中，装配工时约占机械加工工时的 40% 以上。

8.7.2 装配过程

1. 装配前的准备

熟悉产品装配图及技术要求，了解产品结构、零件作用和相互间的连接关系，确定装配方法、程序和所需的工具，领取零件并对零件进行清理、清洗（去零件上的毛刺、锈蚀、油污及其他脏物），涂防护润滑油。

2. 装配

装配分为组件装配、部件装配和总装配。

（1）组件装配 将若干零件及分组件安装在一个基础零件上从而构成一个组件的过程称为组件装配，例如轴与带轮的装配。

（2）部件装配 将若干个零件组安装在另一个基础零件上从而构成一个部件的过程称为部件装配。部件是装配工作中相对独立的部分，例如汽车变速箱的装配。

（3）总装配 将若干个零件、组件、部件安装在产品的基础零件上面构成产品的过程称为总装配，例如卡车各部件安装在底盘上构成卡车的装配。

3. 调试及检验

产品装配完毕后，首先对零件或机构的相互位置、配合间隙、结合松紧进行调整，然后进行全面的精度检验，最后进行试车。检验包括运转的灵活性，工作时的温升、密封性、转速、功率等各项性能指标。

4. 涂油、装箱

机器检验合格后，加工表面应涂防锈油，贴标签，装入说明书、合格证、装箱单等，最后装箱。

8.8 钳工安全操作规程

1. 在台上工作时应注意以下事项：

1）工作物必须牢固地夹在台虎钳上，夹小工件时须当心夹伤手指。

2）夹紧或放松台虎钳时，须提防打伤手指及工件跌落伤物、伤人。

3）不可使用没有手柄或手柄松动的锉刀。若锉刀手柄松动，必须加以拧紧，但切不可用手握锉刀进行撞击。

4）不得用手去挖剔锉刀齿里的切屑，也不得用嘴去吹，而应该用专用的刷子清除。

5）使用手锤时应检查锤头装置是否牢固，是否有裂缝或沾有油污；挥动手锤时须注意断片飞出的方向，以免伤及别人。

6）锤击凿切的地方，凿切工件到最后部分时要轻轻锤击，并注意断片飞出的方向，以免伤害自己和别人。

7）使用手锯锯削材料时，不可用力重压或扭转锯条；材料将断时，应轻轻锯削。

8）铰孔或攻丝时，不要用力过猛，以免折断铰刀或锥丝。

9）禁止用一种工具代替其他工具使用，如用扳手代替手锤，钢皮尺代替螺钉旋具，用管子接长扳手柄等，因为这样会损坏工具或发生伤害事故。

2. 使用砂轮机刃磨刀具时，必须注意下列事项

1）工作前应先检查砂轮机的罩壳和托架是否稳固，砂轮有无裂缝，不准在没有罩壳和托架的砂轮机上工作。

2）刀具在砂轮上不能压得太重，以防砂轮破裂飞出。

3）应站在砂轮机侧面操作。

4）开动砂轮后，须速度稳定后才可使用。

复习思考题

1. 划线的作用是什么？如何划出工件上的水平线和垂直线？

2. 什么叫划线基准，如何选择划线基准？

3. 划线方箱、V形块、千斤顶各有何用途？

4. 如何选择锯条？起锯和推锯时的操作要领是什么？

5. 何时使用交叉锉削？

6. 简述立式钻床、台式钻床和摇臂钻床的结构和用途。

7. 钻孔、扩孔和铰孔时，所用的刀具和操作方法有何区别？为什么扩孔和铰孔能提高孔的加工质量？

8. 如何确定攻螺纹前底孔的直径和深度？

第 4 篇

先进制造技术

第9章

数控加工技术基础知识

9.1 概述

数控技术，简称数控（Numerical Control，NC），是利用数字化信息对机械运动及加工过程进行控制的一种方法。由于现代数控都采用了计算机进行控制，因此也可以称为计算机数控（Computer Numerical Control，CNC）。

1947 年，美国帕森斯（Parsons）公司为了精确地制作直升机机翼、桨叶和飞机框架，提出了用数字信息来控制机床自动加工外形复杂零件的设想。1952 年，世界上第一台数控机床"三坐标立式铣床"研究成功，它可控制铣刀进行连续空间曲面的加工。

数控机床的发展趋势主要体现在：高速化、高精化、复合化、智能化、开放化、驱动并联化和网络化。

1. 数控机床的特点

1）高精度。

2）高柔性。

3）适合单件小批量生产和复杂零件加工。

4）产品质量稳定。

5）劳动强度低。

6）生产效率高。

7）有利于生产管理现代化。

2. 数控机床的分类

数控机床的品种和规格繁多，分类方法不一。

（1）按照工艺用途分类

1）切削加工类，如数控车床、数控铣床、数控磨床、加工中心等。

2）成形加工类，常用的有数控折弯机等。

3）特种加工类，主要有数控线切割机、数控电火花加工机、数控激光加工机等。

4）其他，主要有三坐标测量仪、数控装配机、数控测量机、数控绘图仪、机器人等。

（2）按照机床运动控制轨迹分类

1）点位控制数控机床，主要有数控钻床等。

2）直线控制数控机床，主要有数控车床、数控铣床、数控磨床等。

3）轮廓控制数控机床，主要有数控车床、数控铣床、数控线切割机床、加工中心等。

3. 数控加工的过程

数控机床完成零件加工过程：零件工艺分析（确定零件的加工要素）→编写零件的加工程序→向 MCU 输入零件的加工程序→显示刀具路径→程序输送到 NC 机床→加工零件，如图 9-1 所示。

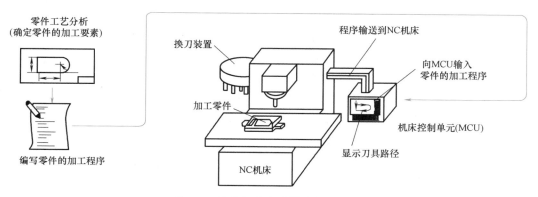

图 9-1 数控机床完成零件加工过程

9.2 数控机床的组成

数控机床一般由机械系统（机床本体）、CNC 系统（或称 CNC 单元）和伺服系统组成，如图 9-2 所示。

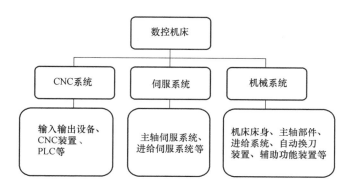

图 9-2 数控机床的组成

1. CNC 系统

CNC 系统主要有输入输出设备、CNC 装置、PLC 等。该系统的主要功能有：数控程序输入、数控程序编译、刀具半径补偿和长度补偿、刀具运动轨迹插补计算等。控制面板如图 9-3 所示。

2. 伺服系统

伺服系统主要有主轴伺服系统、进给伺服系统、主轴驱动装置和进给驱动装置，分别控制主轴运动和进给运动的速度和位移。

图 9-3　控制面板

1）主轴伺服系统控制机床主轴运动的速度，必要时还控制机床主轴的角位移。主轴伺服系统主要由主轴控制单元、主轴电动机、测量反馈元件等组成。

2）进给伺服系统由伺服电动机、驱动控制系统以及位置检测反馈装置等组成。

3. 数控机床机械结构与普通机床结构的不同之处

（1）机床床身　数控机床的床身有斜床身结构和平床身结构。

（2）主轴部件　数控机床的主轴变速箱结构简单，甚至无齿轮变速机构，由变频电动机或主轴伺服电动机直接驱动，实现无级变速。

（3）进给系统　数控机床由伺服电动机驱动，采用高精度滚珠丝杠和高分辨率的脉冲编码器，对进给传动实现闭环或半闭环控制。

（4）自动换刀装置　用电动刀架或刀库配换刀机械手实现刀具自动更换。

（5）辅助功能装置　数控机床有程序控制润滑、冷却装置和自动排屑装置等。

9.3　数控机床的坐标系

数控机床采用右手笛卡儿坐标系。根据《工业自动化系统与集成　机床数值控制坐标系命名》（GB/T 19660—2005）标准规定，在确定机床坐标系时一律看作是刀具相对静止的工件运动，且刀具远离工件的方向为坐标轴的正方向。

右手笛卡儿坐标系如图 9-4 所示，大拇指方向为 X 轴正方向，食指为 Y 轴正方向，中指为 Z 轴正方向。平行于机床主轴的刀具运动方向为 Z 轴，取刀具远离工件的方向为正方向（$+Z$）。

工件坐标系是编程人员在编程和加工时使用的坐标系，是程序的参考坐标系。工件坐标系的位置以机床坐标系为参考点。编程人员以工件图样上的某点为工件坐标系的原点，称为工作原点。而编程时的刀具轨迹坐标点是按工件轮廓在工件坐标系中的坐标确定的。在加工时，工件随夹具安装在机床上，这时测量工作原点与机床原点间的距离称为工作原点偏置，如图 9-5 所示。这个偏置值必须在执行加工程序前预存到数控系统中。

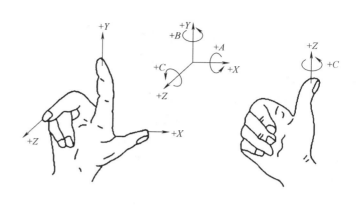

图 9-4　右手笛卡儿坐标系

选择工件零点的一般原则如下：

1）工件零点选在工件图样的基准上，以利于编程。

2）工件零点尽量选在尺寸精度高、表面粗糙度值低的工件表面上。

3）工件零点最好选择在工件的对称中心上。

4）要便于测量和检验。

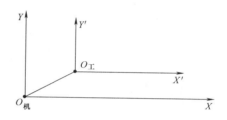

图 9-5　工件坐标系与机床坐标系

9.4　数控加工程序的编制

编制数控程序，首先要对零件进行工艺分析，制定工艺路线，确定加工顺序和装夹方式，选择刀具和切削用量，确定工件坐标系和机床坐标系的相对位置，计算刀具的运动轨迹，然后用规定的文字、数字和符号编写指令代码，按规定的程序格式编制数控程序。数控程序编制的方法有手工编程和自动编程。

1. 数控机床的编程方法

（1）手工编程　手工编程是由人工完成的。对于几何形状比较简单的零件，常采用手工编程。手工编程的过程如图 9-6 所示。

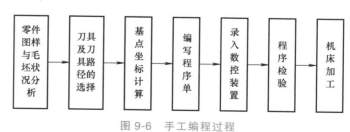

图 9-6　手工编程过程

（2）自动编程　自动编程是指程序的大部分或全部程序编制工作由计算机来完成。典型的自动编程有人机对话式自动编程及图形交互自动编程。

人机对话式自动编程，从工件的图形定义、刀具的选择、起刀点的确定、走刀路线的安排，到各种工艺指令的插入，都是在 CNC 编程菜单的引导下进行的，最后由计算机处理，得到所需的数控加工程序。

图形交互自动编程是一种可以直接将零件的几何图形信息自动转化为数控加工程序的全新计算机辅助编程技术。它通常以计算机辅助设计（CAD）为平台，利用 CAD 软件的绘图功能在计算机上绘制零件的几何图形，生成零件的图形文件，然后调用数控编程模块，采用人机交互的方式在计算机屏幕上指定被加工的部位，输入加工参数，计算机便可自动进行数学处理并编制出数控加工程序，同时在计算机屏幕上动态地显示出刀具的加工轨迹。自动编程大大减轻了编程人员的劳动强度，提高了效率，同时解决了手工编程无法解决的复杂零件编程难题。典型自动编程软件有 UG NX、SolidWorks、CAXA 和 Pro/ENGINEER 等。

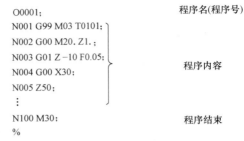

图 9-7　数控程序结构

2. 程序结构

数控程序是由程序名、程序内容和程序结束三部分组成，如图 9-7 所示。

复习思考题

1. 数控机床由哪几部分组成？

2. 数控机床的特点？

3. 什么是机床坐标系？什么是工件坐标？

第10章

数控车削加工

10.1　概述

　　数控车床又称为 CNC 车床，即计算机数字控制车床，是目前国内使用量最大、覆盖面最广的一种数控机床。数控车床配有旋转刀架或旋转刀盘，在零件加工过程中由程序自动更换刀具。

1. 数控车床坐标系

　　数控车床的坐标系以主轴中心线为 Z 轴方向，刀架远离主轴端面方向是 Z 轴的正方向；主轴直径方向为 X 轴方向，以刀架远离主轴中心线方向为 X 轴正方向，如图 10-1 所示。

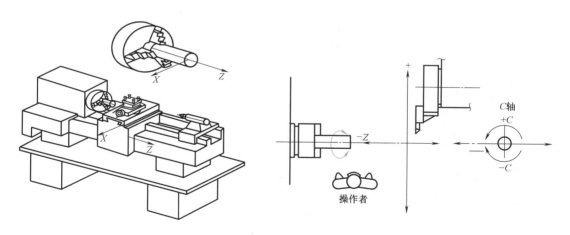

图 10-1　数控车床坐标系

2. 数控车床参考点和原点

　　机床原点是机床在出厂之前厂商就设定好的，是数控机床进行加工的基准点。

　　数控车床原点一般取在卡盘端面与主轴中心线的交点处。

　　数控车床参考点是离机床原点最远的极限点，图 10-2 所示为数控车床的参考点与机床原点。

　　数控车床开机后，必须先确定机床原点，而确定机床原点的运动就是刀架返回参考点的操作，这样通过确认参考点，就确定了机床原点。只有机床参考点被确认后，刀具（或工作台）移动才有基准。

3. 数控车床程序原点（对刀点）

程序原点是指加工程序中的坐标原点，在数控加工时刀具相对工件运动的起点，所以也称工件原点，由于程序原点是通过对刀实现的，又称为对刀点。如图 10-3 所示。

对于数控机床，在加工开始时，确定刀具与工件的相对位置是很重要的，即确定加工原点，这一相对位置是通过确认对刀点来实现的。对刀点是指通过对刀来确定刀具与工件相对位置的基准点。对刀点可以设置在被加工零件上，也可

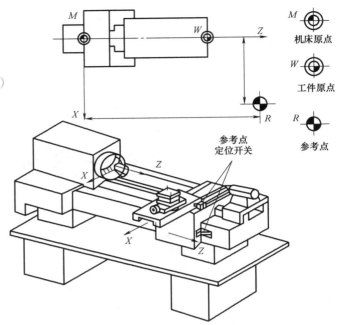

图 10-2　数控车床机床原点和参考点

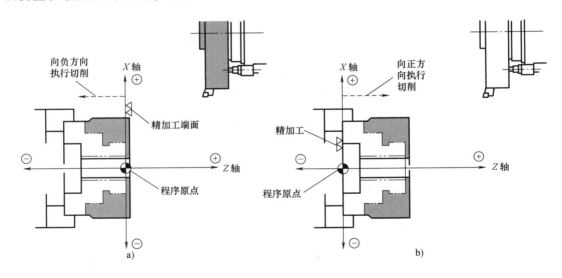

图 10-3　程序原点（对刀点）

以设置在夹具上，与零件定位基准有一定尺寸联系的某一位置，一般情况下，对刀点选择在零件的加工原点处。

数控车床编程通常是以工件的最右端面与主轴轴心线的交点作为编程的基准点即工件坐标系的原点。

数控车床对刀时，应使刀位点（刀尖）与对刀点（工件坐标系的原点）重合。对刀的

目的是确定对刀点，在机床坐标系中的绝对坐标值，测量刀具的刀位偏差值，如图 10-4 所示。

实际加工工件时，使用一把刀具一般不能满足工件的加工要求，通常要使用多把刀具进行加工。在使用多把车刀加工时，在换刀位置不变的情况下，换刀后刀尖点的几何位置将出现差异，这就要求不同的刀具在不同的起始位置开始加工时，都能保证程序正常运行。为了解决这个问题，机床数控系统配备了刀具几何位置补偿功能，利用刀具几何位置补偿功能，只要事先把每一把刀具相对某一预先选定的基准刀的位置偏差测量出来，再输入到数控系统的刀具参数补正栏指定组号里，在加工程序中利用 T 指令，即可在刀具轨迹中自动补偿刀具位置偏差。刀具位置偏差的测量同样也需通过对刀操作来实现。

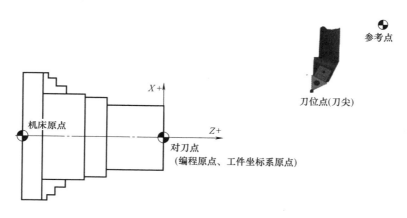

图 10-4　机床原点、刀位点、对刀点、编程原点

10.2　数控车削刀具的种类

数控车床使用的刀具有外圆车刀、内孔车刀、切断（槽）刀、内（外）螺纹刀、钻头和镗刀等类型，其中以外圆车刀、切断（槽）刀、螺纹刀、钻头最为常用。根据数控车床回转刀架尺寸、工件材料、加工类型、加工要求，从刀具样本中查表选择合适的刀片类型和数控车刀。

常用的数控车刀如图 10-5~10-8 所示。

图 10-5　外圆车刀（车外圆、端面）

图 10-6　切断刀（切槽、切断）

图 10-7　外螺纹刀（车外螺纹）

图 10-8　内孔车刀（车内孔）

10.3　数控车削加工常用指令

1. G 功能常用指令

以 FANUC 0i Mate 为例，表 10-1 是常用的典型数控车削系统的 G 功能含义。

表 10-1　FANUC 0i Mate 数控车削系统常用 G 代码表（本系统中车床采用直径编程）

代码	组别	功能	格式
G00	01	定位（快速）	G00 X Z
G01		直线插补（切削进给）	G01 X Z
G02		顺时针圆弧插补 CW	G02 X Z R(IK)
G03		逆时针圆弧插补 CCW	G03 X Z R(IK)
G04	00	暂停	G04 [X|U|P]　X、U 单位:秒; P 单位:ms(整数)
G20	06	英寸输入	G20
G21		毫米输入	G21
G28	0	返回参考位置	G28 X(U)Z(W);
G32	01	螺纹切削（由参数指定绝对和增量）	G32 X(U)Z(W) F(E); F—公制螺纹的螺距,E—英制螺纹的螺距
G40	07	刀具补偿取消	G40 G00(G01) X Z;
G41		刀尖半径左补偿	G41 G00(G01) X Z;
G42		刀尖半径右补偿	G42 G00(G01) X Z;
G54	12	选择工作坐标系 1	G54
G55		选择工作坐标系 2	G55
G56		选择工作坐标系 3	G56
G57		选择工作坐标系 4	G57
G58		选择工作坐标系 5	G58
G59		选择工作坐标系 6	G59
G70	00	外圆精加工循环	G70 P ns Q nf;
G71		外圆复合循环	G71 U Δd R Δe; G71 P ns Q nf U Δu W Δw F;

（续）

代码	组别	功能	格式
G72		端面复合循环	G72 WΔd　RΔe; G72 P$\underline{ns}$ Q$\underline{nf}$ UΔu WΔw(F S T); Δd:粗加工每次切深(半径值给定),无符号 Δe:退刀量,本指定是状态指定 ns:精加工形状的程序段组的第一个程序段的顺序号 nf:精加工形状的程序段组的最后程序段的顺序号 Δu:X轴方向精加工留量(直径值给定) Δw:Z轴方向精加工留量
G73	00	多重车削循环	G73 UΔi WΔk Rd; G73 P$\underline{ns}$ Q$\underline{nf}$ UΔu WΔw(F S T); Δi— X轴方向的退出距离和方向,半径指定 Δk— Z轴方向的退出距离和方向 d—粗切次数 Δu— X轴方向精加工留量,半径指定 Δw— Z轴方向精加工留量 ns:精加工形状的程序段组的第一个程序段的顺序号 nf:精加工形状的程序段组的最后程序段的顺序号
G90		外径/内径切削固定循环	G90 X(U)Z(W)F;直线切削循环 G90 X(U)Z(W)RF;锥形切削循环 R—切削起点与切削终点的直径值之差除以2
G92	01	螺纹切削循环	G92 X(U)Z(W)F;直螺纹切削循环 G92 X(U)Z(W)RF;锥螺纹切削循环 X(U)、Z(W)—螺纹终点坐标值; F-螺纹导程(螺距L) R-螺纹部分半径差,即螺纹切削起点与终点的半径差
G94		端面车削循环	G94 X(U)Z(W)F;平端面格式 G94 X(U)Z(W)R F;锥端面格式
G96	02	恒线速度控制	G96
G97		恒线速度控制取消	G97
G98	05	每分钟进给量	G98 (F);F—1min 进给量,mm/min
G99		每转进给量	G99 (F);F—主轴每转进给量,mm/r

G 代码中常用指令的应用主要有:

（1）快速点定位（G00） 该指令命令刀具以点位控制方式从刀具所在点快速移动到目标位置，无运动轨迹要求，无需特别规定进给速度，如图 10-9 所示。

指令格式：G00 X Z;

示例：G00 X50.0 Z6.0;

（2）直线插补（G01） 该指令用于直线或斜线运动。可使数控车床沿 X 轴、Z 轴方向执行单轴运动，也可以沿 X、Z 平面内任意斜率的直线运动，如图 10-10 所示。

指令格式：G01 X Z F;

示例：G01 X60.0 Z-80.0 F0.1;

（3）圆弧插补（G02、G03） 该指令使刀具沿着圆弧运动，切出圆弧轮廓，如图 10-11 所示。

G02 为顺时针圆弧插补指令，G03 为逆时针圆弧插补指令。

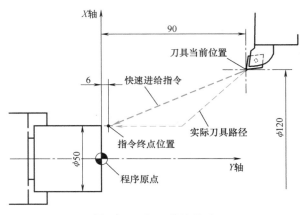

图 10-9 G00 快速移动

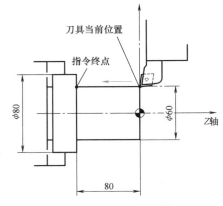

图 10-10 G01 外圆柱

指令格式：

G02 X Z R F；

G03 X Z R F；

示例：G03 X50. Z-24. R35. F0. 3；

（4）自动返回参考点指令（G28） 该指令使刀具自动返回参考点或经过某一中间位置，再回到参考点。图 10-12 是经中间点返回参考点，图 10-13 是从当前位置返回参考点。

指令格式：

G28 X（U）Z（W）T00；

式中：X（U）、Z（W）为中间点的坐标，指令必须按直径值输入；T00 为刀具复位指令必须写在 G28 指令的同一程序段或该程序段之前。

该指令由 G00 快速进给方式执行。

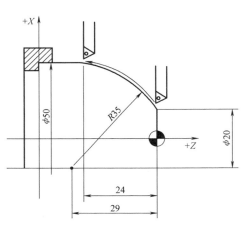

图 10-11 G03 圆弧插补

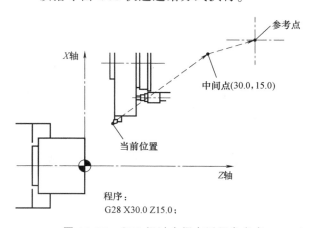

图 10-12 G28 经过中间点返回参考点

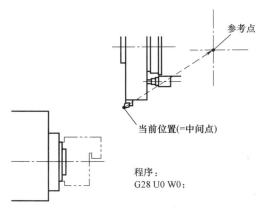

图 10-13 G28 从当前位置返回参考点

（5）每分钟进给量（G98） 指令格式：G98（F）；

式中：F 为 1min 进给量（mm/min）。

使用每分钟进给量（G98）设定进给速度以后，地址 F 后面的数值，都以 1min 刀具进给量来计算。

（6）每转进给量（G99） 每转进给量 G99，如图 10-14 所示。

指令格式：G99（F）；

式中：F 为主轴每转进给量（mm/r）。

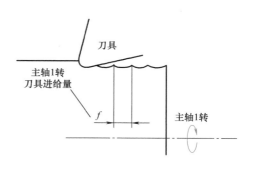

图 10-14 G99 每转进给量

使用 G99 设定进给速度以后，地址 F 后面的数值，都以主轴每转一周，刀具进给量来计算。

2. 辅助功能指令

表 10-2 是常用的数控车削系统的 M 功能含义。

表 10-2 FANUC 0i Mate 数控车削系统常用 M 指令表

代码	意　义	代码	意　义
M00	程序停止	M98	子程序调用,格式： M98 Pxxnnnn 调用程序号为 Onnnn 的程序 xx 次
M01	选择停止		
M02	程序结束		
M03	主轴正向转动开始	M99	子程序结束,格式： Onnnn … M99
M04	主轴反向转动开始		
M05	主轴停止转动		
M08	冷却液开		
M09	冷却液关		
M30	结束程序运行且返回程序开头		

（1）常用辅助功能（M 指令） 包括 M03 和 M30。M03：主轴正转，主轴逆时针旋转。M30：结束程序结束程序运行且返回程序开头。

（2）刀具功能（T 指令） 以 FANUC 0i Mate 数控车系统为例，刀具指令可指定刀具及刀具补偿。地址符号为 T。

输入格式： T□□ □□

（后两位）刀具补偿号：0 ~ 32

（前两位）刀具序号：0 ~ 99

注意：

1）刀具的序号可以与刀盘上的刀位号相对应。

2）刀具补偿包括形状补偿和磨损补偿。

3）刀具序号和刀具补偿序号不必相同，但为了方便通常使它们一致。

4）取消刀具补偿，T 指令格式为：T□□或 T□□00。

（3）主轴功能（S指令） S主轴转速单位是：r/min（每分钟主轴旋转多少转）。

格式：S M03；

（4）F进给功能（F指令） F进给功能单位是：mm/r（主轴每转一转，刀具进给多少毫米）。

10.4 数控车削零件加工过程

1. 通电开机

接通数控系统电源的操作步骤：

1）接通数控系统总电源开关。

2）按下控制面板上的"POWER ON"电源开关键，数控车床控制系统接通电源，显示屏由黑屏变为由文字显示的界面，电源指示灯亮。

3）顺时针旋转"急停"按钮，使其抬起。

2. 回参考点

数控车床控制系统上电后，必须首先进行刀架回参考点操作。

1）按下"回零"键。

2）按下"+X"键，X轴返回参考点，此时，X原点灯亮。

3）按下"+Z"键，Z轴返回参考点，此时，Z原点灯亮。

4）由于系统参数的设置，当上述步骤无效时，可在MDI模式下，在"PROG"界面输入"G28 U0 W0；"按"insert"键，按"循环启动"钮返回参考点。

3. 安装工件

将工件安装在主轴卡盘上。

4. 安装刀具

将所需刀具依次安装在刀架上。

5. 对刀操作

以1号外圆车刀操作过程为例：

1）换刀、主轴旋转。MDI模式→PROG界面→输入"S600M03；"→按"INSERT"键→按"循环启动"钮，主轴转→输入"T0101；"→按"INSERT"键→按"循环启动"钮，刀架换到1号刀位。

2）Z轴对刀。试切工件右端面，沿X向退刀，Z轴不得移动，按"OFS/SET"→"补正"→"形状"键，到"刀具补正/形状"页面，光标移到番号01行Z列→输入"Z0"→按"测量"键。

3）X轴对刀。试切工件外圆，沿Z向退刀，X轴不得移动，主轴停止，测量试切部分的外圆直径，按"OFS/SET"→"补正"→"形状"键，到"刀具补正/形状"页面，光标移到番号01行X列，输入"X测量出的直径值"，按"测量"键。

其他刀位的刀具要依次进行对刀操作，X、Z轴数据依次通过"测量"键记录到"刀具补正/形状"页面数据组中，操作过程相同。

6. 输入程序

按"EDIT"键转入编辑模式，按"PROG"键进入程序界面，从键盘输入完整程序。

7. 程序校验

按"AUTO"键转入自动模式→按"机床锁 MLK"键→按"CSTM/GRPH"→"图形"→按"循环启动"钮，程序模拟运行。如有错误，需重新编辑程序，再次校验，直到运行无误。

执行过"机床锁"功能后，在启动加工程序前，必须重新回参考点。

8. 加工工件

自动模式→"循环启动"→"进给倍率旋钮"从零旋转至合适倍率。

9. 关机

1）按下"急停"钮→"POWER OFF"→关闭机床总电源。

2）清理设备和工作场地，做好设备运转和使用记录。

10.5 数控车削安全操作规程

1. 安全操作基本注意事项

1）工作时请穿好工作服、安全鞋，戴好工作帽及防护镜，不允许戴手套操作机床。

2）不要移动或损坏安装在机床上的警告标牌。

3）注意不要在机床周围放置障碍物，工作空间应足够大。

4）某一项工作如需要俩人或多人共同完成时，应注意相互间的协调一致。

5）不允许采用压缩空气清洗机床、电气柜及 NC 单元。

2. 开机前的准备工作

1）机床开始工作前必须首先进行回机床参考点的操作，并要预热，认真检查润滑系统工作是否正常，如机床长时间未开动，可先采用手动方式向各部分供油润滑。

2）工作前必须确保熟悉机床操作面板的各功能键的位置及功能。

3）使用的刀具应与机床允许的规格相符，有严重损坏的刀具要及时更换。

4）正确装夹工件，以防与刀具发生干涉或工件发生松动。

5）调整好刀具及工件后，所用的工具不要遗忘在机床上。

6）仔细核对输入的内容，如数控程序、刀具补偿值。

3. 操作过程中的安全注意事项

1）运行程序前要先对刀，确定工件坐标系原点。对刀后立即修改机床零点偏置参数，以防程序不正确运行。为保证加工的正确性，机床应进行试运行。

2）在手动方式下操作数控机床时，要防止主轴和刀具与工件、机床或夹具发生碰撞。操作机床面板时，只允许单人操作，其他人不得触摸按键。

3）禁止用手触摸刀尖、用手清理铁屑，铁屑必须要用铁钩子或毛刷来清理。

4）禁止用手或其他任何方式接触正在旋转的主轴、工件或其他运动部位。

5）禁止加工过程中测量、变速，更不能用棉丝擦拭工件，也不能清扫机床。

6）机床运转中，操作者不得离开岗位，认真观察切削及冷却情况，确保机床、刀具的正常运行及工件质量，机床发现异常现象应立即按下复位或急停按钮。

7）在机床变速、换刀或需要测量工件时，必须保证机床完全停止，开关处于"OFF"状态，以防发生安全事故。

8）在机床加工过程中，不允许操作者打开机床防护门。

9）严格遵守岗位责任制，机床由专人使用，他人使用须经本人同意。

4. 工作完成后的注意事项

1）清理切屑、擦拭机床，使机床内部与工作环境保持清洁状态。

2）关机前应先使机床各坐标轴停在中间位置，然后再按照正常的关机顺序关机。

3）检查润滑油、冷却液的状态，及时添加或更换。

4）关机顺序依次为"急停"开关、操作面板电源、机床总电源。

复习思考题

1. 数控车床由哪几部分组成？简述它们的功能。

2. 数控车床使用的刀具有哪些？

3. 简述数控车床的机床原点与编程原点的区别。

4. 为什么数控车床在编程时首先要确定工件原点（对刀点）的位置？

5. 简述数控车床回参考点的操作方法。

6. 固定循环指令的作用是什么？

第11章

数控铣削加工

11.1 概述

世界上第一台数控机床就是数控铣床，它适于加工三维复杂曲面，在汽车、航空航天、模具等行业被广泛采用。配上相应的刀具还可以进行钻、扩、铰、锪、镗孔和攻螺纹等。图11-1所示为数控铣床，数控铣床一般由数控系统、主传动系统、进给伺服系统、辅助装置等几大部分组成。

1. 数控铣床（加工中心）的坐标系

数控铣床（加工中心）坐标系遵循右手笛卡儿规则。三个坐标轴互相垂直，机床主轴轴线方向为 Z 轴，刀具远离工件的方向为 Z 轴正方向。

X 轴位于与工件安装面相平行的水平面内，对于卧式铣床（加工中心），人面对机床主轴，左侧方向为 X 轴正方向；对于立式铣床（加工中心），人面对机床主轴，右侧方向为 X 轴正方向。Y 轴方向则根据 X、Z 轴按右手笛卡尔直角坐标系来确定，如图11-2所示。

为便于操作，数控铣床（加工中心）一般在机械上会贴上机械坐标系轴向的标志。

图 11-1　数控铣床

2. 数控铣床（加工中心）参考点和原点

在数控铣床（加工中心）上，机床参考点和机床原点是重合的，机床原点一般取在 X、Y、Z 坐标的正方向极限位置上，如图11-3所示。

机床开机时，必须先确定机床原点，而确定机床原点的运动就是刀架返回参考点的操作，这样通过确认参考点，就确定了机床原点。只有机床参考点被确认后，刀具（或工作台）移动才有基准。

3. 数控铣床（加工中心）的换刀点

换刀点是为加工中心等多刀加工的机床编程而设置的，因为这些机床在加工过程中需要自动换刀。为防止换刀时碰伤零件或夹具，换刀点常设置在被加工零件的外面，并要有一定

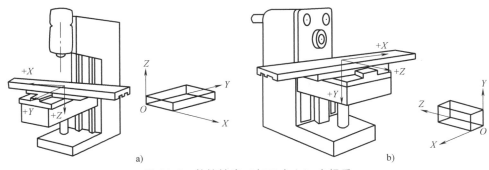

图 11-2 数控铣床（加工中心）坐标系

a）立式数控铣床坐标系 b）卧式数控铣床坐标系

的安全量。

换刀点可以是某一个固定点（如加工中心机床，其换刀机械手的位置是固定的，由生产厂家确定），也可以是任意的一点（如数控车床）。

换刀点应该在工件或夹具的外部，以刀架转位时刀具不碰工件及其他部件为准。其设定值可用实际测量的方法或计算确定。

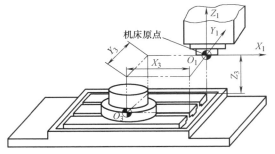

图 11-3 铣床（加工中心）的机床原点

11.2 数控铣削常用刀具

数控铣削刀具主要包括面铣刀、立铣刀、球头铣刀、三面刃盘铣刀和环形铣刀等，还有各种孔加工刀具，如镗刀、钻头、锪钻、铰刀和丝锥等。

图 11-4 为常用的几种数控铣削加工刀具。

图 11-4 数控铣刀

a）钻头 b）圆柱铣刀 c）球头刀 d）面铣刀

11.3 工件的定位与安装

1. 工件的定位

铣削加工时，把工件放在机床上（或夹具中），并将自由度逐一予以限制，称作工件的定位；工件定位以后，为了承受切削力、惯性力和工件重力，还应夹牢，称为夹紧；从定位

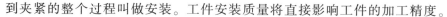

到夹紧的整个过程叫做安装。工件安装质量将直接影响工件的加工精度。

工件相对夹具一般应完全定位，且工件的基准相对于机床坐标系原点应有严格的确定位置，以满足能在数控机床坐标系中实现工件与刀具相对运动的要求。同时，夹具在机床上也应完全定位，夹具上的每个定位面相对数控机床的坐标原点均应有精确的坐标尺寸，以满足数控加工中简化定位和安装的要求。

数控铣床和加工中心的工作台是夹具和工件定位与安装的基础，因机床结构形式和工作台的结构差异，常见的有下面5种，如图11-5所示。

（1）以侧面定位板定位　利用侧面定位板可直接计算出工件或夹具在工作台上的位置，并能保证与回转中心的相对位置，定位安装十分方便。

（2）以中心孔定位　利用工件的外径或内径进行中心孔定位，能保证工件中心与工作台中心有较好的一致性。

（3）以中央T形槽定位　通常把标准定位块插入T形槽，使安装的工件或夹具紧靠标准块，达到定位的目的，多用于立式数控铣床。

（4）以基准槽定位　通常在工作台的基准槽中插入标准定位块或止动块，作为工件或夹具的定位标准。

（5）以基准销孔定位　多在立式数控铣床辅助工作台上采用，适合多工件频繁装卸的场合。

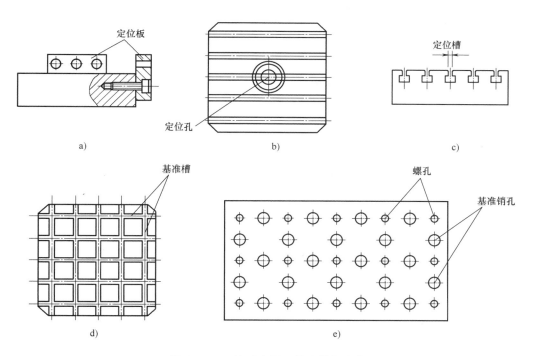

图 11-5　工件（夹具）的安装与定位

a）侧面定位　b）中心孔定位　c）中央T形槽定位　d）基准槽定位　e）基准销孔定位

2. 确定合适的夹紧方式

考虑夹紧方案时，夹紧力应力求通过和靠近中心点，或在支撑点所组成的三角区之内，应力求靠近切削部位和刚性较高的地方，尽量不要在被加工孔上方进行夹压。

3. 选择有足够的刚性和强度的夹具方案

夹具的主要任务是保证零件的加工精度，因此要求夹具必须具备足够的刚性和强度，以及以下 5 点：

1）装卸零件方便，加工中易于观察零件的加工情况。

2）压板、螺钉等夹紧元件的几何尺寸要适当，不能影响加工路线和刀具交换。

3）因数控铣床主轴端面至工作台间有一最小距离，夹具的高度应保证刀具能下到待加工面。

4）便于在机床上测量。

5）夹具应能够满足只对首件零件对刀找正的条件下，保证一批零件加工尺寸的一致性要求。

11.4　加工中心

加工中心（Machining Center）简称 MC，是由机械设备与数控系统组成的适用于加工复杂零件的高效率自动化机床。加工中心是高效、高精度数控机床，工件在一次装夹中便可完成多道工序的加工，同时还备有刀具库，并且有自动换刀功能。加工中心所具有的这些丰富的功能，决定了加工中心程序编制的复杂性，而加工程序编制的质量是决定加工质量的重要因素。

与数控铣床相比，数控加工中心增加了有刀库和自动换刀装置，能进行多种工序的自动加工。

数控加工中心常指铣、镗类加工中心，在其上的工件可在一次装夹中进行铣、镗、钻、扩、铰、攻螺纹等多工序的加工。

1. 加工中心的组成

数控加工中心的组成如下：

1）基础部分：由床身、立柱和工作台等大件组成。

2）主轴部件：由主轴箱、主轴伺服电动机、主轴和主轴轴承等零件组成。

3）数控系统：由 CNC 装置、可编程序控制器、伺服驱动装置及伺服电动机等部分组成。

4）自动换刀装置（ATC）：加工中心与一般数控机床的显著区别是有一套自动换刀装置。

2. 加工中心的主要功能

加工中心可对一次装夹的工件进行铣、镗、钻、扩、铰、攻螺纹等多工序的加工。

3. 加工中心加工的主要对象

加工中心主要加工平面和曲面轮廓的零件，还可以加工复杂型面的零件，如凸轮、样板、模具、螺旋槽等，同时也可以对零件进行钻、扩、铰、锪和镗孔加工。适于采用数控铣削的零件有平面类零件、直纹曲面类零件和立体曲面类零件。

4. 加工中心常用加工指令

加工中心的常用指令见表 11-1 和表 11-2。

表 11-1　FANUC 0i Mate-MC 的准备功能表

G 代码	分组	功能	G 代码	分组	功能
▼ G00	01	定位（快速移动）	G58	14	选用 5 号工件坐标系
▼ G01		直线插补（进给速度）	G59		选用 6 号工件坐标系
G02		顺时针圆弧插补	G60	00	单一方向定位
G03		逆时针圆弧插补	G61	15	精确停止方式
G04	00	暂停，精确停止	▼ G64		切削方式
G09		精确停止	G65	00	宏程序调用
▼ G17	02	选择 XY 平面	G66	12	模态宏程序调用
G18		选择 ZX 平面	▼ G67		模态宏程序调用取消
G19		选择 YZ 平面	G73	09	深孔钻削固定循环
G20	06	英寸输入	G74		左螺纹攻丝固定循环
G21		毫米输入	G76		精镗固定循环
G27		返回并检查参考点	▼ G80		取消固定循环
G28		返回参考点	G81		钻削固定循环
G29		从参考点返回	G82		钻削固定循环
G30		返回第 2、3、4 参考点	G83		深孔钻削固定循环
▼ G40	07	取消刀具半径补偿	G84		攻丝固定循环
G41		左侧刀具半径补偿	G85		镗削固定循环
G42		右侧刀具半径补偿	G86		镗削固定循环
G43	08	正向刀具长度补偿	G87		反镗固定循环
G44		负向刀具长度补偿	G88		镗削固定循环
▼ G49		取消刀具长度补偿	G89		镗削固定循环
G52	00	设置局部坐标系	▼ G90	03	绝对值指令方式
G53		选择机床坐标系	▼ G91		增量值指令方式
▼ G54	14	选用 1 号工件坐标系	G92	00	工件零点设定或主轴最高转速
G55		选用 2 号工件坐标系	▼ G98	10	固定循环返回初始点
G56		选用 3 号工件坐标系	G99		固定循环返回 R 点
G57		选用 4 号工件坐标系			

注：标有▼的 G 代码是数控系统启动后默认的初始状态。对于 G01 和 G00、G90 和 G91 这两组指令，数控系统启动后默认的初始状态由系统参数决定。

表 11-2　常用 M 代码

M 代码	功能	M 代码	功能	M 代码	功能
M00	程序暂停	M05	主轴停止	M19	主轴定向
M01	条件程序暂停	M06	刀具交换	M29	刚性攻丝
M02	程序结束	M08	冷却开	M30	程序结束并返回程序头
M03	主轴正转	M09	冷却关	M98	调用子程序
M04	主轴反转	M18	主轴定向解除	M99	子程序结束返回/主程序中可重复执行

注：即使指定了直线插补定位，在 G28 指令（从中间点到参考点之间的定位）和 G53 指令中仍然使用非直线插补定位，因此需小心确保刀具不会损坏工件。

5. 常用指令代码的应用

（1）快速定位（G00）　指令格式：G00 IP __；

式中，IP 代表任意多个（最多 5 个）进给轴地址的组合，每个地址后面都会有一个数字作为赋给该地址的值，一般机床有三个进给轴（个别机床有 4~5 个进给轴），即 X、Y、Z，所以 IP __可以代表如 X12. Y119. Z-37. 或 X287. 3 Z73. 5 A45. 等内容。

G00 指令使刀具以快速的速率移动到 IP 指定的位置，被指定的各轴之间的运动是互不相关的，即刀具移动的轨迹不一定是一条直线。G00 指令下，快速倍率为 100%时，各轴运动的速度是机床的最快移动速度，该速度不受当前 F 值的控制。当各运动轴到达运动终点并发出位置到达信号后，CNC 认为该程序段已经结束，并转向执行下一程序段。

（2）直线插补（G01）　指令格式：G01 IPF；

G01 指令使当前的插补模态成为直线插补模态，刀具从当前位置移动到 IP 指定的位置，其轨迹是一条直线，F 指定了刀具沿直线运动的速度，单位为 mm/min（X、Y、Z 轴）。第一次出现 G01 指令时，必须指定 F 值，否则机床报警。

假设当前刀具所在点为 X-50. Y-75.，则下面的程序段将使刀具走出如图 11-6 所示轨迹。

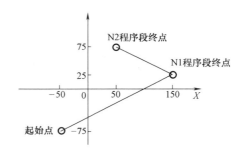

图 11-6　G01 指令移动轨迹

示例：直线插补

N1 G01 X150. Y25. F100. ;

N2 X50. Y75. ;

可以看到，程序段 N2 并没有指令 G01，但由于 G01 指令为模态指令，所以 N1 程序段中指令 G01 在 N2 程序段中继续有效，同样地，指令 F100 在 N2 段也继续有效，即刀具沿两段直线的运动速度都是 100mm/min。

（3）圆弧插补（G02/G03）　下面所列的指令格式可以使刀具沿圆弧轨迹运动。

在 X-Y 平面：

G17{G02/G03}X __ Y __{(I __ J __)/R __}F __；

在 X-Z 平面：

G18{G02/G03}X __ Z __{(I __ K __)/R __}F __；

在 Y-Z 平面：

G19{G02/G03}Y __ Z __{(J __ K __)/R __}F __；

上述指令中字母的解释见表 11-3。

表 11-3　G02/G03 指令解释

序号	数据内容	指令	含义
1	平面选择	G17	指定 X-Y 平面上的圆弧插补
		G18	指定 X-Z 平面上的圆弧插补
		G19	指定 Y-Z 平面上的圆弧插补

（续）

序号	数据内容		指令	含义
2	圆弧方向		G02	顺时针方向的圆弧插补
			G03	逆时针方向的圆弧插补
3	终点位置	G90 模态	X、Y、Z 中的两轴指令	当前工件坐标系中终点位置的坐标值
		G91 模态	X、Y、Z 中的两轴指令	从起点到终点的距离（有方向的）
4	起点到圆心的距离		I、J、K 中的两轴指令	从起点到圆心的距离（有方向的）
	圆弧半径		R	圆弧半径
5	进给率		F	沿圆弧运动的速度

G02 和 G03 圆弧的观测方向如图 11-7 所示：

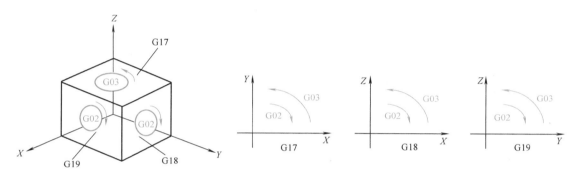

图 11-7　圆弧方向

1）对于 X-Y 平面，是由 Z 轴的正向往 Z 轴的负向看 X-Y 平面所看到的圆弧方向。

2）对于 X-Z 平面，方向则应该是从 Y 轴的正向到 Y 轴的负向看。

3）对于 Y-Z 平面，是由 X 轴的正向往 X 轴的负向看 Y-Z 平面所看到的圆弧方向。

圆弧的终点：由地址 X、Y 和 Z 来确定。

1）在 G90 模态，即绝对值模态下，地址 X、Y、Z 给出了圆弧终点在当前坐标系中的坐标值。

2）在 G91 模态，即增量值模态下，地址 X、Y、Z 给出的是在各坐标轴方向上当前刀具所在点到终点的距离。

圆弧的半径：用 I、J 和 K 分别指令 XP、YP 或 ZP 轴向的圆弧中心位置。I、J 或 K 的距离是从起点向圆弧中心方向的矢量分量，无论是指定 G90 还是指定 G91，I、J 和 K 的值总是增量值，如图 11-8 所示。

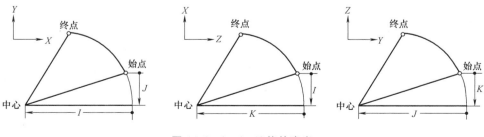

图 11-8　I、J、K 值的定义

I、J 和 K 必须根据方向指定其符号（正或负）。

I0、J0 和 K0 可以省略。当 XP、YP 或 ZP 省略（终点与起点相同），并且中心用 I、J 和 K 指定时，移动轨迹为 360°的圆弧（整圆）。例如：G02 I_ ；指令一个整圆。

如果在起点和终点之间的半径差在终点超过了系统参数（No.3410）中的允许值时，则机床报警（No.020）。

对一段圆弧进行编程，除了用给定终点位置和圆心位置的方法外，还可以用给定半径和终点位置的方法对一段圆弧进行编程，用地址 R 来指定半径值，替代给定圆心位置的地址。如图 11-9 所示，在这种情况下，如果圆弧小于 180°，半径 R 为正值；如果圆弧大于 180°，半径 R 用负值指定。

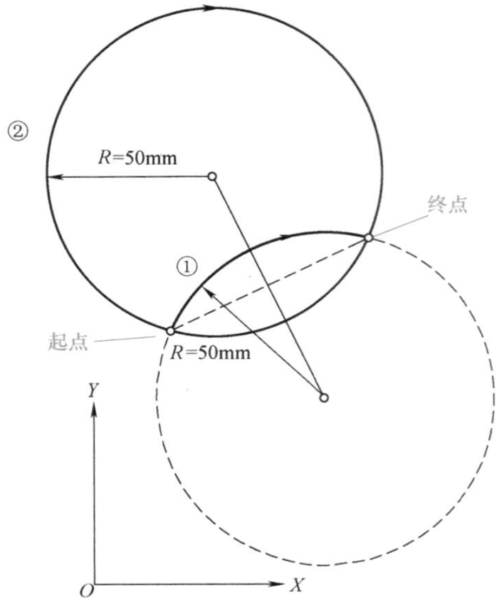

示例：顺时针圆弧加工

圆弧①（小于 180°）：

G91 G02 X60.0 Y20.0 R50.0 F300.0；

圆弧②（大于 180°）：

G91 G02 X60.0 Y20.0 R-50.0 F300.0；

如果终点 XP、YP 或 ZP 全都省略，即终点和起点位于相同位置，并且指定 R 时，程序编制出的圆弧为 0°。

编程一个整圆一般使用给定圆心的方法，如果必须要用 R 来表示，整圆必须打断为 4 个部分，每个部分小于 180°。例如：G02R _；（刀具不移动。）

图 11-9　圆弧半径的正负

（4）进给功能（F）　为切削工件，刀具以指定速度移动称为进给。指定进给速度的功能称为进给功能。

数控机床的进给一般分为两类：快速定位进给及切削进给。

快速定位在指令 G00、手动快速移动以及固定循环时的快速进给和定位之间的运动时出现。快速定位进给的速度由机床参数给定，所以快速移动速度不需要编程指定。用机床操作面板上的开关，可以对快速移动速度施加倍率，倍率值为：F0.25，50，100%。

切削进给出现在 G01、G02/03 以及固定循环中的加工进给的情况下，切削进给的速度由地址 F 在程序中指定。在加工程序中，F 是一个模态的值，即在给定一个新的 F 值之前，原来编程的 F 值一直有效。CNC 系统刚刚通电时，F 的值由机床参数给定，通常该参数在机床出厂时被设为 0。切削进给的速度是一个有方向的量，它的方向是刀具运动的方向，速度的大小为 F 值。参与进给的各轴之间是插补的关系，它们的运动的合成即是切削进给运动。F 的最大值也由机床参数控制，如果编程的 F 值大于此值，实际的进给切削速度将限制为最大值。切削进给的速度还可以由操作面板上的进给倍率开关来控制，实际的切削进给速度应该为 F 的给定值与倍率开关给定倍率的乘积。

（5）绝对值和增量值编程（G90 和 G91）　有两种指令刀具运动的方法：绝对值指令和增量值指令。

1）绝对值指令 G90。绝对值指令是刀具移动到"距坐标系零点某一距离"的点，即刀具移动到坐标值的位置。

2）增量值指令 G91。指令刀具从当前位置移动到下一个位置的位移量。

在绝对值指令模式下，指定的是运动终点在当前坐标系中的坐标值；而在增量值指令模态下，指定的则是各轴运动的距离。G90 和 G91 这对指令被用来选择使用绝对值或增量值模式。

（6）工件坐标系（G54～G59） 在机床中，可以预置六个工件坐标系，通过在数控系统面板上的操作，设置每一个工件坐标系原点相对机床坐标系原点的偏移量，然后使用 G54～G59 指令来选用它们，G54～G59 都是模态指令，分别对应 1#～6#预置工件坐标系。举例如下，见表 11-4。

例：

预置 1#工件坐标系 G54 原点偏移量：X-150.000 Y-210.000 Z-90.000。

预置 4#工件坐标系 G57 原点偏移量：X-430.000 Y-330.000 Z-120.000。

表 11-4 程序范例

程序段内容	终点在机床坐标系中的坐标值	注释
N1 G90 G54 G00 X50. Y50. ;	X-100,Y-160	选择 1#坐标系,快速定位
N2 Z-70. ;	Z-160	
N3 G01 Z-72.5 F100. ;	Z-162.5	直线插补,F=100
N4 X37.4;	X-112.6	X 轴直线插补
N5 G00 Z0;	Z-90	Z 轴快速定位
N6 X0 Y0 A0;	X-150,Y-210	
N7 G53 X0 Y0 Z0;	X0,Y0,Z0	选择使用机床坐标系
N8 G57 X50. Y50. ;	X-380,Y-280	选择 4#坐标系
N9 Z-70. ;	Z-190	
N10 G01 Z-72.5;	Z-192.5	直线插补,F=100(模态值)
N11 X37.4;	X-392.6	
N12 G00 Z0;	Z-120	
N13 G00 X0 Y0;	X-430,Y-330	G57 坐标系原点

从范例可以看出，G54～G59 指令的作用就是将 CNC 所使用的坐标系原点偏移到机床坐标系中的预置点。

在机床的数控编程中，插补指令和其他与坐标值有关的指令中的 IP_，除非有特指外，都是指在当前坐标系中（指令被执行时所使用的坐标系）的坐标位置。绝大多数情况下，当前坐标系是 G54～G59 中的一个（G54 为上电时的初始模态），直接使用机床坐标系的情况很少。

（7）程序结束（M30） 程序结束并返回程序头。在程序中，M30 除起到与 M02 同样的作用外，还使程序返回程序头。

（8）主轴正转（M03） 使用该指令使主轴以当前指定的主轴转速逆时针（CCW）旋转。

（9）主轴转速（S 代码）　一般机床主轴转速范围为 20r/min～6000r/min。主轴的转速指令由 S 代码给出，S 代码是模态的，直到另一个 S 代码改变模态值。主轴的旋转方向指令则由 M03 或 M04 实现。

（10）刀具半径补偿（G41，G42，G40）　在进行数控轮廓铣削时，由于刀具半径的存在，刀具中心轨迹与工件轮廓不重合。

人工计算刀具中心轨迹编程，计算相当复杂，且刀具直径变化时必须重新计算，修改程序。

当数控系统具备刀具半径补偿功能时，数控编程只需按工件轮廓进行，数控系统自动计算刀具中心轨迹，使刀具偏离工件轮廓一个半径值，即刀具半径补偿。在机床上，这样的功能可以由 G41（左补偿）或 G42（右补偿）指令来实现。

执行刀具半径补偿指令：

$$\begin{Bmatrix} G17 \\ G18 \\ G19 \end{Bmatrix} \begin{Bmatrix} G41 \\ G42 \end{Bmatrix} \begin{Bmatrix} G00 \\ G01 \end{Bmatrix} \begin{bmatrix} X\_\_\ Y\_\_ \\ X\_\_\ Z\_\_ \\ Y\_\_\ Z\_\_ \end{bmatrix} D\_\_ ;$$

取消刀具半径补偿指令：

$$G40 \begin{Bmatrix} G00 \\ G01 \end{Bmatrix} \begin{bmatrix} X\_\_\ Y\_\_ \\ X\_\_\ Z\_\_ \\ Y\_\_\ Z\_\_ \end{bmatrix} ;$$

X、Y、Z 值是建立补偿直线段的终点坐标值。

1）刀具半径补偿的过程分为三步，如图 11-10 所示。

① 刀补的建立：在刀具从起点接近工件时，刀心轨迹从与编程轨迹重合过度到与编程轨迹偏离一个偏置量的过程。

② 刀补进行：刀具中心始终与编程轨迹相距一个偏置量直至刀补取消；

③ 刀补取消：刀具离开工件，刀心轨迹要过渡到与编程轨迹重合的过程。

2）补偿向量　补偿向量是一个二维的向量，由它来确定进行刀具半径补偿时，实际位置和编程位置之间的偏移距离和方向。补偿向量的模即实际位置和补偿位置之间的距离始终等于指定补偿号中存储的补偿值，补偿向量的方向始终为编程轨迹的法线方向，如图 11-11 所示。该编程向量由 CNC 系统根据编程轨迹和补偿值计算得出，并由此控制刀具 X、Y 轴的运动完成补偿过程。

3）补偿值。在 G41 或 G42 指令中，地址 D 指定了一个补偿号，每个补偿号对应一个补偿值。补偿号的取值范围为 0～200，这些补偿号由长度补偿和半径补偿共用。和长度补偿一样，D00 意味着取消半径补偿。

补偿值的取值范围和长度补偿相同。

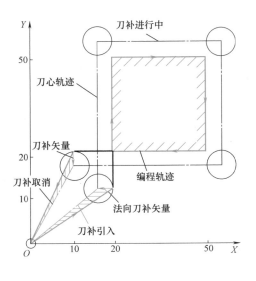

图 11-10　刀具半径补偿

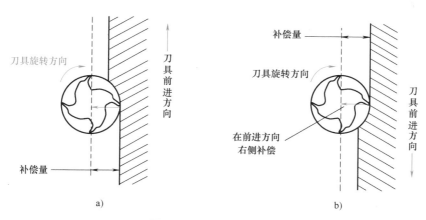

图 11-11　刀具补偿方向

a）G41 左刀补　b）G42 右刀补

4）平面选择。刀具半径补偿只能在被 G17、G18 或 G19 选择的平面上进行，在刀具半径补偿的模态下，不能改变平面的选择，否则出现 P/S 报警。

注意：

在指令了刀具半径补偿模态及非零的补偿值后，第一个在补偿平面中产生运动的程序段为刀具半径补偿开始的程序段，在该程序段中，不允许出现圆弧插补指令，否则 CNC 会给出 P/S 报警。

在刀具半径补偿开始的程序段中，补偿值从零均匀变化到给定的值，同样的情况出现在刀具半径补偿被取消的程序段中，即补偿值从给定值均匀变化到零，所以在这两个程序段中，刀具不应该接触到工件，否则就会出现过切。

11.5　加工中心铣削零件加工过程

1. 开机

打开机床总电源开关，启动机床 CNC 电源，将操作面板上的"紧急停止"按钮右旋弹起。若开机成功，显示屏显示正常，无报警。

2. 回机床原点（参考点）

机床只有在回原点之后，"AUTO"自动模式和 MDI 模式才有效，未回机床原点之前只能手动操作。回机床原点操作过程如下：

1）选择"JOG"手动回原点模式。

2）"进给倍率旋钮"从零旋转至合适倍率。

3）Z 轴回原点。按下机床操作面板上 Z 轴的正方向键"+Z"，主轴向远离工作台的正方向移动，当到达原点后移动停止，Z 轴原点符号灯亮，机械坐标系 Z 坐标值回"0"。

4）X 轴回原点。按下机床操作面板上 X 轴的正方向键"+X"，工作台沿 X 轴正方向移动，当到达原点后移动停止，X 轴原点符号灯亮，机械坐标系 X 坐标值回"0"。

5）Y 轴回原点。按下机床操作面板上 Y 轴的正方向键"+Y"，工作台沿 Y 轴正方向移动，当到达原点后移动停止，Y 轴原点符号灯亮，机械坐标系 Y 坐标值回"0"。

6）旋转轴（A）回原点。如果机床有旋转坐标轴 A，按 "+A" 键，旋转坐标轴回零度点，A 轴原点符号灯亮，机械坐标系 A 坐标值回 "0"，机床回原点完毕。

注意：如果坐标轴已经在原点位置，则上述操作无效，可以先移动该轴一段距离（20mm 以上），再进行上述回原点操作。

3. 安装刀具

安装刀具前，应根据机床主轴端要求的刀柄及拉钉型号选择刀柄、拉钉，再根据加工件的工艺要求选择合适的刀具，将它们装配成一体，然后手工装夹在机床的主轴上。手动装卸刀柄的方法如下：

1）确认刀具和刀柄的质量不超过机床规定的许用最大质量。

2）清洁刀柄锥面和主轴锥孔。

3）左手握住刀柄，将刀柄的键槽对准主轴端面键，垂直伸入到主轴内，不可倾斜。

4）右手按下 "换刀" 按钮，压缩空气从主轴内吹出以清洁主轴和刀柄，按住此按钮，直到刀柄锥面与主轴锥孔完全贴合后，松开按钮，刀柄即被自动夹紧，确认夹紧后方可松手。

5）用手转动主轴，检查刀柄是否正确装夹。

6）输入指令 "T01 M06"，按 "循环启动"，主轴上的刀柄就被转入刀库 1 号位置。

7）卸除主轴上的刀柄时，先用左手握住刀柄，再用右手按 "换刀" 按钮（否则刀具从主轴内掉下，可能会损坏刀具、工件和夹具等），取下刀柄。

4. 安装工件

将工件通过夹具装在工作台上，装夹时，工件的四个侧面都应留出对刀的位置。

5. 对刀操作

加工中心的对刀过程，就是建立工件坐标系原点的过程，以刀库中的 1 号位刀具建立 G54 坐标系为例，步骤如下：

（1）主轴装刀　MDI 模式→PROG 界面→输入 "T0M06;"→单击 "INSERT" 键→按 "循环启动" 钮。

（2）主轴转　MDI 模式→PROG 界面→输入 "S400 M03;"→单击 "INSERT" 键→按 "循环启动" 钮。

（3）X 向对刀　用手轮 0.1mm 档操作，刀具快速移动到靠近工件左侧附近；手轮用 0.01mm 档操作，刀具向工件左侧慢慢靠近，刀具刚好接触到工件左侧表面时（观察出屑瞬间、听到切削声音），在相对坐标里 X 清零；用同样方法接触工件右侧，记住 X 数值，抬刀。将刀具移动到 X 数值一半的位置；在机床坐标界面找到工件坐标 G54，输入 "X0"，按 "测量" 键。

（4）Y 向对刀　用手轮 0.1mm 档操作，刀具快速移动到靠近工件后侧附近；手轮用 0.01mm 档操作，刀具向工件后侧慢慢靠近，刀具刚好接触到工件后侧表面（观察出屑瞬间、听到切削声音）时，在相对坐标里 Y 清零；用同样方法接触工件前侧，记住 Y 数值，抬刀。将刀具移动到 Y 数值一半的位置；在机床坐标界面找到工件坐标 G54，输入 "Y0"，按 "测量" 键。

（5）Z 向对刀　将刀具快速移至工件上方；用手轮 0.1mm 档操作，刀具快速移动到靠近工件上方附近；手轮用 0.01mm 档操作，让刀具端面轻轻接触工件上表面。在机床坐标界面找到工件坐标 G54，输入 "Z0"，按 "测量" 键或记住机床坐标系下的 Z 值，将数值输入刀具补正界面下的 H1 中，但 G54 中的 Z 值必须清零。

6. 输入程序

按 "EDIT" 键转入编辑模式，按 "PROG" 键进入程序界面，从键盘输入完整程序。

7. 程序校验

自动模式→按 "机床锁" →按 "CSTM/GRPH" → "图形" → "循环启动"。如有错误，需重新编辑程序，再次校验，直到运行无误。执行过 "机床锁" 功能后，在启动加工程序前，必须重新回参考点。

8. 程序自动运行

调出要运行的程序→光标移动到程序名上→自动运行→循环启动 "进给倍率旋钮" 从零旋转至合适倍率。

9. 关机

1）检查 CNC 机床的所有可移动部件都处于停止状态。

2）检查刀具是否在远离工件的位置。

3）关闭与数控系统相连的外部输入、输出设备。

4）按 "急停" 键→按 "POWER OFF" 键，关闭数控系统电源→切断机床总电源。

5）清理设备和工作场地，做好设备运转和使用记录。

复习思考题

1. 什么是加工中心，加工中心有哪些特点？

2. 加工中心的主要加工对象有哪些？

3. 数控机床完成零件的数控加工过程是怎样的？

4. 数控铣削刀具都包括哪些？

第12章

数控线切割加工

12.1 概述

电火花线切割加工（Wire Cut Electrical Discharge Machining，简称 WCEDM）是在电火花加工的基础上发展起来的一种工艺形式，是用线状电极（铜丝或钼丝等）依靠火花放电对工件进行切割，有时简称线切割。它主要用于加工各种形状复杂和精密细小的工件，例如冲裁模的凸模、凹模、凸凹模、固定板、卸料板等，成形刀具、样板、电火花成形加工用的金属电极，以及各种微细孔槽、窄缝、任意曲线等，具有加工余量小、加工精度高、生产周期短、制造成本低等突出优点，已在生产中获得广泛应用。目前国内外的电火花线切割机床已占电加工机床总数的 60% 以上。

12.1.1 线切割加工的原理和特点

1. 线切割加工原理

图 12-1 所示为电火花线切割加工原理图。工作时，由脉冲电源 4 提供能量，工具电极丝 3 和工件之间浇有工作液介质，工件 5 由工作台带动在水平面两个坐标方向各自按预定的控制程序、根据放电间隙状态作伺服进给移动而完成各种所需廓形轨迹。传动轮 7 带动电极丝作正反交替移动，并不断与工件产生放电，从而将工件切割成形。

当切割封闭形孔时，工具电极丝需穿过工件上预加工的小孔，再绕到储丝筒上。

2. 线切割加工特点

1）以金属丝为工具电极，成

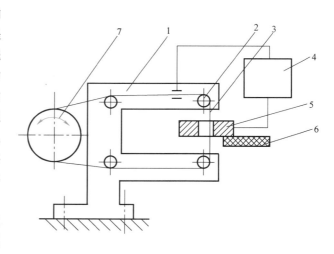

图 12-1 线切割加工原理图

1—支架 2—导向轮 3—电极丝 4—脉冲电源

5—工件 6—绝缘底板 7—传动轮

本低。

2）可以加工任何微细、复杂形状的零件。无论被加工工件的硬度如何，只要是导电体或半导电体的材料都能进行加工。

3）由于加工中工具电极和工件不直接接触，没有像机械加工那样的切削力，因此适宜加工低刚度工件及细小零件。

4）由于电极丝比较细，切缝很窄，材料的利用率很高，能有效节约贵重材料。

5）由于采用移动的长电极丝进行加工，使单位长度电极丝的损耗较小，从而对加工精度的影响比较小，特别是低速走丝线切割加工，电极丝一次使用，电极损耗对加工精度的影响更小。

6）采用四轴联动控制时，可加工上、下面异形体。

12.1.2 线切割的分类

线切割机床按走丝速度可分为低速走丝和高速走丝线切割机床；按加工特点可分为大、中、小型以及普通直壁切割型与锥度切割型线切割机床；按脉冲电源形式可分为 RC 电源、晶体管电源、分组脉冲电源及自适应控制电源线切割机床。

根据 GB/T 15375—2008《金属切削机床 型号编制方法》的规定，线切割机床型号以 DK77 开头，以数控电火花线切割加工机床 DK7725 为例，其含义如下：D 为机床类别代号，表示电加工机床；K 为机床特性代号，表示数控；第 1 个 7 为组别代号，表示电火花加工机床；第 2 个 7 为机床型别代号，表示快走丝线切割机床（如为 6，表示慢走丝线切割机床）；25 为基本参数代号，表示工作台横向行程为 250mm。

12.1.3 线切割的应用

电火花线切割加工已在生产中获得广泛应用。主要涉及以下方面：

1. 加工模具

适用于加工各种形状的冲模、注塑模、挤压模、粉末冶金模和弯曲模等。

2. 加工电火花成形加工用的电极

一般穿孔加工用的电极、带锥度型腔加工用的电极、微细复杂形状的电极，以及铜钨、银钨合金之类的电极材料，用线切割加工特别经济。

3. 加工零件

可用于加工材料试验样件、各种型孔、特殊齿轮凸轮、样板、成形刀具等复杂形状零件及高硬材料的零件，可进行微细结构、异形槽和标准缺陷的加工；试制新产品时，可在坯料上直接割出零件；加工薄件时可多片叠在一起。

12.2 线切割加工机床的组成

线切割加工机床主要由机床本体、脉冲电源、控制系统、工作液循环系统和机床夹具附件等部分组成。图 12-2 所示为高速走丝线切割加工机床组成图。

1. 机床本体

机床本体由床身、走丝机构、工作台和丝架等组成。

1）床身。床身用于支承和连接工作台、走丝机构等部件和工作液循环系统；

2）走丝机构。走丝机构中电动机通过联轴节带动储丝筒交替作正、反向运动，钼丝整齐地排列在储丝筒上，并经过丝架作往复高速移动；

3）工作台。工作台用于安装并带动工件在水平面内作 X、Y 两个方向的移动。工作台分上、下两层，分别与 X、Y 向丝杠相连，由两个步进电动机分别驱动。步进电动机每接收到计算机发出的一个脉冲信号，其输出轴就旋转一个步距角，再通过一对变速齿轮带动丝杠转动，从而使工作台在相应方向上移动 0.001mm。

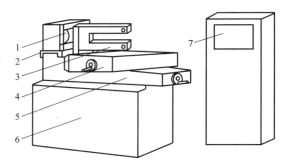

图 12-2　高速走丝线切割加工机床组成图
1—储丝筒　2—走丝溜板　3—丝架　4—上工作台
5—下工作台　6—床身　7—脉冲电源及微型计算机控制柜

4）丝架。在电极丝按给定线速度运动时，丝架对电极丝起支撑作用，并使电极丝工作部分与工作台平面保持一定几何角度。

2. 脉冲电源

脉冲电源又称高频电源，其作用是把普通的 50Hz 交流电转换成高频率的单向脉冲电压，加工中供给火花放电的能量。电极丝接脉冲电源负极，工件接正极。脉冲电源的形式和品种很多，主要有晶体管矩形波脉冲电源、高频分组脉冲电源、阶梯波脉冲电源和并联电容型脉冲电源等，快、慢走丝线切割机床的脉冲电源也有所不同。

3. 控制系统

控制系统是进行电火花线切割加工的重要组成环节，是机床工作的指挥中心，控制系统的技术水平、稳定性、可靠性、控制精度及自动化程度等会直接影响工件的加工工艺指标和工人的劳动强度。电火花线切割加工机床控制系统主要功能包括轨迹控制和加工控制。轨迹控制指精确控制电极丝相对于工件的运动轨迹，加工出需要的工件形状和尺寸；加工控制主要包括对伺服进给速度、脉冲电源、走丝机构、工作液循环系统以及其他的机床操作的控制，此外，还包括失效安全和自诊断功能。

4. 工作液循环系统

工作液起绝缘、排屑和冷却作用。每次脉冲放电后，工件与电极丝（钼丝）之间必须迅速恢复绝缘状态，否则脉冲放电就会转变为稳定持续的电弧放电，影响加工质量。在加工过程中，工作液可把加工过程中产生的金属微颗粒迅速地从电极之间冲走，使加工顺利进行；工作液还可冷却受热的电极丝和工件，防止烧丝和工件变形。一般线切割机床的工作液循环系统由工作液泵、工作液箱、流量控制阀、进液管、回流管及过滤网罩组成。高速走丝线切割机床通常采用浇注式供液方式；低速走丝线切割机床常采用浸泡式供液方式。

5. 机床夹具附件

机床夹具附件主要包括电极专用夹具、油杯、轨迹加工装置（平动头）、电极旋转头和电动机分度头等。

12.3 线切割手工与自动编程

12.3.1 线切割手工编程

1. ISO 代码格式

ISO 代码（G 代码）格式是国际标准化机构制定的 G 指令和 M 指令代码，代码中有准备功能代码 G 指令和辅助功能代码 M 指令。该代码是从切削加工机床数控系统中套用过来的，不同企业的代码在含义上可能稍有差别，因此在使用时应遵照所使用的加工机床说明书中的说明要求。

2. 3B 格式

3B 格式是一种无间隙补偿的程序格式，其指令格式见表 12-1。

表 12-1 3B 程序指令格式

B	X	B	Y	B	J	G	Z
分隔符号	X 坐标值	分隔符号	Y 坐标值	分隔符号	计数长度	计数方向	加工指令

表 12-1 中各符号含义如下：

1）分隔符号 B。B 用来区分、隔离 X、Y、J 等数值，B 后面的数字如为 0，则此 0 可以不写。

2）坐标值 X、Y。X、Y 值分别表示直线的终点对其起点的坐标值或圆弧起点对其圆心的坐标值，编程时取绝对值，单位为 μm，最多为 6 位数。

3）计数长度 J。计数长度为保证所要加工的圆弧或直线段能按要求的长度加工，一般为起点到终点某个滑板进给的总长度值，单位为 μm，最多为 6 位数。

4）计数方向 G。计数方向分为 GX 和 GY，即可按 X 或 Y 向计数。加工时，拖板每进一步，J 计数器就减 1，当 J 计数器减到零时，即表示该线段或圆弧已完成加工。在 X 和 Y 两个坐标中选用哪个坐标作为计数长度 J 的计数方向，则要依图形的特点来确定。

5）加工指令 Z。加工指令 Z 用来传送关于被加工图形的形状、所在象限和加工方向等信息。加工指令共有 12 种，其中直线按走向和终点所在象限而分为 L1、L2、L3、L4 四种，圆弧按第一步进入的象限及顺、逆圆而分别用 SR1、SR2、SR3、SR4 及 NR1、NR2、NR3、NR4 八种，如图 12-3 所示。

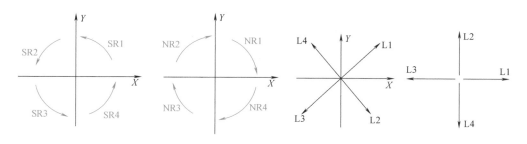

图 12-3 加工指令

3. 直线编程方法

1）以直线的起点为原点，建立正常的直角坐标系 X，Y 表示直线终点的坐标绝对值，单位为 μm，最多为 6 位数。

2）在直线 3B 代码中，X、Y 值主要是确定该直线的斜率，所以可将直线终点坐标的绝对值除以它们的最大公约数作为 X、Y 的值，以简化数值。

3）若直线与 X 或 Y 轴重合，为区别一般直线，X、Y 均可写作 0 也可以不写。

4）计数方向 G 的选取原则，应取此程序最后一步的轴向为计数方向。不能预知时，一般选取与终点处的走向较平行的轴向作为计数方向，这样可减小编程误差与加工误差。对直线而言，取 X 或 Y 中较大的绝对值和轴向作为计数长度 J 和计数方向 G。

5）J 的取值方法为：由计数方向 G 确定投影方向，若 G = Gx，则直线向 X 轴投影得到长度的绝对值即为 J 的值；若 G = Gy，则直线向 Y 轴投影得到长度的绝对值即为 J 的值。决定计数长度时，要和选计数方向一并考虑。

6）加工指令 Z 按照直线走向和终点所在的坐标象限不同可分为 L_1、L_2、L_3、L_4，其中与 +X 轴重合的直线算作 L_1，与 -X 轴重合的直线算作 L_3，与 +Y 轴重合的直线算作 L_2，与 -Y 轴重合的直线算作 L_4，具体可参考加工指令图 12-3。

4. 圆弧编程方法

1）以圆弧的圆心为坐标原点，建立正常的直角坐标系。

2）用 X，Y 表示圆弧起点坐标的绝对值，单位为 μm，最多为 6 位。

3）为减少编程和加工误差，取与该圆弧终点时走向较平行的轴向作为计数方向，即取终点坐标绝对值小的轴向为计数方向（与直线编程相反）。

4）按计数方向 G 取圆弧在 X 轴或 Y 轴上的投影值作为计数长度。如果圆弧较长、跨越两个以上象限，则分别取计数方向 X 轴（或 Y 轴）上各个象限投影值的绝对值相累加，作为该方向总的计数长度。

5）加工指令 Z 按照第一步进入的象限可分为 R_1、R_2、R_3、R_4；按切割的走向可分为顺圆 S 和逆圆 N，具体可参考加工指令图 12-3。

5. 加工编程实例

加工如图 12-4 所示零件，试编写出其线切割加工的 3B 程序。

该图形由三条直线段和一条圆弧组成，需要分成四段来编写程序。具体如下：

（1）加工直线段 *AB*　以起点 *A* 为坐标原点，*AB* 与 X 轴重合，程序为：B40000BB40000$G_X$$L_1$。

（2）加工斜线段 *BC*　以 *B* 为坐标原点，则 *C* 点对 *B* 点的坐标为 X = 10mm、Y = 90mm，程序为：B1B9B90000 $G_Y$$L_1$。

（3）加工圆弧 *CD*　以该圆弧原点 *O* 为坐标原点，经计算，圆弧起点 *C* 对圆心的坐标为 X = 30mm、Y = 40mm，程序为：B30000B40000B60000 G_YNR_1。

（4）加工斜线段 *DA*　以 *D* 为坐标原点，终点 *A* 对 *D* 点的坐标为 X = 10mm、Y = -90mm，程序为：B1B9B90000 $G_Y$$L_4$。

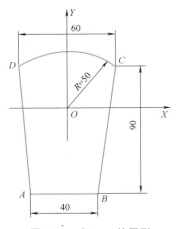

图 12-4　加工工件图形

因此，整个图形的加工程序单如下：

$B40000BB40000G_X L_1$

$B1B9B90000\ G_Y L_1$

$B30000B40000B60000\ G_Y NR_1$

$B1B9B90000\ G_Y L_4$

程序编写好后，必须进行校验，以确保其正确性。校验程序正确与否，可以采用模拟加工和试割法进行校验，可在控制柜显示屏（或计算机）上进行模拟加工，也可以用薄板进行切割，然后检测薄板试件正确与否来确定程序的正确性。如试件不合格，应根据检测结束来修改程序，并继续进行校试割，直到校验通过。

12.3.2 线切割自动编程

人工编程通常是根据图样把图形分解成直线段和圆弧段，并把每段的起点、终点，中心线的交点、切点的坐标——定出，按这些直线的起点、终点，圆弧的中心、半径、起点、终点坐标进行编程。当零件形状比较复杂或具有非圆曲线时，人工编程的工作量增大，容易出错，甚至无法实现。

计算机自动编程的工作过程是根据加工工件图样输入工件图样及尺寸，通过计算机自动编程软件处理转换成线切割控制系统所需要的加工代码（如 3B 或 ISO 代码等），工作图形可在屏幕上显示，也可以打印出程序清单和图形，或将加工代码复制到磁盘，或将程序通过编程计算机采用通信方式传输到线切割控制系统。自动编程使用专用的数控语言及各种应用软件。由于计算机技术的发展和普及，现在很多线切割加工机床都配有微型计算机编程系统。微型计算机编程系统的类型比较多，按输入方式的不同大致可以分为：采用语言输入、菜单及语言输入、CAD 方式输入、用鼠标器按图形标注尺寸输入等。从输出方式看，大部分系统都能输出 3B 或 4B 程序，显示图形、打印程序和打印图形等，有的还能输出 ISO 代码，同时把编出的程序直接传输到线切割控制器中。

自动编程中的应用软件是针对数控编程语言开发的。目前使用的线切割自动编程系统有 YH 绘图式线切割自动编程系统、CAXA 线切割自动编程系统等。这些编程系统均采用计算机绘图技术，融合绘图、编程于一体，采用全绘图式编程。只要按照所要求加工工件的形状图形在计算机上作图输入，即可生成加工轨迹、完成自动编程、输出 3B 或 G 指令代码。

12.4 线切割零件加工过程

1. 准备工作

（1）分析图样 分析图样对保证工件加工质量和综合技术指标是有决定意义的第一步。在消化图样的同时，可挑出不宜采用线切割加工（或不适合现有设备加工条件）的图样，大致有以下几种：

1）表面粗糙度和尺寸精度要求很高、线切割后无法进行研磨的工件。

2）窄缝小于电极丝直径加放电间隙的工件，或图形内拐角处不允许带有电极丝半径加放电间隙所形成的圆角工件。

3）非导电材料。

4）厚度超过丝架跨距的零件。

5）加工长度超过 X、Y 拖板的有效行程长度，且精度要求较高的工件。

（2）准备材料　根据图样要求，选择适宜的加工材料。

（3）装夹和调整工件　最常用的是桥式支撑装夹方式和压板夹具固定。在装夹时两块垫铁各自斜放，使工件和垫铁之间留有间隙，方便确定电极丝的位置。用百分表找正调整工件，使工件的底平面和工作台平行，工件的直角侧面与工作台的 X、Y 向互相平行。

（4）上丝、紧丝和调垂直度　将电极丝调到松紧适宜，用火花法调整电极丝的垂直度，即使电极丝与工件的底平面（装夹面）垂直。

（5）调整电极丝位置　为保证工件内形相对外形的位置精度和下型腔的装配精度，必须使电极丝的起始切割点位于下型腔的中心位置。电极丝位置的调整采用火花四面找正。

2. ISO 编程

可采用手工编程或自动编程。

3. 加工

（1）选择加工电参数　根据工件厚度和表面粗糙度值 Ra，选择电参数。

（2）切割　准备工作都结束后，按下回车键进行切割。切割有正向和反向两种方向，正向切割和编程的切割方向一致，反向切割与编程的切割方向相反。切割过程中，调节工作液的流量大小，使工作液始终包住电极丝，这样切割比较稳定；也可随时调整电参数，在保证尺寸精度和表面粗糙度值的前提下，提高加工效率。

（3）加工的注意事项

1）在加工过程中发生短路时，控制系统会自动发出回退指令，开始作原切割路线回退运动，直到脱离短路状态，重新进入正常切割加工。

2）加工过程中若发生断丝，控制系统会立即停止运丝和输送工作液，并发出两种执行方法的指令：①回到切割起始点，重新穿丝，这时可选择反向切割；②在断丝位置穿丝，继续切割。

3）跳步切割过程中，穿丝时一定要注意电极丝是否在导轮的中间，否则会发生短路。

12.5　线切割安全操作规程

1）操作前必须熟悉数控线切割机床的操作知识，选取适当的加工参数，按规定步骤操作机床。在弄懂操作过程前，不要进行机床的操作和调节工作。

2）开动机床前，要检查机床电气控制系统是否正常以及工作台和传动丝杆润滑是否充分。检查冷却液是否充足，然后开慢车空转 3~5min，检查各传动部件是否正常，确认无故障后，才可正常使用。

3）装卸电极丝时，注意防止电极丝扎手，废丝要放在规定的容器里，防止混入系统中引起短路、触电等事故。不准用手或电动工具接触电源的两极，以免触电。

4）加工零件前，应进行无切削轨迹仿真运行，并安装好防护罩。

5）加工过程中，操作者不得擅自离开机床，应保持思想高度集中，观察机床的运行状态。若发生不正常现象或事故，应立即终止程序运行，切断电源并及时报告指导老师，不得进行其他操作。

6）机床附近不得放置易燃、易爆物品，防止因电火花引起火灾等事故。

7）定期检查导轮"V"型的磨损情况，如磨损严重应及时更换。经常检查导电块与钼丝接触是否良好，导电块磨损到一定程度，要及时更换。

8）操作人员不得随意更改机床内部参数。不得调用、修改其他非自己所编的程序。机床的计算机除进行程序操作和传输及程序拷贝外，不允许作其他操作。

9）保持机床清洁，经常用煤油清洗导轮及导电块。当机床长期不使用时，应在擦净机床后，润滑机床传动部分，并在加工区域涂抹防护油脂。

10）数控线切割机床除工作台上安放工装和工件外，严禁堆放任何工、夹、刃、量具和其他杂物。

11）实训结束后，应切断电源，清扫切屑，擦净机床；在导轨面上，加注润滑油；各部件应调整到正常位置；打扫现场卫生。

复习思考题

1. 简述线切割加工的原理与特点。
2. 简述线切割机床的分类。
3. 举例说明线切割加工的应用。
4. 简述线切割机床的主要组成。

第13章

激光加工技术

13.1 概述

激光（laser）是将电能、化学能、热能、光能或核能等外部能量来激励物质，使其发生受激辐射而产生的一种特殊的电磁辐射束。作为20世纪科学技术发展的重要标志和现代信息社会光电子技术的支柱之一，激光技术及相关产业的发展受到世界先进国家的高度重视。激光加工是激光应用最有发展前景的领域，特别是激光切割、激光雕刻、激光焊接和激光熔覆等技术，近年来更是发展迅速，产生了巨大的经济和社会效益。激光加工作为先进制造技术已广泛应用于汽车、电子、电器、航空、冶金、机械制造等工业领域，对提高产品质量和劳动生产率，减少材料消耗等起到重要的作用。

1. 激光加工基本原理

固体激光器加工原理如图13-1所示。当激光工作物质受到光泵的激发后，吸收特定波长的光，在一定条件下形成工作物质中亚稳态粒子数大于低能级粒子数的状态，这种现象称为粒子数反转。此时一旦有少量激发粒子产生受激辐射跃迁，就会造成光放大，并通过谐振腔中的全反射镜和部分反射镜的反馈作用产生振荡，由谐振腔一端输出激光。通过透镜将激光聚焦到工件表面，即可对工件进行加工。

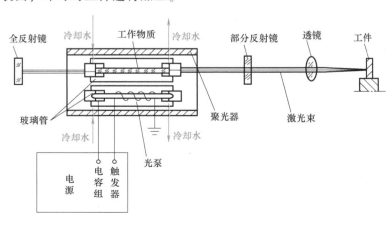

图 13-1　固体激光器加工原理示意图

2. 激光加工主要特点

激光加工技术与传统加工技术相比具有很多优点，因此得到广泛应用。尤其适合新产品的开发，可以在最短时间内得到新产品实物。其主要特点如下：

1）光点小，能量集中，热影响区小；激光束易于聚焦、导向，便于自动化控制。

2）不接触加工工件，对工件无污染；不受电磁干扰，与电子束加工相比应用更方便。

3）加工范围广泛，几乎可对任何材料进行加工。可根据计算机输出的图样进行高速雕刻和切割，且激光切割比线切割的速度要快很多。

4）安全可靠（采用非接触式加工，不会对材料造成机械挤压或机械应力）、精确细致（加工精度可达到 0.1 mm）、效果一致（保证同一批次工件的加工效果几乎完全一致）。

5）切割缝细小（割缝一般在 0.1~0.2mm）、切割面光滑（无毛刺）、热变形小。

6）适合大件产品的加工。大件产品的模具制造费用很高，激光加工无需任何模具制造，且激光加工完全避免材料冲剪时形成的塌边，可以降低企业的生产成本，提高产品档次。

7）成本低廉。不受加工数量的限制，对于小批量加工服务，激光加工更加便宜。

8）节省材料。激光加工采用计算机编程，可以把不同形状产品进行材料套裁，可最大限度提高材料的利用率，降低材料成本。

13.2 常用激光加工技术

激光加工是激光束与材料相互作用而引起材料在形状或组织性能方面改变的过程，从这一角度可将常用激光加工技术分为以下几种类型。

1. 激光去除加工技术

在生产中常用的激光去除加工有激光打孔、激光切割、激光雕刻和激光打标等。

激光打孔是最早在生产中得到应用的激光加工技术。对于高硬度、高熔点材料，常规机械加工方法很难或不能进行加工，而激光打孔则很容易实现。如金刚石模具的打孔，采用机械钻孔，打通一个直径 0.2mm、深 1mm 的孔需要几十个小时，而激光打孔只需要 3~5min，不仅提高了效率，还能节省许多昂贵的金刚石粉。图 13-2 所示为激光打孔实例图。

图 13-2　激光打孔实例

激光切割具有切缝窄、热影响区小、切边洁净、加工精度高、表面粗糙度值小等特点，是一种高速、高能量密度和无公害的非接触加工方法。图 13-3 所示为激光切割窗花。

激光雕刻是利用数控技术为基础，激光为加工媒介，加工材料在激光雕刻照射下瞬间的熔化和气化的物理变性。图 13-4 所示为激光雕刻实例。

图 13-3　激光切割窗花

图 13-4　激光雕刻

激光打标是利用高能量密度的激光对工件进行局部照射，使表层材料汽化或发生颜色变化的化学反应，从而留下永久性标记的一种方法。激光打标可以打出各种文字、符号和图案等，字符大小可以从毫米到微米量级，对产品防伪有特殊的意义。如图 13-5 所示为激光打标实例。

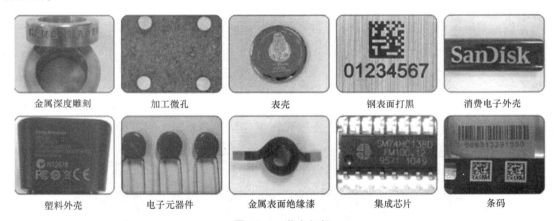

| 金属深度雕刻 | 加工微孔 | 表壳 | 钢表面打黑 | 消费电子外壳 |
| 塑料外壳 | 电子元器件 | 金属表面绝缘漆 | 集成芯片 | 条码 |

图 13-5　激光打标

2. 激光增材加工技术

激光增材加工主要包括激光焊接和激光快速成形技术。

激光焊接是通过激光束与材料的相互作用，使材料熔化实现焊接。激光焊接可分为脉冲激光焊接和连续激光焊接，按热力学机制又可分为激光热传导焊接和激光深穿透焊接（或称深熔焊接）。图 13-6 所示为激光焊接叶轮。

激光快速成形技术是激光加工技术引发的一种新型制造技术，它是利用材料堆积法制造实物产品的一项高新技术。它能根据产品的三维模型数据，不借助其他工具设备，迅速而精确地制造出所需产品，集中体现了计算机辅助设计、数控、激光加工、新材料开发等多学科、多技术的综合应用。图 13-7 所示为激光焊接快速成形实例。

图 13-6 激光焊接叶轮

图 13-7 激光焊接快速成形

3. 激光材料改性技术

激光材料改性主要有激光热处理、激光强化（图 13-8）、激光涂覆、激光淬火（图 13-9）激光合金化和激光非晶化、微晶化等。

图 13-8 激光强化

图 13-9 激光淬火

4. 激光微细加工技术

激光微细加工起源于半导体制造工艺，是指加工尺寸在微米级范围内的加工工艺。纳米级微细加工方式也称为超精细加工。目前激光微细加工已成为研究热点和发展方向。

5. 其他激光加工技术

除上述激光加工技术外，激光加工技术还包括激光清洗、激光复合加工和激光抛光等。

13.3 激光加工技术的应用

激光加工作为先进制造技术已广泛应用于汽车、电子、电器、航空、冶金、机械制造等工业领域，对提高产品质量和劳动生产率、减少材料消耗等起到重要作用。激光几乎可以对所有的金属和非金属材料进行打孔和切割，还可对某些材料进行焊接，尤其是在硬脆材料上加工微小孔，更具优越性。激光打孔的深径比可达 50~100，其打孔速度极高，激光打孔目前多用于加工金刚石拉丝模、钟表宝石轴承、化纤喷丝头等零件的微小孔。

13.4　激光加工设备

13.4.1　激光加工设备的主要组成

激光加工设备的主要组成包括激光器、电源、光学系统及机械系统四大部分。其中，激光器是激光加工设备的核心，可将电能转化成光能，产生激光束；电源为激光器提供电能，实现激光器和机械系统自动控制；光学系统主要包括聚焦系统和观察瞄准系统；机械系统包括床身、数控工作台和数控系统等。常用二氧化碳激光器结构如图 13-10 所示。

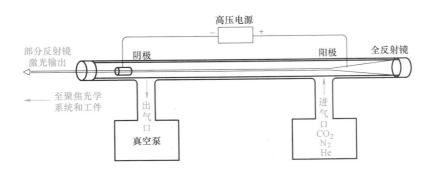

图 13-10　二氧化碳激光器结构图

13.4.2　典型非金属激光切割/雕刻机床

非金属激光切割/雕刻机床主要组成包括激光整机、除尘系统、冷却系统、空压系统和软件控制系统。在加工过程中工作台固定不动，利用高能量密度的激光作为切割刀具，通过光束沿 X 和 Y 方向移动，实现对非金属板材、复合材料的加工。非金属激光切割/雕刻原理及设备如图 13-11 所示。

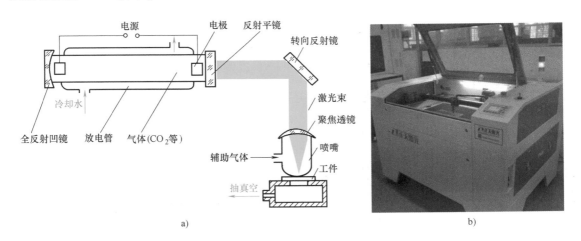

a)　　　　　　　　　　　　　　　　　　　b)

图 13-11　非金属激光切割/雕刻原理及设备图
a）原理图　b）设备图

该设备采用一体化紧凑结构设计，软件功能强大，具有速度快、精度高、应用广泛等特点，为有效降低环境污染、净化空气，保障使用者健康，配备了高效除尘除味设备。目前，广泛应用于电子电器行业、服装行业、皮革业、家具业、装饰业、工艺礼品业、广告业、包装印刷业、模型业（建筑模型、航空航海模型、木制玩具）、工业面板的裁切、冲孔、打样、画线等精密加工领域。几乎适合所有非金属材料的精密切割与雕刻。

13.5 激光加工实例

以窗花（孔雀）加工制作为例，使用非金属激光切割机床加工，其主要操作过程如下：

1）打开设备上的旋转急停开关、冷却系统开关、电源开关，然后启动计算机上的非金属激光切割软件 RDWorksV8，看到如图 13-12 所示的操作界面。其中，菜单栏是执行菜单命令最基本的操作方式，包括文件、编辑、绘制、设置、处理、查看和帮助等菜单；图形属性栏是对图形基本属性进行操作，包含图形位置、尺寸、缩放、加工序号；系统工具栏上放置了最常用的一些功能选项并通过命令按钮的形式体现出来；排版工具栏能使选择的多个对象对齐，完善页面排版；控制面板主要是实现加工工艺参数设置；图层工具栏用于修改被选择对象的颜色和工艺参数属性；编辑工具栏上放置了常用的编辑工具，使操作更加灵活方便。

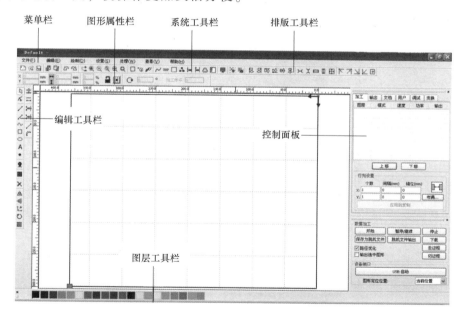

图 13-12 非金属激光切割软件操作界面

2）点击文件→导入，选择要加工的图样文件，并单击打开。界面如图 13-13 所示。

3）通过双击图层设置命令，弹出图层参数对话框，如图 13-14 所示。通过更改切割速度、加工方式、切割最大最小功率等进行切割参数设置。

4）将图形全部选中，单击软件左下角的颜色图框，可实现图层颜色更改。具体效果如图 13-15 所示。

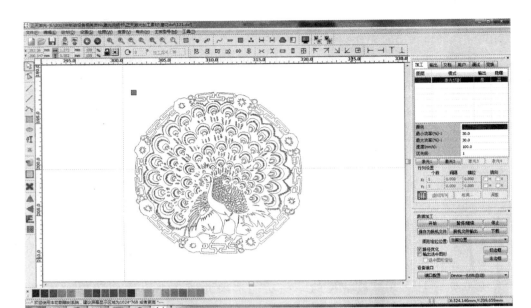

图 13-13　非金属激光切割软件打开文件界面

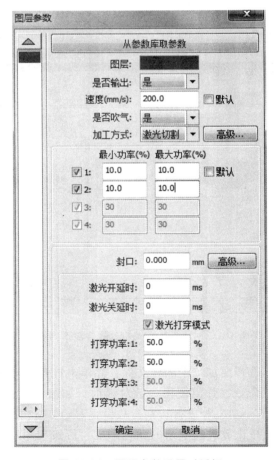

图 13-14　图层参数设置对话框

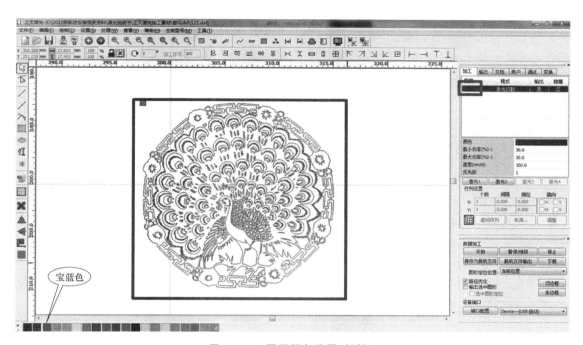

图 13-15　图层颜色设置对话框

5）单击软件菜单栏中的加工预览按钮，可实现图形的加工仿真，界面如图 13-16 所示。

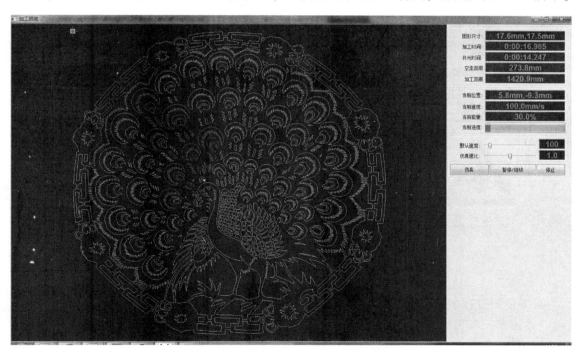

图 13-16　加工仿真界面截图

6）确认无误后，单击下载，并在弹出的对话框中输入文件名。

7）将切割用材料（卡纸）放到工作台面上的合适位置，用尺子量出雕刻材料的尺寸大小。通过定位键把激光头定位到切割材料上方，利用厚度调焦工具进行手动调焦。如图13-17所示；

8）在显示面板上单击定位和边框，确保加工材料位置正确，并有足够的工作区域。

9）检查水冷系统是否正常工作，水未注满激光管前，不要开始工作，以免激光管损坏。

10）单击显示面板上的开始-停止键，开始进行切割加工。加工完成时，设备会发出提示音，激光头回到工作起点，警示灯变绿。关闭设备，取出工件，做好清洁工作。

图 13-17　调焦示意图

13.6　激光加工安全操作规程

激光加工设备上一般会出现如图13-18所示安全标识，提醒操作者做好相应防护措施。

图 13-18　激光设备安全标识

设备使用过程中的具体安全操作规程如下：

1）遵守一般切割机安全操作规程，严格按照激光器启动程序启动激光器。

2）操作者须经过培训，熟悉设备结构、性能，掌握操作系统有关知识。

3）按规定穿戴好劳动防护用品，在激光束附近必须佩带符合规定的防护眼镜。

4）在未弄清某一材料是否能用激光照射或加热前，不要对其进行加工，以免产生烟雾和蒸气等对切割头或光纤等造成损坏。

5）设备开动时操作人员不得擅自离开岗位或托人代管，如的确需要离开时应停机并切断电源开关。

6）要将灭火器放在随手可及的地方；不加工时要关掉激光器或光闸；不要在未加防护的激光束附近放置纸张、布或其他易燃物。

7）在加工过程中发现异常时，应立即停机，及时排除故障。

8）保持激光器、床身及周围场地整洁、有序、无油污，工件、板材、废料按规定堆放。

9）使用气瓶时，应避免压坏焊接电线，以免漏电事故发生。气瓶的使用、运输应遵守气瓶监察规程。禁止气瓶在阳光下暴晒或靠近热源。开启瓶阀时，操作者必须站在瓶嘴侧面。

10）维修时要遵守高压安全规程。每运转 40h 或每周维护、每运转 1000h 或每 6 个月维护时，要按照规定和程序进行。

11）开机后应手动低速 X、Y 方向开动机床，检查确认有无异常情况。

12）对新的工件程序输入后，应先编辑并空走边框再试运行，并检查其运行情况。

复习思考题

1. 简述激光加工的基本原理及主要特点。
2. 简述常用激光加工技术。
3. 举例说明激光加工技术的主要应用。
4. 简述激光加工设备的主要组成。
5. 写出 3 条以上激光加工设备的安全操作规程。

第14章

3D打印技术

14.1 概述

制造技术可分为三种方式。一是材料去除方式，又称为减材制造技术，一般是指利用刀具或电化学方法，去除毛坯中不需要的材料，剩下部分即为所需加工的零件或产品；二是材料成形方式，又称为等材制造技术，主要是指利用模具控形，将液体或固体材料变为所需结构的零件；三是 3D 打印技术，又称为增材制造技术，是以计算机三维设计模型为蓝本，通过软件分层离散和数控成形系统，利用热熔喷嘴、激光束、电子束等方式将塑料、金属粉末、陶瓷粉末、细胞组织等特殊材料逐层堆积黏结，最终叠加成形，制造出实体产品。

1. 3D 打印技术基本原理

3D 打印技术是由 CAD 模型直接驱动的快速制造任意复杂形状三维物理实体的技术总称。与传统制造方法不同，3D 打印从零件的 CAD 几何模型出发，通过分层离散软件和成形设备，用特殊的工艺方法（熔融、烧结、黏结等）将材料堆积形成实体零件。3D 打印的工艺过程如图 14-1 所示。

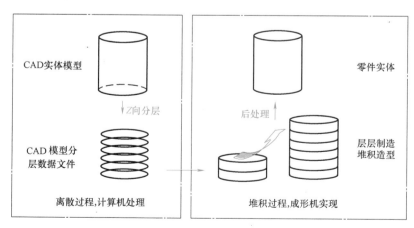

图 14-1　3D 打印的工艺过程

2. 3D 打印技术主要特点

（1）由 CAD 模型直接驱动　在 3D 打印工艺中，计算机的 CAD 模型数据通过接口软件转化为可以直接驱动 3D 打印机的数控指令,3D 打印机根据数控指令完成原型或零件加工。由于 3D 打印以分层制造为基础,可以较方便地进行路径规划。将 CAD 和 CAM 结合在一起,实现成形过程中信息过程和材料过程的一体化,尤其适合成形材料为非均质并具有功能梯度或有孔隙要求的原型。

(2)能够制造任意复杂形状的三维实体　3D 打印可以加工复杂的中空结构且不存在三维加工刀具干涉问题。

(3)具有高柔性　3D 打印在成形过程中不需要模具、刀具和特殊工装,成形过程具有极高的柔性。对于不同的零件,只需要建立 CAD 模型,调整和设置工艺参数,即可打印出具有一定精度和强度、并满足一定功能的原型和零件。

(4)材料适用性好　3D 打印技术具有极为广泛的材料可选性,其选材从高分子材料到金属材料、从有机材料到无机材料,这为 3D 打印技术的广泛应用提供了重要前提。

(5)成形速度快　3D 打印技术是并行工程中进行复杂原型和零件制作的有效手段。从产品 CAD 设计到原型件的加工完成只需几小时至几十小时,比传统的成形方法速度要快得多。

(6)良好的经济效益　3D 打印技术使得产品的制造成本与产品的复杂程度、生产批量基本无关。3D 打印技术尤其适合新产品的开发与管理,适合小批量、复杂、不规则形状产品的直接生产,缩短了产品设计、开发周期,加快了产品更新换代的速度,在很大程度上降低了新产品的开发成本,同时也降低了企业研制新产品的风险。

(7)技术高集成化　3D 打印技术是集计算机、CAD/CAM、数控、激光、材料和机械等一体化的先进制造技术,整个生产过程实现数字化与自动化,并与三维模型直接关联,零件可随时制造与修改,实现设计制造一体化。

14.2　常用 3D 打印技术

根据采用的材料形式和工艺实现方法的不同,目前应用广泛且较为成熟的典型 3D 打印技术主要包括五种,分别是光固化成形、激光选区烧结、熔融沉积制造、分层实体制造、立体喷印等。

1. 光固化成形

光固化成形(Stereo Lithography Apparatus,SLA)是用特定波长与强度的激光源聚焦到光固化材料(光敏树脂)表面,材料发生固化反应而成形。光固化成形工艺过程示意如图 14-2 所示。树脂槽中盛满液态光敏树脂,在计算机控制下经过聚焦的激光束按照零件各分层的截面信息,对液态树脂表面进行逐点逐线扫描。被扫描区域的树脂产生光聚合反应瞬间固化,形成零件的一个薄层;当一层固化后,工作台下移一个层厚,液体树脂自动在已固化的零件表面覆盖一个工作层厚的液体树脂,紧接着进行下一层扫描固化,新的固化层与前面已固化层黏合为一体;如此反复直至整个零件制作完毕。

工艺特点:制件精度高、表面质量好,能制造特别精细的零件(如戒指模型、需配合的上下手机盖等);原材料利用率接近 100%,且不产生环境污染。不足是设备和材料成本较昂贵,复杂制件往往需要添加辅助支撑,加工完成后需要去除。

应用范围:主要应用于航空航天、工业制造、生物医学、大众消费、艺术等领域的精密复杂结构零件快速制作，精度可达±0.05mm；比机械加工精度略低，但接近传统模具的工艺水平。

2. 激光选区烧结

激光选区烧结（Selective Laser Sintering, SLS）是用高能激光束的热效应使粉末材料软化或熔化，粘结成一系列薄层，并通过逐层叠加获得三维实体零件。激光选区烧结工艺过程示意图如图 14-3 所示。首先，在工作台上铺一薄层粉末材料，高能激光束在计算机控制下根据制件各层截面的 CAD 数据，有选择地对粉末层进行扫描，被扫描区域的粉末材料由于烧结或熔化粘结在一起，而未被扫描的区域粉末仍呈松散状，可重复利用。一层加工完成后，工作台下降一个层厚的高度，再进行下一层铺粉和扫描，新加工

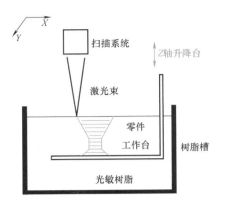

图 14-2　光固化成形工艺过程示意图

层与前一层粘结为一体，重复上述过程直到整个零件加工完成。最后，将初始成形件从工作缸中取出，进行清粉和打磨等后处理。

工艺特点：成形材料广泛，包括高分子、金属、陶瓷、砂等多种粉末材料；应用范围广，涉及航空航天、汽车、生物医疗等领域；材料利用率高，粉末可重复利用；成形过程中无需特意添加辅助支撑。成形大尺寸零件时容易变形，精度较难控制。

应用范围：可成形不同特性、满足不同用途的多类型零件。例如，成形塑料手机外壳，可用于结构验证和功能测试，也可直接作为零件使用；制作复杂铸件用

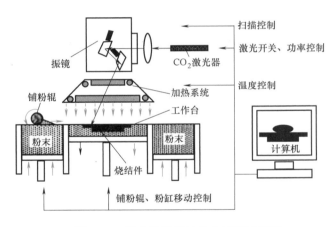

图 14-3　激光选区烧结工艺过程示意图

熔模或砂型，辅助复杂铸件的快速制造；制造复杂结构的金属和陶瓷零件，作为功能零件使用。精度可达±0.2mm，比机械加工和模具精度低，与精密铸造工艺相当。

3. 熔融沉积制造

熔融沉积制造（Fused Deposition Modeling，简称 FDM）是通过将丝状材料熔化，由三轴控制系统移动熔丝材料，逐层堆积成形三维实体。熔融沉积制造工艺过程示意图如图 14-4 所示。喷头在计算机控制下，根据零件截面轮廓信息，作平面运动，热塑性丝状材料由供丝机构送至热熔喷头，并在喷头中加热和熔化成半液态，然后被挤压出来，有选择性地涂覆在制作面板上，快速冷却后形成一层薄片轮廓，并与周围材料粘结。一层截面成形完成后，工作台下降一定高度，再进行下一层熔覆，通过层层堆积成形，最终形成三维产品零件。

工艺特点：成形丝状塑料，可将零件壁内做成网状结构，也可做成实体结构，当零件壁

内是网格结构时可以节省大量材料；由于原材料为 ABS 等塑料，其密度小，1kg 材料可以制作较大体积的模型；熔融成形，零件强度好，可作为功能零件使用；无需激光器等贵重元器件，系统成本低。最大的不足是成形材料种类少，且精度较低。

应用范围：广泛应用在产品设计、测试与评估等方面，涉及汽车、工艺品、仿古、建筑、医学、动漫、教学等领域，精度约为 0.2mm。

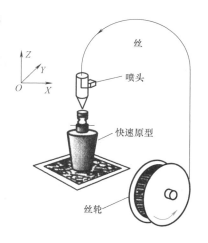

图 14-4　熔融沉积制造工艺过程示意图

4. 分层实体制造

分层实体制造（Laminaed Object Manufacturing, LOM）是利用激光或刀具切割薄层纸、塑料薄膜、金属薄板或陶瓷薄片等片层材料，通过热压或其他形式层层粘结、叠加获得三维零件实体。分层实体制造工艺过程示意图如图 14-5 所示。根据三维 CAD 模型截面轮廓线，在计算机控制下，发出控制激光或刀具切割系统的指令，使其作 X 和 Y 方向的移动。供料机构将片材分段送至工作台上方。激光或刀具对片材沿轮廓线切割，并将无轮廓区切割成小碎片。然后，由热压机构将一层层片材压紧并粘合在一起。可升降工作台支撑正在成形的工件，并在每层成形之后，降低一个层厚，依次循环，最后形成由许多小废料块包围的三维原型零件。将完成的零件取下，去除非零件区域的材料，通过打磨或者喷涂等后处理工序改变加工表面。

工艺特点：仅切割内外轮廓，内部无需加工，成形速率快；使用小功率激光或低成本刀具，价格低且使用寿命长；造型材料一般用涂有热熔胶及添加剂的纸张，成本低；成形过程中，不存在收缩和翘曲变形，无需支撑等辅助工艺。最大的不足是材料种类少，纸等材料的应用用途受限，制件性能不高。

应用范围：主要成形纸材，少数使用塑料薄膜、金属和陶瓷片。制作复杂结构用于新产品外形验证，或结合涂层等工艺制作快速模具。利用该工艺制作的纸质模具，性能接近木模，表面处理后可直接用于砂型铸造。精度可达±0.1mm，低于一般机械加工和模具工艺，接近精密铸造水平。

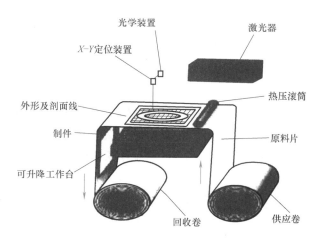

图 14-5　分层实体制造工艺过程示意图

5. 立体喷印

立体喷印（3D Printing，3DP）是一种利用微滴喷射技术的 3D 打印方法，过程类似于打印机，其工艺过程如图 14-6 所示。喷头在计算机控制下，按照当前分层截面的信息，在事先铺好的一层粉末材料上，有选择性地喷射黏结剂，使部分粉末粘结，形成一层截面薄层；一层成形完后，工作台下降一个层厚，进行下层铺粉，继而选区喷射黏结剂，成形薄层并与已成形零件粘为一体，不断循环，直至零件加工完成。

工艺特点：较为成熟的喷印技术，可成形彩色零件；喷印黏结剂时可成形多种类型材料，直接喷印光敏树脂可成形高性能塑料零件。系统无需激光器等高成本元器件，成形环境无真空等严格条件，系统成本较低。不足之处是喷印黏结剂时零件致密度不高，需要后烧结、液相渗透等后处理，喷印光敏树脂时成形材料种类少。另外就是喷头容易发生堵塞，需要定期维护。

应用范围：广泛应用于制造业、医学、建筑业等领域的产品

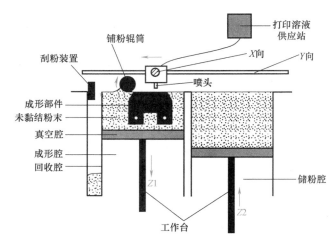

图 14-6　立体喷印工艺过程示意图

设计原型验证和工艺模型的快速制造，彩色模型相比较其他 3D 打印产品更为丰富和直观。另外，由于系统成本低，3DP 技术大量应用于教学。精度约为 0.2mm，跟喷头喷印精度直接相关。

14.3　3D 打印技术的应用

随着 3D 打印技术不断发展和成本的不断降低，普及程度在不断地提升，越来越多的行业和领域中出现了 3D 打印的身影。目前，3D 打印主要应用于汽车制造、航空航天、医疗领域、建筑领域、文物保护、配件与饰品行业、食品行业、玩具行业以及机器人等领域，此外在鞋类、工业设计、教育、地理信息系统、土木工程和军事等领域也有广泛的应用。图 14-7~图 14-16 为 3D 打印技术在各领域应用的典型图例。

图 14-7　3D 打印汽车

图 14-8　3D 打印战斗机零件

图 14-9　3D 打印人耳

图 14-10　3D 打印建筑

图 14-11　3D 打印在文物保护中的应用

图 14-12　3D 打印配饰

图 14-13　3D 打印食品

图 14-14　3D 打印玩具

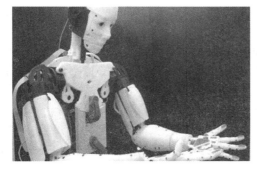

图 14-15　3D 打印机器人

图 14-16　3D 打印服装

14.4 FDM 3D 打印设备

以桌面级 FDM 3D 打印机为例，其主要组成包括喷嘴（含加热元件）、打印平台、操作按键、SD 卡插口（脱机打印时使用）、显示屏、导料管、料架、电源开关、USB 插口（联机打印时使用）等。图 14-17 所示为其结构组成图。

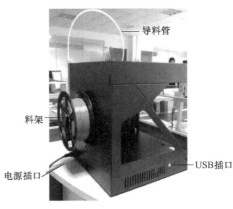

图 14-17　桌面级 FDM 3D 打印机结构图

14.5 3D 打印加工

以使用 FDM 3D 打印机进行镂空花瓶加工制作为例，其主要操作过程如下：

1）启动切片处理软件 Cura，并按图 14-18 所示进行参数设置。其中，主要参数含义如下：

① Layer Height（层厚）。层厚越小，精度越高，打印时间越长；层厚越大，精度越低，打印时间越短。通常设为 0.1~0.3mm。

② Shell Thickness（壁厚）。最好设置为喷头直径的整数倍，一般不大于 2.0mm。

③ Bottom/Top Thickness（底部/顶部厚度）：一般建议设为层厚的整数倍（3~5 倍为最优）。

④ Fill Density（填充密度）。通常设置为 10%~20%，如要求打印件比较结实，可设为 30%~40%。

⑤ Print Speed（打印速度）。一般建议设为 30~80mm/s。

⑥ Print Temperature（打印温度）。PLA 耗材一般建议设为 190~210℃，ABS 耗材一般建议设为 220~240℃。

⑦ Support Type（支撑类型）。打印悬空件需要选择支撑类型，无悬空的可以选择无支撑。

⑧ Diameter（直径）。打印机所使用耗材的直径值，参考耗材标牌填写，一般为 1.75mm。

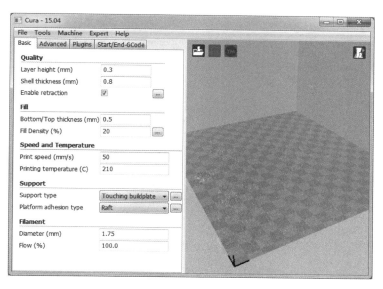

图 14-18　打印参数设置界面

2）单击 File→Load model file，选择文件镂空花瓶，并单击打开。模型载入界面如图 14-19所示；

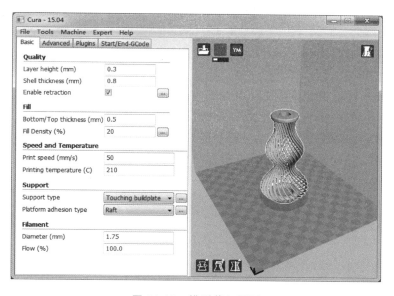

图 14-19　模型载入界面

3）通过 Rotate 和 Scale 命令调整模型的成形方向及大小，并通过打印预览了解打印时间及所需材料的长度、重量等情况。图 14-20 和图 14-21 分别为模型旋转和模型缩放界面。

4）确认无误后，单击 File→Save G code，以数字、字母或者二者组合的方式将文件命名并保存至 SD 卡。

5）检查打印机无误后，执行下一步操作。

6）打开 FDM 3D 打印机的电源开关，按操作按键，然后旋转按键选择 Print from SD 选

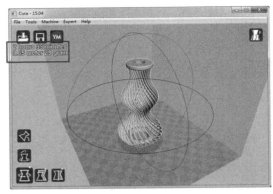

图 14-20　模型旋转界面

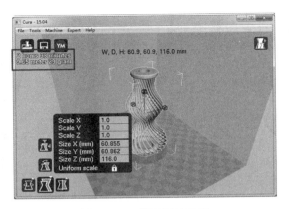

图 14-21　模型缩放界面

项，再按一下操作按键，选择要打印的文件，复按按键确认当前操作。

　　7）当喷头温度上升至 210℃ 左右，3D 打印机开始加工。

　　8）打印完成后，关闭电源开关，将打印平台取下，并利用铲刀等辅助工具取下工件，并将打印平台放回。

　　图 14-22 为 3D 打印镂空花瓶实物效果图。

14.6　3D 打印安全操作规程

图 14-22　3D 打印镂空花
瓶实物效果图

　　1）打印模型的大小必须满足打印尺寸要求。

　　2）打印开始后，严禁触摸喷头，以免烫伤。

　　3）模型制作过程中，严禁随意操作设备旋钮。

　　4）打印完成后，需将平台取下，使用辅助工具取件。

　　5）设备出现故障或发生异常，应立即断电停机，报告指导教师。

复习思考题

　　1. 简述 3D 打印技术的基本原理及主要特点。

　　2. 简述常用 3D 打印技术及原理。

　　3. 举例说明 3D 打印技术的主要应用。

　　4. 简述 FDM 3D 打印设备的主要结构组成及操作流程。

　　5. 写出 3 条以上 FDM 3D 打印设备的安全操作规程。

第 5 篇

电工电子技术

第15章

电工技术基础

15.1 供电系统及安全用电基础知识

随着电能应用的不断拓展，以电能为介质的各种电气设备广泛进入企业、社会和家庭生活中，同时，不安全事故也在不断发生。因此，学习安全用电基本知识，掌握常规触电防护技术至关重要。

安全用电包括人身安全和设备安全两部分。人身安全是指防止人身接触带电物体受到电击或电弧灼伤而导致生命危险；设备安全是指防止用电事故所引起的设备损坏、起火或爆炸等危险。

15.1.1 电力系统基本知识

1. 电力系统

电力系统由电能的生产、传输、分配和使用四个部分组成，即发电、输电、变电和配电。首先发电机将一次能源转化为电能，电能通过变压器和电力线路输送、分配给用户，最终经用电设备转化为用户所需的其他形式的能量。电力系统的组成如图 15-1 所示。

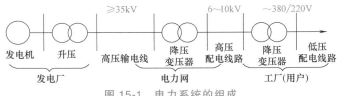

图 15-1 电力系统的组成

2. 电能的生产

电能的生产即发电，它是由各种形式的发电厂来实现的。发电厂的种类很多，一般根据利用的能源不同分为火力发电厂、水力发电厂和原子能发电厂。此外，还有风力发电厂、潮汐发电厂、太阳能发电厂、地热发电厂和等离子发电厂等。目前，我国的电能生产以火力发电、水力发电和原子能发电为主。世界上由发电厂提供的电力，大多是交流电。我国交流电频率为 50Hz，称为工频。

3. 电能的输送

电能的输送又称输电。输电网是由若干输电线路组成的将许多电源点与许多供电点连接起来的网络系统。输电的距离越长，输送容量越大，则要求输电电压越高。我国标准输电电压有 35kV、110kV、220kV、330kV 和 500kV 等。

4. 电能的分配

电能的分配是高压输电到用电点（如住宅、工厂）后，必须经区域变电所将交流电的高压降为低压，再供给各用电点。电能提供给民用住宅的照明电压为交流 220V，提供给工厂车间的电压为交流 380/220V。

15.1.2　触电及其对人体的危害

1. 触电

人体本身是导体，当人体接触带电部位而构成电流回路时，就会有电流通过人体，对人的肌体造成不同程度的伤害，这就是触电。其伤害程度与触电的种类、方式及条件有关。

（1）触电种类　触电的种类一般分为两种，电击或电伤。

电击就是通常所说的触电，绝大部分触电死亡是电击造成的，它是电流通过人体所造成的内伤。

电伤是电流的热效应、化学效应、机械效应以及电流本身作用造成的伤害，如电烧伤、电弧烧伤、电烙印、皮肤金属化、机械损伤和电光眼等。电伤一般是在电流较大和电压较高的情况下发生的。

（2）触电方式　按照人体触及带电体的方式，触电一般分为单相触电和两相触电。

单相触电是指人体接触带电设备或线路中的某一相导体时，一相电流通过人体经大地回到中性点，这种触电形式称为单相触电，如图 15-2 所示。

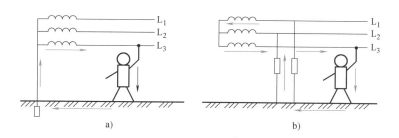

图 15-2　单相触电

a）中性点直接接地　b）中性点不直接接地

两相触电是指人体同时触及电源的两相带电体，电流由一相经人体流入另一相，如图 15-3 所示。

两相触电时加在人体的最大电压为线电压（380V）。两相触电比单相触电要危险，后果也更严重。此外，触电方式还有跨步电压触电、接触电压触电、感应电压触电以及剩余电荷触电。

2. 触电的危害

触电对人体伤害程度与通过人体电流的大小、电流的类型、电流通过人体时间的长短、通过人体的部

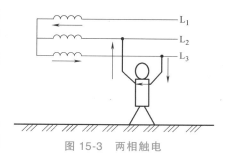

图 15-3　两相触电

位、电流的频率及触电者的身体状况有关。

电流大小对人体的影响，通过人体的电流越大，人体反应越明显，感觉越强烈，引起心室颤动所需的时间越短，致命的危险性就越大。以工频交流电对人体的影响为例，按照通过人体的电流大小和生理反应，可划分为三种：

（1）感知电流　感知电流是指引起人体感知的最小电流。实验表明，成年人感知电流有效值约为 0.7~1mA，感知电流一般不会对人体造成伤害。

（2）摆脱电流　人触电后能自行摆脱的最大电流称为摆脱电流。一般成年人摆脱电流在 15mA 以下，摆脱电流被认为是人体只在较短时间内可以忍受而一般不会造成危险的电流。

（3）致命电流　致命电流是指在较短时间内危及生命的最小电流。电流达到 50mA 以上就会引起心室颤动，有生命危险，我国规定 30mA 为安全电流。

电流流过人体的时间越长，对人体伤害程度越重。除此之外，人体触电伤害还跟流过人体电流的频率、电压大小有关。

15.1.3　触电的原因与救护

触电分为直接触电和间接触电两种情况。为了最大限度减少事故的发生，应了解触电的原因与形式，从而提出预防触电的措施及触电后应采取的救护方法。

1. 触电原因

不同场合引起触电的原因也不一样，常见的触电原因有以下几种情况：

（1）线路架设不合规格　线路发生短路或接地不良时，均会引起触电；线路绝缘破坏也会引起触电。

（2）电气操作制度不严格　未采取可靠的保护措施，带电操作；不熟悉电路和电器，盲目修理；救护已触电的人，自身不采用安全保护措施等都会引起触电。

（3）用电设备不合要求　电器设备内部绝缘的性能低或已损坏，金属外壳无保护接地措施或接地电阻太大；开关、闸刀、灯具、携带式电器绝缘外壳破损等均可引起触电。

（4）用电不规范　在室内违规乱拉电线，乱接电器用具；更换插头、插座的导线有毛刺或外露；在电线或电线附近晾晒衣物等也会导致触电。

2. 触电预防

（1）直接触电的预防　①绝缘措施，良好的绝缘是保证电气设备和线路正常运行、防止触电事故的重要措施。选用绝缘材料必须与电气设备的工作电压、工作环境和运行条件相适应。②采用屏护装置。③间距措施，在带电体与地面之间、带电体与其他设备之间，应保持一定的安全间距。

（2）间接触电的预防　①加强绝缘，对电气设备或线路采取双重绝缘。②电气隔离，采用隔离变压器或具有同等隔离作用的发电机，使电气线路和设备的带电部分处于悬浮状态。③自动断电保护，在带电线路或设备上安装漏电保护、过流保护、过压或欠压保护、短路保护、接零保护等自动保护器，在触电事故发生时，能自动切断电源，起到保护作用。

3. 触电救护和现场抢救

触电救护是减少触电伤亡的有效措施，对于电气工作人员和用电人员来说，掌握触电救护知识非常重要。

当发现有人触电时，不可惊慌失措，首先应设法使触电者迅速而安全地脱离电源。根据触电现场的情况，通常采用以下几种急救方法：

（1）口对口人工呼吸法 人工呼吸方法有很多，其中以口对口吹气的人工呼吸法效果最好，也最容易掌握。

（2）胸外心脏挤压法 胸外心脏挤压法是帮助触电者恢复心跳的有效方法，用人工胸外挤压代替心脏的收缩作用，具体操作如图15-4所示。

注意：压点正确，下压均衡、放松迅速、用力和速度适宜，要坚持做到心跳完全恢复。如果触电者心跳和呼吸都已停止，则应同时进行胸外心脏挤压和人工呼吸。

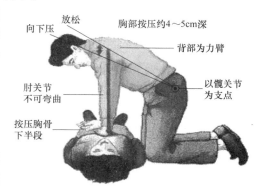

图15-4 胸外心脏挤压法

15.1.4 电气防火、防爆及防雷

1. 防火

电气火灾来势凶猛，蔓延迅速，既可能造成人身伤亡，设备、线路和建筑物的重大破坏，还可能造成大规模长时间停电，给国家财产造成重大损失。

电气火灾的成因有很多，几乎所有的电气故障都可能导致电气着火。

电气火灾的预防和处理

（1）电气火灾的预防 首先应按场所的危险等级正确选择、安装、使用和维护电气设备及电气线路。对于易引起火灾的场所，应注意加强防火，配置消防器材。

（2）电气火灾的处理 当电气设备发生火灾时，首先应切断电源，防止火势蔓延。同时，拨打电话报警。发生电气火灾，不能用水或普通灭火器灭火，应使用干粉灭火器或黄沙灭火。

2. 防爆

（1）电气引爆 由电引发爆炸的原因很多，主要发生在含有易燃、易爆的气体、粉尘的场所。这种情况如果遇到电火花或高温、高热就会引起爆炸。

（2）防爆措施 为了防止电气引爆的发生，在有易燃、易爆气体、粉尘的场所，应合理选用防爆电气设备，正确敷设电气线路，保持场所良好的通风。

3. 防雷

雷电是一种自然现象，它产生的强电流、高电压、高温热具有很大的破坏力和多方面的破坏作用，给电力系统和人类造成严重伤害。因此，对雷电也必须采取有效的防护措施。

（1）雷电的形成 雷鸣与闪电是大气层中的放电现象。强大的放电电流伴随高温、高热，发出耀眼的闪光和震耳的轰鸣。

（2）雷电的活动规律 一般来说，空旷地区的孤立物体、高于20m的建筑物等地区容易受到雷击，雷雨时应特别注意。

（3）雷电的种类 一般分为四类，直击雷、感应雷、球形雷及雷电侵入波。

（4）雷电的危害 雷电的危害主要有以下四个方面，一是电磁性质的破坏；二是机械性质的破坏；三是热性质的破坏；四是跨步电压破坏。

（5）常用防雷装置　防雷的基本思想是疏导，即设法将雷电流引入大地，从而避免雷击的破坏。常用的避雷装置有避雷针、避雷线、避雷网、避雷带和避雷器等。

15.2　电工常用工具及仪表

电工工具与电工仪表是电气安装与维修工作的"武器"，正确使用这些工具、仪表是提高工作效率、保证施工质量的重要条件。因此，了解电工工具、仪表的结构及性能，掌握其使用方法，对电工操作人员来说是十分重要的。

15.2.1　常用电工工具

1. 螺钉旋具

螺钉旋具是一种手用工具，其头部形状有一字形和十字形两种，主要用来旋动头部带一字或十字的螺钉，柄部由木材或塑料制成，如图 15-5 所示。

（1）十字形螺钉旋具　有时也称梅花起，一般分为四种型号。

（2）一字形螺钉旋具　其规格用柄部以外的长度表示。

（3）多用螺钉旋具　多用螺钉旋具是一种组合式工具，既可作螺钉旋具使用，又可作低压验电笔等功能使用。

图 15-5　螺钉旋具

用途：用来拧转螺丝钉以迫使其松动或者就位的工具。操作方法：将螺钉旋具拥有特定形状的端头对准螺丝的顶部凹坑，固定，然后开始旋转手柄。根据规格标准，顺时针方向旋转为嵌紧；逆时针方向旋转则为松出。

2. 电工刀

电工刀是电工常用的一种切削工具，如图 15-6 所示，主要用来剖切导线、电缆的绝缘层，刮掉元器件引线上的绝缘层或氧化物以及切割木桩和绳索等。

使用电工刀应注意以下事项：首先电工刀的手柄一般不绝缘，严禁用电工刀带电作业，以免触电；其次应将刀口朝外切削，避免伤及手指；切削导线绝缘层时，应使刀面与导线成较小的锐角，以免割伤导线。使用完毕，随即将刀身收进刀柄。

图 15-6　电工刀

3. 剥线钳

剥线钳适用于剥削截面积 $6mm^2$ 以下塑料或橡胶绝缘导线的绝缘层，由钳口和手柄两部分组成。外形如图 15-7 所示。

用途：供电工剥除电线头部的表面绝缘层。操作方法：根据缆线的粗细型号，选择相应的剥线刀口。将准备好的电缆放在剥线工具的切削刃中间，选择要剥线的长度。握住剥线工具手柄，将电缆夹住，缓缓用力使电缆外表皮慢慢剥落。松开工具手柄，取出电缆线，这时电缆金属整齐露出外面，其余绝缘塑料完好无损。

4. 尖嘴钳

尖嘴钳头部尖细，如图 15-8 所示。

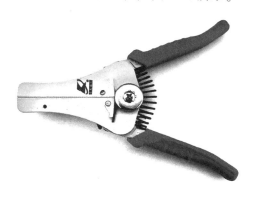

图 15-7　剥线钳

图 15-8　尖嘴钳

用途：适合狭小的工作空间，主要用来剪切线径较细的单股与多股线，以及给单股导线接头弯圈、剥塑料绝缘层等，也可用作电气仪表制作、维修等。

操作方法：使用时握住尖嘴钳的两个手柄，开始夹持或剪切工作。

5. 斜口钳

斜口钳又称断线钳，其头部扁斜，如图 15-9 所示。

用途：斜口钳主要用于剪切导线、元器件多余的引线，还常用来代替一般剪刀剪切绝缘套管、尼龙扎线卡等。

使用方法：将钳口朝内侧，便于控制钳切部位，用小指伸在两钳柄中间来抵住钳柄，张开钳头，这样分开钳柄灵活。

6. 验电笔

验电笔也称测电笔，简称电笔，有低压和高压之分。常用的低压验电笔是用来检测导线、电器和电器设备的金属外壳是否带电的一种电工工具。其测量范围为 60～500V。注：实验所用电笔为 100～500V，如图 15-10 所示。

图 15-9　斜口钳

图 15-10　验电笔

15.2.2　常用电工仪表

电工仪表在电气线路、用电设备的安装、使用与维修中起着重要作用，常用的有电流表、电压表和万用表等。正确掌握电工仪表的使用方法对相关专业人员来说是非常必要的。

1. 常用电工仪表的分类

常用电工仪表分为以下几类：指示仪表、比较仪表、数字仪表、记录仪和示波器、扩大量程装置和变换器。下面我们介绍几种指示仪表给大家认知。

2. 电流表

电流表表盘上标有字母"A"字样，如图 15-11 所示，用来测量电路中的电流值。电流表按所测电流性质可分为直流电流表、交流电流表和交直流两用电流表；按测量范围又分为安培表、毫安表和微安表。

电流表使用步骤：首先要校零，然后选择量程，最后读取数值。

电流表使用注意事项：

1）电流表要与用电器串联在电路中，否则短路，烧毁电表。

2）电流要从"+"接线柱入，"-"接线柱出，否则指针反转，损坏指针。

3）被测电流不要超过电流表量程，可以采用试触的方法查验是否超过量程。

4）不允许不经过用电器把电流表直接接到电源的两极上，否则会损坏电流表。

3. 电压表

电压表表盘上标有字母"V"字样，如图 15-12 所示，用来测量电路中的电压值。电压表按所测电压性质可分为直流电压表、交流电压表和交直流两用电压表；按测量范围又分为伏特表、毫伏表。

电压表的使用步骤跟电流表差不多，也是先校零，再选择合适量程，把电压表的正负接线柱并联接入电路后读数。

图 15-11 电流表

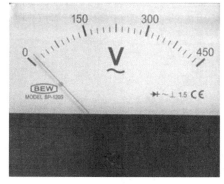

图 15-12 电压表

电压表的使用注意事项：

1）电压表要与被测电路并联，要测哪部分电路的电压，电压表就和哪部分电路并联。

2）电压表接入电路时，必须使电流从其"+"接线柱流入，从"-"接线柱流出，否则指针反转，损坏电压表。

3）被测电压不要超过电压表的量程，否则损坏电压表。

4. 指针式万用表

指针式万用表 MF47 可供测量直流电流、交直流电压，直流电阻等。除交直流 2500V 和直流 10A 分别有单独插座之外，其余各档只需转动一个选择开关。根据测量原理和测量结果显示方式的不同，常用的万用表一般可以分为指针式和数字式两种。指针式的优点是可以显示连续变化的电量，而数字式的优点是读数迅速、直观。

指针式万用表 MF47 的基本结构分为：面板、表头、表盘、测量电路及转换开关等四个部分，如图 15-13 所示。

工作原理：利用一只灵敏的磁电式直流电流表作为表头，当微小电流通过表头，就会有电流指示。但表头不能通过大电流，所以，必须在表头上并联或串联一些电阻进行分流或降压，从而测出电路中的电流、电压和电阻。

（1）用指针万用表测量交流电压的步骤和注意事项
测量前，必须将转换开关拨到对应的交流电压量程档，如不清楚被测电压大小，量程宜放在最高档，以免损坏表头；测量时，将两表笔并联在被测电路或元件两端；严禁在测量时拨动转换开关选择量程；测电压时养成单手操作的习惯。

（2）用指针式万用表测量直流电压的步骤和注意事项 测量前，必须将转换开关拨到对应的直流电压量程档，如不清楚被测电压大小，量程宜放在最高档，以免损坏表头；测量时，将两表笔并联在被测电路或元件两端，且红表笔接高电位端，黑表笔接低电位端。如不清楚被测点电位高低，可将表笔轻轻地试触一下被测点。若指针反偏，说明表笔极性反了，交换表笔即可。严禁在测量中拨动转换开关选择量程。

图 15-13 MF47 指针式万用表外形

（3）用指针式万用表测量直流电流的步骤和注意事项 万用表串联接入被测电路中；必须注意红、黑表笔的极性，红表笔接高电位端，黑表笔接低电位端；严禁在测量中拨动转换开关选择量程。

（4）用指针式万用表测量电阻的步骤和注意事项 断开被测电路的电源；两表笔直接跨接在被测电阻或电路两端；测量前或转换倍率档时，都应重新调整欧姆零点；选择倍率档时，使指针尽可能接近标度尺的几何中心；测量中不允许用手同时触及被测电阻两端。

15.3 常用低压电器及电动机控制

15.3.1 常用低压电器

电器是根据外界信号和要求，手动或自动地接通、断开电路，以实现对电路或非电对象的切换、控制、保护、检测、变换和调节的元件或设备。低压电器通常是指额定工作电压为交流 1200V 及以下或直流 1500V 及以下电路中的电气设备。

电气控制系统常用低压电器概括如图 15-14 所示。

1. 接触器

接触器是一种通过电磁机构动作控制触点闭合或者断开，适用于在主回路频繁接通和分断负载的一种远距离操作、自动切换电器。接触器具有大容量的主触头和多组辅助触头，它的控制容量大，具有欠压保护功能，在电力拖动系统中应用十分广泛。按主触头通过电流种

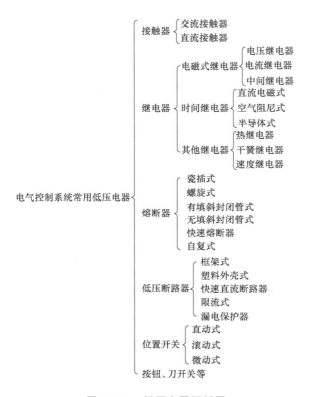

图 15-14　低压电器概括图

类的不同，分为交流接触器和直流接触器两类。

接触器的图形与文字符号如图 15-15 所示。

其中图 15-15a 表示线圈，图 15-15b 表
示常开（动合）主触头，图 15-15c 表示辅
助常开（动合）触头，图 15-15d 表示辅助
常闭（动断）触头。主触头用于接通或分
断较大的电流，辅助触头用于接通或分断较
小电流，主要用于控制回路。常用接触器如
图 15-16 和图 15-17 所示。

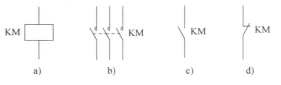

图 15-15　接触器的图形与文字符号

图 15-16　交流接触器

图 15-17　直流接触器

接触器的型号及含义如下：

CJ（Z）1-2/3

其中，C 为接触器；J 为交流；Z 为直流；1 为设计序号；2 为主触头额定电流；3 为主触头数。

交流接触器的结构由线圈、静铁心、动铁心和辅助部件组成。当线圈通电后产生的电磁力将动铁心吸合，动铁心带动触点下移，与下铁心吸合，使得常闭（动断）触点断开，常开（动合）触点闭合。当线圈断电后，动铁心依靠弹簧的作用力恢复到原来的位置。

选择接触器时主要考虑以下因素：

1）交流负载选择交流接触器，直流负载选择直流接触器。

2）主触头的额定电压和额定电流应不小于负载的额定电压和额定电流。

3）辅助触头的种类、数量、触头额定电流、线圈应满足控制电路的要求。

2. 继电器

继电器是一种根据电气量（电压、电流等）或非电气量（热、时间、转速、压力等）的变化而动作的自动控制电器。继电器常用于各种控制电路中进行信号的传递、放大、转换、连锁，使器件或设备按预定的动作程序进行工作，实现自动控制和保护。继电器的种类有很多，常用的继电器有电压继电器、电流继电器、中间继电器、时间继电器和热继电器等。

（1）电压继电器　电压继电器反映的是电压信号，根据线圈两端的电压大小而接通或断开电路的继电器。常用的电压继电器有过电压继电器和欠电压继电器两种。过电压继电器在电压为 1.1~1.15 倍额定电压时动作，对电路进行过电压保护。欠电压继电器在电压为 0.4~0.7 倍额定电压时动作，对电路进行欠电压保护。电压继电器符号如图 15-18 所示。

（2）电流继电器　电流继电器反映的是电流信号，根据线圈中的电流大小而接通或断开电路的继电器。常用的继电器有过电流继电器和欠电流继电器。

过电流继电器在电路正常工作时不动作，当电路中电流超过整定值时，过电流继电器吸合，对电路起过流保护作用，常用于电动机的短路保护。欠电流继电器在电路正常工作时吸合，当电路中电流减小到整定值以下时，欠电流继电器释放，对电路起欠电流保护作用，常用于直流电动机和电磁吸盘的失磁保护。

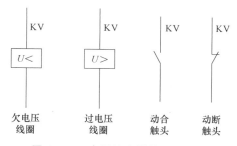

图 15-18　电压继电器的图形符号

（3）中间继电器　中间继电器实质是一种电压继电器。它可将控制信号传递、放大、翻转、分路、隔离和记忆，实现一点控制多点的作用，主要解决了触点容量、数目与灵敏度的问题。

（4）时间继电器　时间继电器是指从得到输入信号起（线圈的通电或断电），需经过一定的时间延时才输出信号（触点的闭合或分断），如图 15-19 所示。按工作原理可分为电磁式、空气阻尼式、电子式等。随着电子技术的发展，电子式时间继电器已成为主流产品，时间继电器图形符号如图 15-20 所示。

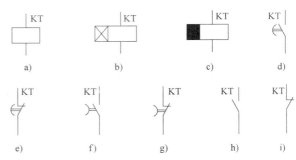

图 15-19　时间继电器

图 15-20　时间继电器的图形符号

　　时间继电器的延时方式有两种：一种是通电延时，接受输入信号后要延时一段时间，输出信号才发生变化，输入信号消失后，输出瞬时复位。另一种是断电延时，当接受输入信号时，立即输出信号，输入信号消失时，继电器经过延时，输出信号才复位。

　　（5）热继电器　热继电器是利用电流流过发热元件产生热效应，进而推动机构动作的一种保护电器，如图 15-21 所示。热继电器常用于电动机的过载保护、断相保护、电流不平衡运动的保护及其他电气设备发热状态的控制。热继电器图形符号如图 15-22 所示。

图 15-21　热继电器

图 15-22　热继电器图形符号

3. 低压断路器

　　低压断路器又称为自动空气开关，它是一种既有手动开关作用又有自动进行欠压、失压、过载、和短路保护的电器。低压断路器可用来接通和分断负载电流、过负荷电流、短路电流。其功能相当于熔断器式开关与热继电器等组合。在分断故障电流后一般不需要变更零部件仍可以继续使用，已获得了广泛的应用。断路器外形图如图 15-23 所示。

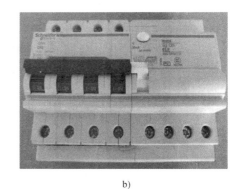

a)

b)

图 15-23　断路器外形图

a）塑料外壳式断路器　b）小型断路器

4. 熔断器

熔断器又称保险丝，主要用作短路或过负载保护作用，如图 15-24 所示。熔断器一般将熔体装在绝缘材料制成的管壳内，里面填充灭弧材料，两端用导体连接制成。熔断器串联在回路中，当电路中发生短路或严重过负荷时，电流变大产生热量使熔体达到熔断温度自动熔断，切断电路从而起到保护作用。

15.3.2 三相异步电动机

三相异步电动机主要由定子绕组（固定部分）、转子绕组（转动部分）两大部分组成。当电动机的三相定子绕组（各相差 120°电角度）通入三相对称交流电后，将产生一个旋转磁场，该旋转磁场切割转子绕组，从而在转子绕组中产生感应电流，载流的转子导体在定子旋转磁场作用下将产生电磁力，从而在电动机转轴上形成电磁转矩，驱动电动机旋转。定子与转子旋转磁场以相同的方向、不同的转速（转差率）旋转，因此称作三相异步电动机。

图 15-24 熔断器

电动机型号表示为：Y160L-4。

其中，Y 为异步电动机；160 表示机座中心高，单位为 mm；L 为机座号（其中，S 为短机座，M 为中机座，L 为长机座）；4 为磁极数。

将三相绕组的首端（规定为 U_1、V_1、W_1）分别接电源，尾端（规定为 U_2、V_2、W_2）连接在一起的接法，称为星形（丫）接法，如图 15-25 所示。将电动机的 3 个首尾端串接，W_1 接 V_2，V_1 接 U_2，U_1 接 W_2，在串接点连通电源的接法，称为三角形（△）接法，如图 15-26 所示。

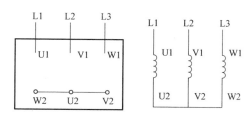

图 15-25 星形（丫）接法

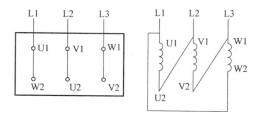

图 15-26 三角形（△）接法

15.3.3 常用三相异步电动机控制电路

1. 三相异步电动机正反向控制电路

根据三相异步电动机的工作原理，其正转或反转取决于定子绕组在三相电源作用下的旋转磁场，而旋转磁场的方向取决于三相电源的相序。因此，我们仅需更改相序，就可改变电动机旋转的方向。

主回路中，由于电动机可以长期运行，热继电器 FR 可以在电动机过载时起保护作用。正转接触器 KM1 的常开触点与正转控制按钮 SB2 常开触点并联、反转接触器 KM2 的常开触点与反转控制按钮 SB3 常开触点并联，这是自锁电路。按下按钮 SB2，KM1 线圈得电，KM1 常开触点闭合，放开 SB2 按钮，KM1 线圈仍然得电，保证电动机继续运行，这就是"自锁"功能。正转接触器 KM1 线圈与 SB3 和 KM2 的常闭触点串联、反转接触器 KM2 线圈与 SB2

和 KM1 的常闭触点串联，这是互锁电路。按下 SB2 按钮后，KM1 和 SB2 的常闭触点打开，保证反转接触器 KM2 不能被吸合，这就是"互锁"功能。

三相异步电动机正反转控制线路如图 15-27 所示。线路的动作原理如下：合上电源开关 QS，正转控制电路：按下 SB2，其常闭触点打开，常开触点闭合，KM1 线圈得电，KM1 主常开触点闭合、辅助常闭触点打开，电动机正转。反转控制电路：按下 SB3，其常闭触点打开，常开触点闭合，KM1 线圈断电，KM2 线圈得电。KM1 主常开触点打开、辅助常闭触点闭合，电动机停止。KM2 主常开触点闭合、辅助常闭触点打开，电动机反转。停止控制电

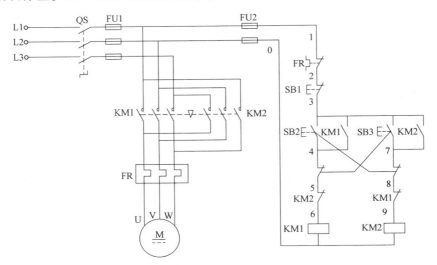

图 15-27　三相异步电动机正反转控制电路

路：按下 SB1，其常闭触点打开，KM1、KM2 线圈均断电，电动机停止。

2. 三相异步电动机 丫-△ 启动控制电路

当负载对电动机启动力矩无严格要求，又要限制电动机启动电流、电动机满足 380V/△接线条件、电动机正常运行时定子绕组接成三角形时才能采用星三角启动方法。启动时，先把定子绕组接成丫形，待电动机转速升高后再将定子绕组接成△形全压运行，减小启动电流，避免电动机启动瞬间的大电流冲击。

三相异步电动机丫-△启动控制线路如图 15-28 所示，控

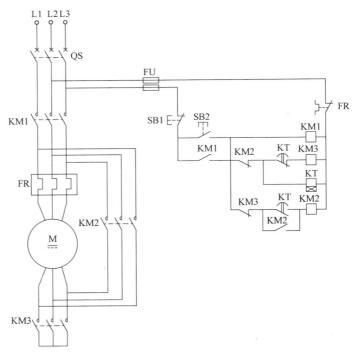

图 15-28　三相异步电动机 丫-△ 控制电路

制线路的动作原理如下：合上电源开关 QS，按下 SB2，主回路接触器 KM1、Y 形控制接触器 KM3、时间继电器 KT 通电，KM1 的常开触点自锁，KM3 主触头常开触点闭合，电动机 Y 形启动。时间继电器 KT 延时后，其常开触点闭合、常闭触点打开，Y 形控制接触器 KM3 断电，△形控制接触器 KM2 线圈通电，主触头常开主触点闭合，电动机 △ 形启动。按下 SB1 按钮，KM1、KM2 线圈断电，电动机停止。

15.4 电气安全操作规程

1）电工作业应按照规定使用电工防护用品和安全用具。

2）电工操作属于特种作业，必须两人以上进行。应由电工负责安全监护，并且不能兼做其他工作。

3）工作前必须检查电工工具、测量仪表和防护用具是否完好。

4）任何电气设备未经验电，一律按有电处理，不准用手触碰。

5）严禁在电气设备运行中进行拆卸和修理工作。必须在设备停止后，切断电源，取下熔断器，挂上"禁止合闸，有人工作"的警示牌，验明无电后，方可进行工作。

6）在总配电柜及母线上工作，在验明无电后，在所有来电方向上，应将电源线短路，并挂上临时接地线。

7）线路或电气设备拆除后，应及时用绝缘胶布包扎好。

8）使用仪表带电测量，应使用绝缘合格的导线和正规的仪表表笔，并设专人读取数值。

9）按各回路用电设备的容量选择适当的熔断器。

10）临时装设的电器设备，必须将设备金属外壳可靠接地。

11）每次检修工作结束后，必须清点所带工具、零件，防止遗忘或留在设备内造成事故。

12）检修工作完成后，检修负责人应向值班人员交接完成工作内容和情况，共同检查现场，办理完工手续、确认无误后方可送电。

复习思考题

1. 触电的种类一般分为哪几类？

2. 触电的方式一般分为哪几种？

3. 触电对人体的伤害程度和哪些因素有关？

4. 试说明 MF47 指针式万用表测量交流电压的方法及注意事项。

5. 常用的电工工具和电工仪表分别有哪些？

第16章

电子技术基础

16.1 常用电子元器件

电子元器件是电子线路中具有独立电气功能的基本单元。了解电子元器件的种类、型号和用途，掌握识别、选用和检测的方法，是进行电子电路设计和调试的基础。本节主要介绍一些常用的电子元器件。

16.1.1 电阻器

电阻器也称电阻，是电子线路中应用最广的元器件之一，没有极性。电阻在电子电路中主要起降压、分压、限流、分流、负载和阻抗匹配等作用。

电阻的国际单位是欧姆，用 Ω 表示。在实际电路中，常用的单位还有千欧（$k\Omega$）和兆欧（$M\Omega$）等，三者的换算关系为 $1M\Omega = 10^3 k\Omega = 10^6 \Omega$。

常用电阻的电路符号如图 16-1 所示。

a)   b)   c)   d)

图 16-1　常用电阻的电路符号

a）电阻的一般符号　b）可调电阻　c）压敏电阻　d）光敏电阻

1. 电阻器的分类

电阻器的种类繁多，形状各异，分类方法也很多。

（1）按照阻值特性分类　电阻器按照阻值特性分为固定电阻器和可变电阻器两大类。

（2）按照制作材料分类　电阻器按照制作材料分为碳膜电阻器、金属膜电阻器和线绕电阻器等。

（3）按照安装方式分类　电阻器按照安装方式分为插件电阻器和贴片电阻器。

（4）按照用途分类　电阻器按照用途分为普通型电阻器、精密型电阻器、高阻型电阻器和高压型电阻器等。

2. 电阻器的主要参数

电阻器的主要参数有标称阻值、允许误差、额定功率、极限工作电压、温度系数和老化系数。

（1）**标称阻值** 标称阻值是电阻器上面所标示的阻值。不同精度等级的电阻器，其阻值系列不同，根据我国标准，常用的电阻阻值系列见表16-1。

表16-1 电阻器的标称阻值系列

系列	允许误差	电阻器的标称值
E24	Ⅰ级（±5%）	1.0、1.1、1.2、1.3、1.5、1.6、1.8、2.0、2.2、2.4、2.7、3.0、3.3、3.6、3.9、4.3、4.7、5.1、5.6、6.2、6.8、7.5、8.2、9.1
E12	Ⅱ级（±10%）	1.0、1.2、1.5、1.8、2.2、2.7、3.3、3.9、4.7、5.6、6.8、8.2
E6	Ⅲ级（±20%）	1.0、1.5、2.2、3.3、4.7、6.8

（2）**允许误差** 电阻器的允许误差是指电阻器的实际阻值对于标称阻值的允许最大误差范围，它标志着电阻器的阻值精度。普通电阻器的允许误差有±5%、±10%、±20%三个等级。精密电阻器的允许误差可分为±2%、±1%、±0.5%、……、±0.001%等十几个等级。电阻器的允许误差越小，精度越高。

（3）**额定功率** 电阻器的额定功率是指在规定的环境温度中允许电阻器承受的最大功率，即在此功率范围内，电阻器可以长期、稳定地工作，不会显著改变其性能，不会损坏。一般选择额定功率比实际功率大1~2倍的电阻。

（4）**极限工作电压** 极限工作电压是指当电阻两端电压增加到一定数值时，会发生电击穿，使电阻损坏，这个电压称为极限工作电压。

（5）**温度系数** 温度系数是指温度每变化1℃所引起的电阻值的相对变化。温度系数越小，电阻的稳定性越好。阻值随温度升高而增大的为正温度系数；反之则为负温度系数。

（6）**老化系数** 老化系数是指电阻器在额定功率长期负荷下阻值相对变化的百分数，它是表示电阻器寿命长短的参数。

3. 电阻器的标注方法

电阻器的标称阻值和允许误差的标注方法有直标法、文字符号法、数码法和色标法。

（1）**直标法** 直标法指将电阻器的标称阻值和允许误差直接用数字和字母印在电阻上。误差标示有时用罗马数字Ⅰ、Ⅱ、Ⅲ表示，误差分别为±5%、±10%、±20%。

（2）**文字符号法** 文字符号法指用数字和文字符号有规律地组合起来印刷在电阻器表面上的方法。电阻器的允许误差也用文字符号表示，文字符号所对应的允许误差见表16-2。

表16-2 文字符号所对应的允许误差表

文字符号	D	F	G	J	K	M
允许误差	±0.5%	±1%	±2%	±5%	±10%	±20%

文字符号法的表示形式：整数部分+阻值单位符号（Ω、k、M）+小数部分+允许误差。

例如：7k5K表示7.5kΩ±10%（K表示允许误差为±10%）；3M9J表示3.9MΩ±5%（J表示允许误差为±5%）。

（3）**数码法** 数码法是用三位数字表示阻值大小的一种方法。从左到右，第一、第二位数为电阻器阻值的有效数字，第三位表示有效数字后面加"0"的个数。允许误差通常采用文字符号表示，其对应关系见表16-2。例如：102M表示1kΩ±20%（M表示允许误差为±20%）。

（4）**色标法** 色标法也称色环法，是用不同颜色的色环把电阻器的参数（标称阻值和允许误差）直接标注在电阻器表面上的方法。色标法有四色标法和五色标法两种，四色标法比五色标法的误差大。

电阻器色环表示的含义如图 16-2 所示，电阻器色环颜色所代表的数字或意义见表 16-3。

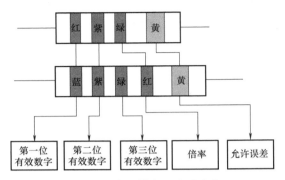

图 16-2 电阻器色环表示含义

表 16-3 电阻器色环颜色所代表的数字或意义

颜色	第一位有效数字	第二位有效数字	第三位有效数字	倍率	允许误差
黑	0	0	0	10^0	—
棕	1	1	1	10^1	±1%
红	2	2	2	10^2	±2%
橙	3	3	3	10^3	
黄	4	4	4	10^4	—
绿	5	5	5	10^5	±0.5%
蓝	6	6	6	10^6	±0.25%
紫	7	7	7	10^7	±0.1%
灰	8	8	8	10^8	—
白	9	9	9	10^9	
金	—	—	—	10^{-1}	±5%
银				10^{-2}	±10%

4. 电阻器的检测与选用

（1）**电阻器的检测** 对于普通电阻器，其检测方法如下：

1）根据电阻器上的色环标示或文字标示读出该电阻器的标称阻值。

2）将数字万用表挡位调至欧姆挡，根据电阻器的标称阻值确定量程。

3）将数字万用表的红、黑表笔分别搭在被测电阻的两个引脚上，观察万用表的读数，若读数和电阻器的标称阻值接近，在允许误差范围内，则表明被测电阻器正常；若两者误差很大，则说明被测电阻器不良，需再次测量，确定测量结果。

（2）**电阻器的选用** 电阻器的选用应注意以下几点：

1）满足功率要求。选用电阻的额定功率高于实际功率 2 倍以上，以免电阻体过热引发事故。

2）满足工作环境要求。如在高精度电路中，稳定性和可靠性要求高，可选温度稳定性好的专用电阻。

3）满足成本要求。无特殊要求，一般选择适用、成本低、安装简易的电阻，如碳膜电阻或金属膜电阻。

16.1.2 电位器

电位器是一种可调电阻器，它对外有三个引出端，其中两个为固定端，另一个为中心抽头（也叫可调端）。转动或调节电位器转轴，其中心抽头与固定端之间的阻值会发生变化。电位器的电路符号如图16-3所示。

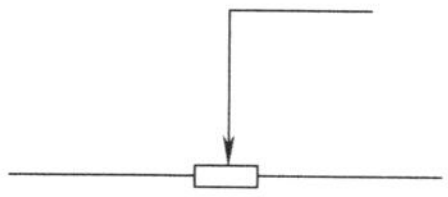

1. 电位器的分类

电位器的种类繁多，用途各不相同，分类方法也很多。

图16-3 电位器的电路符号

（1）按照制作材料分类 电位器按照制作材料可分为线绕电位器和非线绕电位器两大类。

（2）按照结构特点分类 电位器按照结构特点可分为单圈、多圈电位器，单联、多联电位器，带开关、不带开关电位器等。

（3）按照调节方式分类 电位器按照调节方式可分为旋转式电位器和直滑式电位器两类。

2. 电位器的主要参数

电位器的参数很多，主要有标称阻值、额定功率、极限电压、阻值变化规律等，前三项与电阻器基本相同。阻值变化规律指电位器的阻值随转轴的旋转角度而变化的关系，变化规律可以是任何函数形式，常用的有直线式、指数式和对数式。

（1）直线式 直线式电位器的阻值是随转轴的旋转均匀变化，并与旋转角度成正比。这种电位器适用于调整分压、分流。

（2）指数式 指数式电位器的阻值随转轴的旋转成指数规律变化，开始阻值变化较慢，随着转角的加大，阻值变化逐渐加快。这种电位器适用于音量控制。

（3）对数式 对数式电位器的阻值随转轴的旋转成对数关系变化，开始阻值变化较快，然后逐渐减慢。这种电位器适用于音量调节和电视机的对比度调整。

3. 电位器的检测与选用

（1）电位器的检测 电位器的检测通常使用万用表进行测量：

1）测量两固定端的阻值是否和标称阻值相符。

2）测量中心抽头到固定端的阻值是否随中心抽头的滑动而均匀变化。

3）如果电位器带开关，理论上开关合上时电阻为零，断开时电阻为无穷大。

（2）电位器的选用

1）电位器的结构和尺寸的选择。选用电位器时应注意尺寸大小、旋转轴柄的长短及轴上是否需要锁紧装置等。需要经常调节的电位器，应选择轴端成平面的，以便于安装旋钮；不经常调节的电位器，应选择轴端带有刻槽的；一经调节好无需再变动的电位器，一般选择带锁紧装置的电位器。

2）电位器阻值变化特性的选择。应根据用途选择，用作分压器时，应选用直线式电位器；用作音量控制时，应选用指数式电位器或直线式电位器代替，但不宜选用对数式电位器；用作音量调节器时，应选用对数式电位器。

16.1.3 电容器

电容器简称电容，是一种储能元件，是电子电路中常用的元器件之一，广泛应用于隔直、耦合、滤波、旁路、电能储能等电路中。

电容的国际单位是法拉，用 F 表示，常用的还有毫法（mF）、微法（μF）、纳法（nF）和皮法（pF）。它们之间的换算关系为 $1F = 10^3 mF = 10^6 \mu F = 10^9 nF = 10^{12} pF$。

常见的电容器的电路符号如图 16-4 所示。

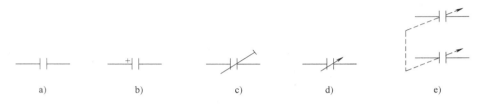

图 16-4　常见电容器的电路符号

a）无极性电容　b）电解电容　c）微调电容　d）可调电容　e）双联可调电容

1. 电容器的分类

电容器的种类很多，分类方法也各不相同：

（1）按照结构不同分类　电容器按照结构不同可分为固定电容器、可变电容器和半可变（微调）电容器。

（2）按照介质材料不同分类　电容器按照介质材料不同可分为有机介质电容器、无极介质电容器、电解电容器和气体介质电容器等。有机介质电容器包括纸介电容器、聚苯乙烯电容器、聚丙烯电容器、涤纶电容器等；无机介质电容器包括云母电容器、玻璃釉电容器、瓷介电容器等；电解电容器包括铝电解电容器、钽电解电容器等；气体介质电容器包括空气介质电容器、真空电容器。

2. 电容器的主要参数

电容器的主要参数有标称容量、允许误差、额定工作电压和绝缘电阻。

（1）标称容量和允许误差　标称容量是指标示在电容器外壳上的电容量数值；允许误差是指标称容量和实际容量之间的最大允许偏差范围，允许误差通常用百分数或者误差等级来表示。

（2）额定工作电压　电容器的额定工作电压是指在线路中能够长期可靠地工作而不被击穿所承受的最大电压（又称耐压）。一般无极电容的标称耐压值比较高，有 63V、100V、160V、250V、400V、600V 和 1000V 等；有极电容的耐压相对比较低，标称耐压值一般有 4V、6.3V、10V、16V、25V、35V、50V、63V、80V、100V、220V 和 400V 等。

（3）绝缘电阻　电容器的绝缘电阻是指电容器两级间的电阻，或称漏电电阻。电容器中的介质并不是绝对的绝缘体，它的电阻不是无限大，而是一个有限的数值，一般在 1000MΩ 以上。因此，电容器多少总有些漏电。绝缘电阻越小，电容器的漏电流越大。当漏电流较大时，电容器发热，发热严重时会导致电容器损坏。使用时应选用绝缘电阻大的电容器。

3. 电容器的标注方法

电容器的标注方法有直标法、文字符号法、数码法和色标法。

（1）直标法 直标法是指将电容器的容量、耐压和允许误差等主要参数直接标注在电容器外壳表面上。其中，允许误差一般用字母表示，分别为 J（±5%）、K（±10%）、M（±20%）等。有的电容器由于体积很小，习惯上省略其单位，省略时应遵守以下规则。

1）凡不带小数点的整数，若无单位标志，则表示 pF，如 470 表示 470pF。

2）凡带小数点的整数，若无单位标志，则表示 μF，如 0.22 表示 0.22μF。

3）许多小型固定电容器，如瓷介电容器，其耐压均在 100V 以上，由于体积小，可以不标注耐压。

4）当容量小于 10000pF 时，用 pF 作单位；当容量大于等于 10000pF 时，用 μF 作单位。

（2）文字符号法 将电容器的参数用文字和数字符号有规律地组合起来印制在电容器表面上的一种方法称为文字符号法。标注方法：整数+单位符号（p、n、μ）+小数部分。例如：2p2 表示 2.2pF；4μ7 表示 4.7μF。

（3）数码法 数码法是用三位数字表示电容量大小的一种方法。从左到右，第一、第二位数为电容器电容量的有效数字，第三位是有效数字后面应加"0"的个数（当第三位是 9 时，表示 $10^{-1}F$）。例如：222 表示容量为 $22×10^2pF$。

（4）色标法 电容器的色标法和电阻器的色标法相似，单位为 pF。

4. 电容器的检测与选用

（1）电容器的检测 准确测量固定电容器的标称容量需要专用测量设备，如 RLC 电桥。利用万用表对电容的检测，一般只能对电容器进行定性判断，电容常见的故障有开路、短路、漏电和失效（容量变小）等。

采用万用表 R×1K 挡，在检测前，先将电解电容的两根引脚相碰，以放掉电容内残余的电荷。当万用表表笔接通电容引脚时，表针向右偏转一个角度，然后表针缓慢地向左回转，最后表针停下。表针停下来所指示的阻值为该电容的漏电电阻，此阻值越大越好，最好接近无穷大。电解电容的漏电电阻在几兆欧姆左右，如果漏电电阻只有几十千欧，说明这一电解电容漏电严重。表针向右摆动的角度越大（表针还应向左回摆），说明该电解电容的电容量也越大，反之说明容量越小。

（2）电容器的选用 电容器的选用应考虑以下两点：

1）根据电路功能来选择。例如，在电源滤波中，应选择电解电容器；在高频电路中，常选择瓷介电容器；在电路中用来隔离直流时，可选择涤纶或电解电容器。

2）根据耐压值来选择。电容器的额定直流电压应为实际电压的 1.1～1.2 倍，以免电容器被击穿。

16.1.4 电感器

电感器简称电感，是一种能储存磁场能量的电子元器件，它的特性是通直流隔交流，通低频阻高频。常用于滤波、调谐、耦合、扼流等电路中。

电感的国际单位是亨利，用 H 表示，常用单位还有：毫亨（mH）、微亨（μH）、纳亨（nH）。它们之间的换算关系是：$1H = 10^3 mH = 10^6 μH = 10^9 nH$。

电感器的电路符号如图 16-5 所示。

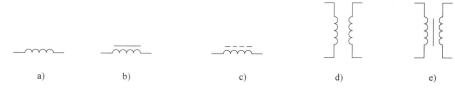

图 16-5　电感器的电路符号

a）空芯电感线圈　b）带铁芯的电感线圈　c）带磁芯的电感线圈　d）空芯变压器　e）铁芯变压器

1. 电感器的分类

电感通常分为两大类：一类是应用于自感作用的电感线圈，另一类是应用于互感作用的变压器。

（1）电感线圈的分类　电感线圈是根据电磁感应原理制作的器件。它的用途极为广泛，如滤波器、调谐放大器或振荡器中的调谐回路、均衡电路、去耦电路等。

1）按电感线圈圈芯性质可分为空芯线圈和带磁芯的线圈。

2）按绕制结构特点可分为单层线圈、多层线圈、蜂房线圈等。

3）按电感量变化情况可分为固定电感、可变电感和微调电感。

（2）变压器的分类　变压器是利用两个绕组的互感原理来传递交流电信号和电能的，同时起变换前后级阻抗的作用。

1）按用途可分为电源变压器、隔离变压器、调压器、输入/输出变压器和脉冲变压器。

2）按导磁材料可分为硅钢片变压器、低频磁芯变压器和高频磁芯变压器。

3）按铁心形状可分为 E 形变压器、C 形变压器、R 形变压器和 O 形变压器。

2. 电感器的主要参数

电感器的主要参数有电感量、品质因数、分布电容和额定电流。

（1）电感量　电感量的大小与线圈匝数、直径、内部有无磁芯、绕制方式等有关。线圈圈数越多，绕制的线圈越密集，电感量越大；线圈内有磁芯的电感量比无磁芯的大；磁芯磁导率越大，电感量越大。

（2）品质因数　品质因数是衡量电感线圈质量的重要参数，用字母 Q 表示。Q 值越高，线圈损耗越小。

（3）分布电容　线圈匝与匝之间具有电容，这一电容称为分布电容。此外，屏蔽层之间、多层绕组的层与层之间、绕组与底板间也都存在分布电容。分布电容的存在使线圈的 Q 值下降，稳定性变差。为减小分布电容，可减小线圈骨架的直径，用细导线绕制线圈，绕制时采用间绕法和蜂房式绕法。

（4）额定电流　额定电流是指电感器正常工作时，允许通过的最大电流。若工作电流大于额定电流，电感器会因发热而改变性能参数，严重时会烧毁电感器。

3. 电感器的标注方法

电感器的标注方法有直标法、文字符号法、数码法和色标法。

（1）直标法　直标法是在小型电感器的外壳上直接用文字标出电感器的主要参数，如电感量、允许误差和额定电流等。其中，电感量的允许误差用 Ⅰ、Ⅱ、Ⅲ 表示，分别代表误差为±5%、±10%、±20%。额定电流常用字母 A、B、C、D、E 等标注，字母和额定电流的对应关系见表16-4。

表 16-4　小型固定电感器的额定电流和字母的对应关系

字母	A	B	C	D	E
额定电流	50mA	150mA	300mA	700mA	1600mA

例如，电感器的外壳上标有 3.9mH、A、Ⅱ 等字样，表示电感量为 3.9mH，额定电流为 50mA，允许误差为 ±10%。

（2）文字符号法　文字符号法是将电感器的标称值和允许误差用数字和文字符号按一定规律组合标注在电感器的外壳上。采用这种标注法的通常是一些小功率电感器，单位是 nH 或者 μH。当单位是 μH 时，"R" 表示小数点；当单位是 nH 时，"N" 表示小数点。

采用这种标示方法的电感器，通常后缀一个英文字母表示允许误差，各字母所对应的允许误差见表16-5。

表 16-5　各字母所对应的允许误差表

字母	D	F	G	J	K	M
允许误差	±0.5%	±1%	±2%	±5%	±10%	±20%

例如，8R2K 表示电感量为 8.2μH，允许误差为 ±10%。

（3）数码法　数码法是用三位数字表示电感量大小的一种标示方法，该方法常用于贴片电感器。三位数字中，从左到右，第一、第二位数为电感器电感量的有效数字，第三位表示有效数字后面应加 "0" 的个数，单位为 μH。若电感量中有小数，则用 "R" 表示，并占一位有效数字。

例如，222 表示电感量为 2200μH；100 表示电感量为 10μH；R68 表示电感量为 0.68μH。

（4）色标法　色标法是指电感器的外壳涂上各种不同颜色的色环来标示其主要参数。其色标法和电阻器的色标法相似，单位为 μH。电感器的色标法通常用四色环表示。数字和颜色的对应关系和电阻器色环表示法（表16-3）相同。

4. 电感器的检测与选用

（1）电感器的检测　电感器的电感量一般可以通过高频 Q 表或电感表进行测量。若不具备以上两种仪器，可以用万用表测量线圈的直流电阻来大致判断其好坏。

普通的指针式万用表不具备测试电感器的档位，只能大致测量电感器的好坏。采用 R×1k 档测量电感器的阻值，若被测电感器的阻值为零，则说明电感器内部绕组有短路故障；若被测电感器的阻值很小，一般为零点几到几欧姆，则说明电感器基本正常。若被测电感器的阻值为 ∞，则说明电感器已开路损坏。具有金属外壳的电感器，若检测到振荡线圈的外壳与各引脚的阻值不是 ∞，而是有阻值或为零，则说明该电感器存在问题。

（2）电感器的选用　在选择电感器时，首先要明确其使用频率范围，铁心线圈只能用于低频电路，铁氧体线圈、空芯线圈一般用于高频电路；其次，要分清线圈的电感量和适用的电压范围；再次，要正确选取电感线圈在线路板上的安装方式。

16.1.5　半导体分立元件

半导体是一种导电性能介于导体和绝缘体之间、或者说电阻率介于导体和绝缘体之间的物质。常用的半导体材料有硅、锗、砷化镓等。半导体分立元件主要有二极管、晶体管、场效应管、晶闸管等。以下主要介绍二极管和晶体管。

1. 二极管

二极管是由半导体材料硅或锗晶体制作的，故称为晶体二极管或半导体二极管，是结构比较简单的有源电子器件，其主要特性是单向导电性。

（1）二极管的分类

1）按半导体材料不同，可分为硅二极管和锗二极管。二者的主要区别是锗管正向压降比硅管小（锗管为 0.2~0.3V，硅管为 0.6~0.7V），锗管的反向电流比硅管大（锗管为几百毫安，硅管小于 1μA）。

2）按用途不同，可分为整流二极管、检波二极管、稳压二极管、变容二极管、发光二极管和开关二极管等。

3）按照结构不同，可分为点接触型二极管和面接触型二极管。

常见的二极管电路符号如图 16-6 所示。

图 16-6　常见的二极管电路符号

a）普通二极管　b）稳压二极管　c）发光二极管　d）变容二极管

（2）二极管的主要参数　二极管的主要参数有最大整流电流、最高反向工作电压、反向电流、击穿电压和最高工作频率。

1）最大整流电流。最大整流电流指二极管长期连续工作时允许通过的最大正向平均电流。

2）最高反向工作电压。最高反向工作电压指反向加在二极管两端，而不至于引起 PN 结击穿的最大电压。

3）反向电流。反向电流指二极管未击穿时反向电流值。温度对反向电流的影响很大。

4）击穿电压。击穿电压指二极管反向伏安特性曲线急剧弯曲点的电压值。

5）最高工作频率。最高工作频率指能保证二极管单向导电作用的最高工作频率。

（3）二极管的检测

1）二极管的极性判断，主要方法有：

① 观察外壳上的色点。在点接触型二极管的外壳上，通常标有极性色点（白色或红色），一般标有色点的一端为正极。还有的二极管上标有色环，带色环的一端为负极。

② 观察二极管引脚长短。对于发光二极管，管脚长的为正极，管脚短的为负极。

③ 用万用表测量。将指针式万用表置于 R×1k 挡，先用红、黑表笔任意测量二极管两端之间的电阻值，然后交换表笔再测量一次。如果二极管是好的，两次测量的电阻值差别很大，其中阻值较小的那次测量中，黑表笔所连接的一端为正极，红表笔所连接的一端为负极。

2）二极管的好坏判断。判断二极管的好坏，通常的方法是测试二极管的正反向电阻，再加以判断。正向导通时，测量的电阻较小；反向截止时，测量的电阻较大。如果正反向电阻都无穷大，说明内部断路；如果正反向电阻都为零，说明内部短路；如果正反向电阻一样大，说明二极管也是坏的。

2. 晶体管

晶体管是电子电路中的核心元器件之一，具有电流放大或开关作用。晶体管内部含有两个 PN 结，外部有三个电极，两个 PN 结共用的一个电极为晶体管的基级（用字母 b 表示），其他两个电极为集电极（用字母 c 表示）和发射级（用字母 e 表示）。

晶体管的电路符号如图 16-7 所示。

（1）晶体管的分类

1）按半导体材料不同，可分为硅晶体管和锗晶体管。

2）按导电类型不同，可分为 PNP 型晶体管和 NPN 型晶体管。

3）按工作频率不同，可分为低频晶体管、高频晶体管和超高频晶体管。

4）按结构不同，可分为点接触型晶体管和面接触型晶体管。

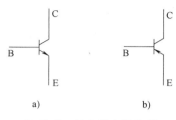

图 16-7　晶体管电路符号
a）NPN 型晶体管　b）PNP 型晶体管

5）按用途不同，可分为放大管、开关管、阻尼管和达林顿管等。

（2）晶体管的主要参数

1）电流放大系数 β。电流放大系数是晶体管放大能力的一个重要指标。根据不同的工作状态，又分为直流电流放大系数和交流电流放大系数。

2）极间反向电流。晶体管的极间反向电流有两个，即反向饱和电流 I_{CBO} 和穿透电流 I_{CEO}。I_{CBO} 是指发射级开路时，集电极和基级间的反向饱和电流，其大小取决于温度和少数载流子的浓度；I_{CEO} 是指基级开路时，集电极和发射级间的穿透电流，$I_{CEO} = (1+\beta) I_{CBO}$。

3）集电极最大允许电流 I_{CM}。I_{CM} 是指晶体管集电极允许的最大电流。当 I_C 超过 I_{CM} 时，β 明显下降。

4）集电极最大允许功耗 P_{CM}。P_{CM} 是指晶体管集电结上允许耗散功率的最大值。集电结功率损耗 $P_C = i_C \times u_{CE}$，当 P_C 超过 P_{CM} 时，集电结会因过热而烧毁。

5）反向击穿电压 $U_{(BR)CEO}$。$U_{(BR)CEO}$ 是指晶体管基级开路时，集电极与发射级间的反向击穿电压。

（3）晶体管的判别　用指针式万用表判断晶体管的引脚和类型。

1）选择量程。R×100 或者 R×1k 挡。

2）判别三极管的基级。用万用表黑表笔固定晶体管的某一电极，红表笔分别接晶体管另外两个电极，观察指针偏转，若两次测量的阻值都大或者都小，则该引脚就是基级（两次阻值都小的为 NPN 型管，两次阻值都大的为 PNP 型管）。若两次测量阻值一大一小，则用黑表笔重新固定三极管的一个引脚继续测量，直到找到基级。

3）判别晶体管的集电极和发射级。确定基级后，对于 NPN 型管，用万用表两表笔接触晶体管另外两级，交替测两次，若两次测量结果不相等，则其中测量阻值较小的一次黑表笔接的是发射级，红表笔接的是集电极（若是 PNP 型管，则黑红表笔所接的电极相反）。

16.2　数字式万用表

数字式万用表也称数字多用表，它是将所测量的电压、电流、电阻等测量结果直接用数字形式显示出来的测试仪表，它具有测量速度快、显示清晰、准确度高、分辨率强、测试范围高等特点。

数字式万用表通常分为**手持式数字万用表**、**钳形数字万用表**和**台式数字万用表**。

图 16-8　数字式万用表 DT-890B

这一节重点介绍 DT-890B 数字式万用表，如图 16-8 所示，它是一种手持式三位半数字式万用表，整机电路设计以大规模集成电路、双积分 A/D 转换器为核心并配以全功能过载保护，可用来测量直流电压、直流电流、交流电压、交流电流、电阻、电容和二极管。

数字式万用表 DT-890B 的使用方法如下：

1. 使用前准备工作

1）将电源开关（POWER 键）置于"ON"的位置，检查 9V 电源，如果电池电压不足，显示器左下角会显示电池符号，则需要更换电池，如果没有，说明电池正常。

2）测量前将功能开关置于所需量程。

2. 直流电压测量

1）将黑表笔插入"COM"孔，红表笔插入"V/Ω"孔。

2）将功能开关置于直流电压的合适量程。

3）表笔与被测电路并联，红表笔接高电位、黑表笔接低电位。

注意：

1）如果不清楚被测电压范围，将功能开关置于最大量程并逐渐下降。

2）如果显示器显示"1"，表示超量程，功能开关应置于更高量程。

3）测量高电压时要注意避免触电。

3. 交流电压测量

1）将黑表笔插入"COM"孔，红表笔插入"V/Ω"孔。

2）将功能开关置于交流电压的合适量程。

3）表笔与被测电路并联，红表笔、黑表笔不分极性。

注意：参考直流电压测量注意 1）2）3）。

4. 直流电流测量

1）将黑表笔插入"COM"孔，当测量最大值为 200mA 时，红表笔插入"mA"孔；当测量最大值为 20A 时，红表笔插入"A"孔。

2）将功能开关置于直流电流的合适量程。

3）表笔与被测电路串联，红表笔接高电位端，黑表笔接低电位端。

注意：

1）如果不清楚被测电流范围，将功能开关置于最大量程并逐渐下降。

2）如果显示器显示"1"，表示超量程，功能开关应置于更高量程。

5. 交流电流测量

1）将黑表笔插入"COM"孔，当测量最大值为 200mA 时，红表笔插入"mA"孔，当测量最大值为 20A 时，红表笔插入"A"孔。

2）将功能开关置于交流电流的合适量程。

3）表笔与被测电路串联，两表笔不区分极性。

注意：参考直流电流测量注意1）2）。

6. 电阻测量

1）将黑表笔插入"COM"孔，红表笔插入"V/Ω"孔。

2）将功能开关置于电阻的合适量程。

3）表笔与被测电阻并联。

注意：

1）双手不能触碰电阻的引脚。

2）不能带电测量。

3）如果显示器显示"1"，表示超量程，功能开关应置于更高量程。

4）当无输入时，例如开路情况，仪表显示为"1"。

7. 电容测量

1）将功能开关置于C的合适量程。

2）将电容插入电容测试座中。

注意：测量前注意每次转换量程时复零需要时间，有漂移读数存在不影响测试精度。

8. 二极管测量

1）将黑表笔插入"COM"孔，红表笔插入"V/Ω"孔。

2）将功能开关置于二极管档位。

3）表笔与被测二极管并联，红表笔接正极，黑表笔接负极，读出二极管的正向导通压降。

9. 蜂鸣器测试

1）将黑表笔插入"COM"孔，红表笔插入"V/Ω"孔。

2）将功能开关置于蜂鸣器档位。

3）表笔与被测线路的两端并联，如果两端之间的阻值小于70Ω，内置蜂鸣器发出响声。

16.3　电路焊接技术

在电子产品实验、调试、生产等过程中的每个阶段，都要考虑和处理与焊接有关的问题。焊接质量的好坏会直接影响产品的质量。焊接的种类很多，本节主要阐述应用广泛的手工锡焊。手工锡焊主要适用于产品试制、电子产品小批量生产、电子产品的调试和维修、某些不适合自动焊接的场合。

锡焊是采用铅锡焊料焊接，它属于钎焊中的软钎焊。它与其他焊接方法相比具有焊料熔点低、适用范围广、焊接方法简单、易形成焊点、成本低且操作方便等优点。

16.3.1　电路焊接工具和材料

手工锡焊的主要工具包括电烙铁、尖嘴钳、斜口钳、剥线钳和镊子等。

1. 电烙铁

（1）电烙铁的种类　电烙铁分为直热式电烙铁、恒温电烙铁、吸锡电烙铁等。无论哪种电烙铁，它们的工作原理基本相似，都是接通电源后，电流使电阻丝发热，并通过传热筒加热烙铁头，达到焊接温度后即可进行焊接。

1）直热式电烙铁。直热式电烙铁又分为外热式电烙铁和内热式电烙铁。

外热式电烙铁，由烙铁头、烙铁芯、外壳、手柄、电源线和电源插头等几部分组成，其结构如图16-9所示。由于发热的烙铁芯在烙铁头的外面，所以称为外热式电烙铁。

内热式电烙铁，由于烙铁芯安装在烙铁头里面，所以称为内热式电烙铁。其结构如图16-9所示。

2）恒温式电烙铁。恒温式电烙铁的烙铁头温度可以控制，烙铁头可始终保持某一设定温度，如图16-10所示。根据控制方式不同，可分为电控恒温电烙铁和磁控恒温电烙铁两种。

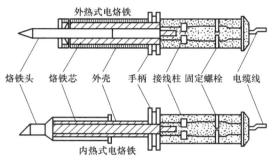

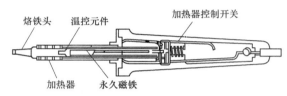

图16-9　外热式、内热式电烙铁结构图

图16-10　恒温式电烙铁结构图

3）吸锡电烙铁。吸锡电烙铁主要在电工和电子技术安装维修中拆换元器件时拆焊使用，与普通电烙铁相比，其烙铁头是空的，并多一个吸锡装置，如图16-11所示。在操作时，先加热焊点，待焊锡熔化后，按动吸锡装置，活塞上升，焊锡被吸入吸管。

（2）电烙铁的选用　电烙铁选用时要遵循以下原则：

1）烙铁头的形状适合被焊物体的要求。

2）烙铁头的顶端温度适应焊锡的熔点。

3）电烙铁的热容量应满足被焊件的要求。

4）烙铁头的温度恢复时间满足被焊件的加热要求。

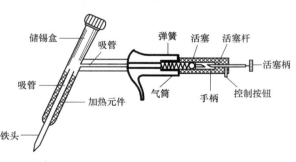

图16-11　吸锡电烙铁结构图

（3）电烙铁使用注意事项

1）使用前从外观查看电源线有无破损，手柄和烙铁头有无松动。如果有破损和松动要及时处理和更换，以免发生漏电事故。

2）用万用表欧姆档检查电烙铁插头两端，内阻应为 $0.5 \sim 2k\Omega$，功率越大电烙铁的内阻越小，不能有短路或开路现象。插头和外壳之间的绝缘电阻应在 $2 \sim 5M\Omega$ 之间才能使用。

3）新的电烙铁第一次使用之前要搪锡或叫上锡。

4）电烙铁使用前要通电预热，预热时间 $3 \sim 4min$。

5）加热后的电烙铁，如若不用，一定要稳妥地放在电烙铁架上，如图 16-12 所示。注意电源线和导线不能碰到烙铁头，以免损坏电源线，造成漏电事故。

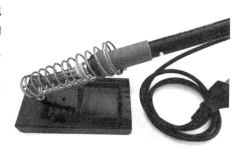

6）烙铁头要经常保持清洁。烙铁架底座上配有一块耐热且吸水性好的海绵，使用时加上足量的水。若发现烙铁头已被氧化或者存在污物，应在海绵上擦洗，以保持烙铁头光亮清洁。

图 16-12　电烙铁稳妥放置

7）长时间不用电烙铁，应拔掉电烙铁的电源插头。

2. 其他工具

（1）烙铁架　烙铁架是用来放置电烙铁的架子，如图 16-13 所示。烙铁架由底座、安置烙铁的弹簧式套筒组成。底座上有一个凹槽，使用者可在其中放置海绵，使用过程中，让海绵吸水，当烙铁头被氧化或粘有污物时可将其置于海绵上进行擦拭。

（2）尖嘴钳　尖嘴钳是组装电子产品常用的工具，如图 16-14 所示。它头部较细，适合于夹持小型金属零件或弯曲元器件引线。使用时注意不能用尖嘴钳敲打物体或夹持螺母。

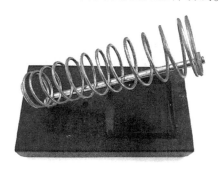

图 16-13　烙铁架

图 16-14　尖嘴钳

（3）斜口钳　斜口钳用来剪断导线，尤其是用来剪除导线网绕后多余的引线和元器件焊接后多余的引脚，以及配合尖嘴钳用于剥线，如图 16-15 所示。不可用斜口钳来剪断铁丝或其他金属物体，以免损伤钳口。

（4）剥线钳　剥线钳用来剥去导线的绝缘层，如图 16-16 所示。使用时注意将导线放入合适的槽口，剥皮时不能剪断导线。

（5）镊子　镊子有尖嘴镊子和圆嘴镊子两种。尖嘴镊子用于夹持较细的导线，如图 16-17所示，以便于装配焊接。

3. 焊接材料

焊接材料包括焊料（焊锡）和焊剂（助焊剂）。

（1）焊料　焊料的作用是，将焊件连接在一起，要求熔点低、具有较好的流动性和润湿性、凝固时间短、凝固后外观好、具有良好的导电性和耐蚀性。

焊料按组成成分不同可分为锡铅焊料、铜焊料和银焊料等。在电子产品装配中，主要使用锡铅焊料，俗称焊锡。焊锡是一种铅锡合金焊料。

（2）助焊剂　助焊剂是用于消除氧化物、保证焊锡浸润的一种化学剂。助焊剂分为无机系列、有机系列和树脂型焊剂。

图 16-15　斜口钳

图 16-16　剥线钳

树脂型焊剂是一种传统的助焊剂，它的主要成分是松香。松香是一种天然树脂，在常温下呈浅黄色，为透明玻璃状固体。松香的主要成分是松香酸和松香酯酸酐，如图 16-18 所示，在常温下呈中性，当加热到 74℃ 后可被溶解且呈现出活性，随着温度的升高，参加焊接的各金属表面的氧化物还原、溶解，从而起到了助焊的作用。同时松香又是高分子物质，焊接后形成的膜层具有覆盖焊点、保护焊点不被氧化腐蚀的作用。

图 16-17　镊子

图 16-18　松香

16.3.2　电路焊接工艺及方法

1. 手工锡焊的基本方法

（1）电烙铁的握法　电烙铁的握法分为三种：正握法、反握法和握笔法，如图 16-19 所示。

1）握笔法是用握笔的手法握电烙铁，此种方法适用于小功率电烙铁。一般在操作台上焊接散热量小的被焊件时采用此方法。

2）反握法是用五指把电烙铁柄握在掌内，此方法动作稳定，长时间操作不易疲劳，适用于大功率电烙铁，焊接散热量较大的被焊件。

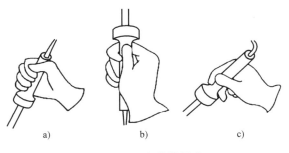

图 16-19　电烙铁握法

a）反握法　b）正握法　c）握笔法

3）正握法适用于中等功率电烙铁，弯头电烙铁一般采用这种方法。

（2）焊锡丝的握法　焊锡丝的握法如图 16-20 所示。

（3）焊前准备

1）印制电路板和元器件的检查。焊装前应对印制电路板和元器件进行检查，主要检查电路板的印制线、焊盘、焊孔是否和图样相符，有无断线、缺孔等，表面是否清洁，有无氧化、腐蚀等。

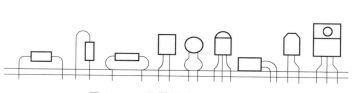

图 16-20　焊锡丝的握法

a）连续焊接拿法　b）断续焊接拿法

2）元器件引脚弯曲成型。为了使元器件在印制电路板上装配排列整齐并便于焊接，在安装前采用手工或专用工具把元器件引脚弯曲成一定的形状。

元器件在印制电路板上的安装方式有三种：立式安装、卧式安装和表面安装。无论采用哪种方法，都应按照元器件在印制电路板上孔位的尺寸要求，使其弯曲成型的引脚能够

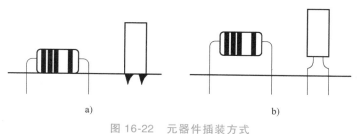

图 16-21　元器件引脚成型示例图

方便地插入孔内。立式、卧式安装元器件的引脚弯曲成型如图 16-21 所示。引脚弯曲处距离元器件实体至少在 2mm 以上，不能从引线的根部开始弯折。元器件立式安装和卧式安装的引线成型有规定的成型尺寸，总的要求是各种成型方法能承受剧烈的热冲击，引线根部不产生应力，元器件不受到热传导的损伤。

3）元器件的插装。元器件的插装方式有两种，一种是贴板插装，另一种是悬空插装，如图 16-22 所示。贴板插装稳定性好、安装简单，但不利于散热，且对某些安装位置不适应。悬空安装的适用范围广、有利于散热，但安装比较复

a）

b）

图 16-22　元器件插装方式

a）贴板插装　b）悬空插装

杂，需要控制一定高度以保持美观一致。安装时的具体要求是应首先保证图样中安装工艺的要求，其次按照实际安装位置确定。如果没有特殊要求，只要位置允许，采用贴板安装更为常见。

（4）焊接

1）准备焊接。将被焊件、焊锡丝和电烙铁准备好，保证电烙铁头的清洁，并通电加热。左手拿焊锡丝，右手握电烙铁。

2）加热焊件。将烙铁头接触焊接点，使焊接部位均匀受热，如图 16-23b 所示。焊接部位是元器件引脚和焊盘二者相交处，焊接时间 1~2s 即可；

3）熔化焊锡。焊点温度达到需求后，将焊锡丝置于焊点位置，使焊锡丝开始熔化，如图 16-23c 所示。

4）移走焊锡丝。当熔化一定量的焊锡后将焊锡丝移走，如图 16-23d 所示。熔化的焊锡不能过多，也不能过少，刚好流满一圈焊盘即可。

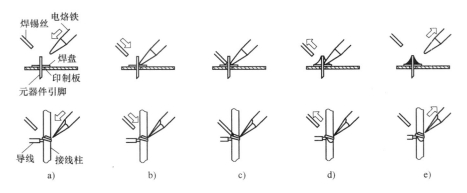

图 16-23 焊接步骤示意图

a）步骤一　b）步骤二　c）步骤三　d）步骤四　e）步骤五

5）移走电烙铁。焊锡完全湿润焊点，扩散范围达到要求后，即可移开电烙铁。注意移开电烙铁的方向应该与电路板大致成 45°角，如图 16-23e 所示。

焊接时需要注意：

1）整个焊接操作的时间控制在 2~3s。

2）焊接时间把控。

3）焊接操作完毕后，在焊料尚未完全凝固前，不能移动被焊件。

（5）拆焊操作　在调试、维修电子设备的工作中，经常需要更换一些元器件。更换元器件的前提是要把原先的元器件拆焊下来。若拆焊方法不当，会破坏印制电路板，也会使换下来但并未失效的元件无法重新使用。

拆焊方法：通常电阻器、电容器、晶体管的引脚不多，每个引脚能够相对活动的元器件可利用电烙铁直接拆焊。把印制电路板竖起来夹住，一边用电烙铁加热待拆元器件的焊点，一边用镊子或尖嘴钳夹住元器件的引脚轻轻拉出，如图 16-24 所示。

拆焊原则：

1）不损坏拆除的元器件、导线、原焊接部位的结构件。

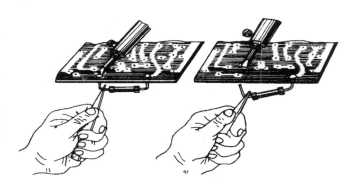

图 16-24 拆焊元器件方法

2）拆除时不可损坏印刷电路板上的焊盘和印制导线。

3）对已判断为损坏的元器件，可先行将引脚剪断，再进行拆除，这样可以减小其他损伤的可能性。

（6）焊点质量检测　为了保证焊点质量，应在焊接后进行焊点质量检查，其主要方法如下：

1）外观检查。通过肉眼从焊点的外观上检查焊接质量。检查内容包括焊是否错焊、漏焊、虚焊和连焊。标准焊点是扁平锥形、平滑、光亮、大小适中，如图 16-25 所示。

2）拨动检查。在外观检查中发现可疑现象时，可用镊子轻轻拨动焊接部位进行复查，确认其质量，主要包括导线、元器件引脚和焊盘与焊锡是否焊接良好，有无虚焊；元器件引脚和线根部是否有机械损伤。

3）通电检查。通电检查必须是在外观检查和拨动检查无误后方可进行，通电也是检查电路性能的关键步骤。

2. 印制电路板的焊接工艺

（1）焊前准备　首先要熟悉所焊印制电路板的装配图，并按图样配料，检查元器件型号、规格及数量是否符合图样要求，并做好装配前元器件引脚成型等准备工作。

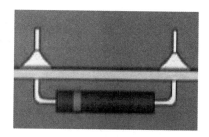

图 16-25　标准焊点

（2）焊接顺序　元器件装焊顺序依次为电阻器、电容器、二极管、晶体管、集成电路、大功率管，焊接原则为先小后大，由矮到高。

（3）元器件焊接要求

1）电阻器的焊接。按图样将电阻器准确地装入规定的位置，要求标记向上，字向一致。装完同一种规格后再装另一种规格，尽量使电阻器的高低一致。焊完后将露在外面的多余引脚剪去。

2）电容器的焊接。将电容器按图样装入规定的位置，注意有极性电容器的"＋"极和"－"极不能接错，电容器上的标记方向要易看可见。

3）二极管的焊接。要注意：阳极、阴极的极性不能装错；型号标记要易看可见。

4）晶体管的焊接。注意三根引脚位置插接正确。焊接时间尽可能短，焊接时用镊子夹住引脚，以利于散热。

5）集成电路的焊接。首先按图样的要求，检查型号、引脚位置是否符合要求。焊接时先焊接边沿的两只引脚，使其定位，然后再从左到右、从上往下逐个焊接。

16.3.3　电子工业生产中的焊接技术

随着电子技术的发展，电子元器件日趋集成化、小型化和微型化，电路越来越复杂，印制在电路板上元器件排列越来越紧密，手工焊接已不能同时满足焊接高效率和高可靠性的要求。浸焊、波峰焊和再流焊是适应印制电路板的发展而发展起来的焊接技术，可以大大提高焊接效率，目前已成为印制电路板的主要焊接方法，在电子产品生产中得到普遍使用。

1. 浸焊

浸焊是将插装好元器件的印制电路板浸入有熔融状焊料的锡锅内，一次完成印制电路板上所有焊点的自动焊接过程。浸焊是初始的自动化焊接，在大批量电子产品生产中已被波峰焊替代。浸焊工艺流程如图 16-26 所示。

图 16-26　浸焊工艺流程

2. 波峰焊

波峰焊是目前应用比较广泛的自动化
焊接工艺。与浸焊相比，最大的特点是锡
锅内的锡不是静止的，融化的焊锡在机械
泵或电磁泵的作用下由喷嘴源源不断地流
出而形成波峰，如图 16-27 所示。在传动
机构移动的过程中，印制电路板分段、局
部地与波峰接触，避免了浸焊工艺存在的
缺点，使焊接质量得到保证，波峰焊工艺
流程如图 16-28 所示。

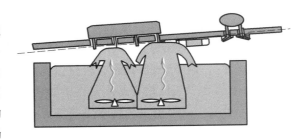

图 16-27　波峰焊示意图

图 16-28　波峰焊工艺流程

3. 再流焊

再流焊（也称回流焊）是预先在 PCB 焊接部位（焊盘）施放适量和适当形式的焊料，
然后贴放表面组装元器件，经固化（在采用焊膏时）后，再利用外部热源使焊料再次流动，
以达到焊接目的的一种成组或逐点焊接工艺。再流焊接技术能完全满足各类表面组装元器件
对焊接的要求，因为它能根据不同的加热方法使焊料再流，实现可靠的焊接连接。

再流焊技术按照加热方式进行分类，主要有气相再流焊、红外再流焊、热风炉再流焊、
热板加热再流焊、激光再流焊和工具加热再流焊等。

再流焊接技术不适用于通孔插装元器件的焊接，主要适用于表面安装片状元器件的
焊接。

16.4　电路焊接安全操作规程

1）实验课前，学生应检查实验桌凳是否完好，检查本次实验的仪器设备、工具、元器
件及材料是否符合实验所要求的名称、型号、规格、数量及技术状态，若有不符、损坏等及
时向指导教师报告。若无汇报，视作完好处理。

2）在实验中，如果发现仪器设备、工具损坏或丢失，则必须及时向指导教师报告，说
明情况并填写登记表，等待处理。

3）严格服从指导教师指导，在实验中每次接线变动，无论变动大小或多少，必须经指
导教师同意后方可通电。

4）手上有水或潮湿的，禁止接触电器用品或电器设备。

5）随时注意人身与设备安全，如果遇到触电或设备损坏，则应立即切断电源，并向指
导教师报告，以便及时处理。

6）实验结束，经指导教师检查合格后，将仪器设备、接线等整理好，征得指导教师同
意后，方可离开实验室。

7）学生在实验操作中出现本规定未尽的情况，必须及时向实验教师报告，并进行应急

处理，否则责任自负。

　　8）本实验室任何物品，未经许可不准带出室外。

复习思考题

　　1. 电阻器的主要参数有哪些？

　　2. 电阻器的识别方法有哪几种？

　　3. 简述 DT890B 数字式万用表测量电阻的方法及注意事项。

　　4. 简述印制电路板的焊接步骤。

　　5. 电子工业生产中常用的焊接技术有哪些？

第6篇

工程创新基础

第17章

模块化组装机器人创新实践

17.1 机器人的发展历史

"机器人"一词最早出现于 1920 年捷克剧作家卡雷尔·凯培克（Karel Kapek）的一部幻想剧《罗萨姆的万能机器人》（《Rossum's Universal Robots》）中，"Robot"是由斯洛伐克语"Robota"衍生而来。

机器人最早应用于工业自动化领域，主要用来协助人类完成单调、频繁和重复的长时间工作，或进行高温、粉尘、有毒、易燃、易爆等恶劣、危险环境下的作业。但是，随着社会进步、科学技术发展和机器人智能化技术研究的深入，各式各样具有感知、决策、行动和交互能力，可适应不同领域特殊要求的智能机器人相继被研发，机器人已在某些领域逐步取代人类，独立从事相关作业。根据机器人现有的技术水平，人们一般将机器人产品分为三代。

17.1.1 第一代机器人

第一代机器人一般是指可进行编程，并能通过示教操作再现动作的示教再现型机器人。第一代机器人以工业机器人为主，它主要用来协助人类完成单调、频繁和重复长时间搬运、装卸等作业，或取代人类进行危险、恶劣环境下的作业。图 17-1 所示为码垛机器人，图 17-2所示为装卸机器人。

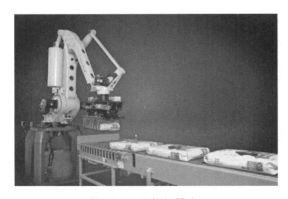

图 17-1　码垛机器人

图 17-2　装卸机器人

　　第一代机器人的技术和数控机床十分相似，它既可通过离线编制的程序控制机器人的运动，也可通过手动示教操作记录运动过程并生成程序，从而再现动作。第一代机器人的全部行为完全由人控制，它没有分析和推理能力，不具备智能性，但可通过示教操作再现动作，故又称为示教再现机器人。

　　第一代机器人现已实用化、商品化、普及化，当前使用的绝大多数工业机器人都属于第一代机器人。

17.1.2　第二代机器人

　　第二代机器人装备有一定数量的传感器，它能够获取作业环境、操作对象等的简单信息，并通过计算机的分析与处理，做出简单的推理，并适当调整自身的动作和行为。**焊接机器人**（图 17-3）和**探测机器人**（图 17-4）都属于第二代机器人。

　　例如，在焊接机器人上，通过安装的摄像头等视觉传感系统，机器人能通过图像的识别，来判断、规划焊接加工运动轨迹，它对外部环境具有了一定的适应能力。

　　第二代机器人已具备一定的感知能力和简单的推理能力，故又称感知机器人或低级智能机器人，其中部分技术已在焊接工业机器人及服务机器人产品上实用化。

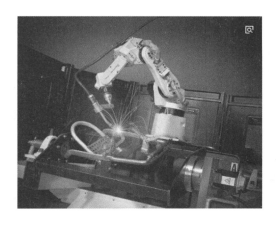

图 17-3　焊接机器人

图 17-4　探测机器人

17.1.3　第三代机器人

　　第三代机器人具有高度的自适应能力，它具有多种感知机能，可通过复杂推理做出判断和决策，自主决定机器人的行为。**仿人行走机器人**（图 17-5）和**熊护士护理机器人**（图 17-6）均属于这一类型。

　　第三代机器人应具有相当程度的智能，故称为智能机器人。第三代机器人技术目前多用于家庭、个人服务机器人及军事、航天机器人，总体而言，它尚处于实验和研究阶段，截至目前，只有美国、日本和欧洲的少数发达国家能掌握和应用。

图 17-5　ASIMO 机器人

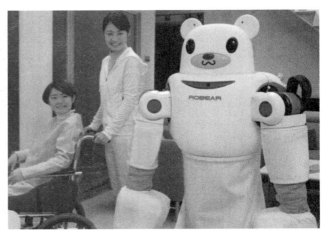

图 17-6　ROBEAR 机器人

17.2　机器人的分类及结构组成

17.2.1　机器人的分类

关于机器人如何分类，国际上并没有制定出统一的标准，有的按负载质量分，有的按控制方式分，有的按自由度分，有的按结构分，有的按应用领域分。

按照日本工业机器人学会（JIRA）的标准，可将机器人进行如下分类：

1）第 1 类：人工操作装置。操作员操作的多自由度装置。

2）第 2 类：固定顺序机器人。按预定的方法有步骤地依次执行任务的设备，其执行顺序难以修改。

3）第 3 类：可变顺序机器人。同第 2 类，但其顺序易于修改。

4）第 4 类：示教再现机器人。操作员引导机器人手动执行任务，记录下这些动作并由机器人以后再现执行。即机器人按照记录下的信息重复执行同样的动作。

5）第 5 类：数控机器人。操作员为机器人提供运动程序，而不是手动示教执行任务。

6）第 6 类：智能机器人。机器人具有感知外部环境的能力，即使其工作环境发生变化，也能够成功地完成任务。

美国机器人学会（RIA）只将以上第 3~6 类视为机器人。

法国机器人学会（AFR）将机器人进行如下分类：

1）类型 A：手动控制远程机器人的操纵装置。

2）类型 B：具有预定周期的自动操纵装置。

3）类型 C：具有连续轨迹或点到点轨迹的可编程伺服控制机器人。

4）类型 D：同类型 C，但能够获取环境信息。

我国的机器人专家从应用环境出发，将机器人分为两大类，即工业机器人和特种机器人。

工业机器人就是面向工业领域的多关节机械手或多自由度机器人。

特种机器人则是除工业机器人之外的、用于非制造业并服务于人类的各种先进机器人，包括服务机器人、水下机器人、娱乐机器人、军用机器人、农业机器人等。在特种机器人中，有些分支发展很快，有独立成体系的趋势，如服务机器人、水下机器人、军用机器人、微操作机器人等。

目前，国际上的机器人学者，从应用环境出发将机器人分为两类：制造环境下的工业机器人和非制造环境下的服务与仿人型机器人，这和我国的分类一致。

17.2.2 机器人的结构组成

机器人作为一个完整的系统，它由如下部件构成：

（1）机械手或移动车 这是机器人的主体部分。由连杆、活动关节以及其他结构部件构成。

（2）末端执行器 连接在机械手最后一个关节上的部件，一般用来抓取物体，与其他机构连接并执行需要的任务。

（3）驱动器 驱动器是机械手的"肌肉"。控制器将控制信号传递到驱动器，驱动器再控制机器人关节和连杆的运动。常见的驱动器有伺服电动机、步进电动机、气缸及液压缸等。

（4）传感器 传感器用来收集机器人内部状态的信息或与外部环境通信。集成在机器人内的传感器将每一个关节和连杆的信息发送给控制器，于是控制器就能确定机器人的当前构型状态；机器人也常配有许多外部传感器，如视觉系统、触觉传感器、语言合成器等，以使机器人能与外界进行通信。

（5）控制器 机器人控制器与人的小脑十分相似，虽然小脑的功能没有人的大脑功能强大，但它却控制着人的运动。机器人控制器从计算机（系统的大脑）获取数据，控制驱动器的动作，并与传感器反馈信息一起协调机器人的运动。

（6）处理器 处理器是机器人的大脑，用来计算机器人关节的运动、确定每个关节应移动多少和多远才能达到预定的速度和位置，并且监督控制器与传感器协调动作。

（7）软件 用于机器人的软件大致分三部分。第一部分是操作系统，用来操作处理器；第二部分是机器人软件，根据机器人的运动方程计算每个关节的必要动作，然后将这些信息传送到控制器，这种软件有多种级别，即从机器语言到现代机器人使用的复杂高级语言不等；第三部分是面向应用的子程序集合和针对特定任务为机器人外部设备开发的程序，这些特定任务包括装配、物料处理及视觉例程等。

17.3 机器人的应用

无论是工业机器人还是非工业机器人，运转速度和效率都不如专用自动化机器高，然而通过重新示教或编程，它们能执行许多不同类型的任务。而专用自动化机器，包括数控加工系统，只能执行十分有限的任务类型。可编程程度的高低正是机器人与数控加工系统等专用机器的差别。然而，二者之间并没有国际认可的可辨识界限。机器人最适合在那些人类无法工作的环境中工作，它们已在许多工业部门获得广泛应用。

以下列举了机器人的一些应用。当然，机器人还有许多其他的用途，所有这些用途正逐步渗入工业和社会的各个层面。

17.3.1 工业机器人

根据国际机器人联合会（IFR）等部门的最新统计，当前工业机器人的应用行业分布情况大致如图 17-7 所示。其中，汽车制造业、电子电气工业、金属制品及加工业是目前工业机器人的主要应用领域。汽车及汽车零部件制造业历来是工业机器人用量最大的行业，其使用量长期保持在工业机器人总量的 40% 以上，使用的产品以加工、装配类机器人为主，是焊接、研磨、抛光及装配、涂装机器人的应用领域。

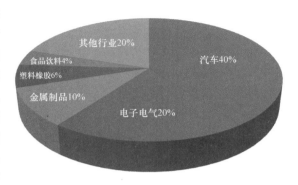

图 17-7　工业机器人的应用

电子电气（包括计算机、通信、家电、仪器仪表等）是工业机器人应用的另一主要行业，其使用量也保持在工业机器人总量的 20% 以上，使用的主要产品为装配、包装类机器人。

金属制品及加工业的机器人用量大致在工业机器人总量的 10% 左右，使用的产品主要为搬运类的输送机器人和装卸机器人；建筑、化工、橡胶、塑料以及食品、饮料、药品等其他行业的机器人用量都在工业机器人总量的 10% 以下，橡胶、塑料、化工、建筑行业使用的机器人种类较多；食品、饮料药品行业使用的机器人通常以加工、包装类为主。

在工业生产中，弧焊机器人、点焊机器人、装配机器人、喷涂机器人、搬运机器人及其他用途的工业机器人都已被大量采用。

1. 焊接机器人

焊接机器人是在工业机器人的末端法兰上装接焊钳或焊（割）枪，使之能进行焊接、切割或热喷涂的机器人。由于许多构件对焊接精度和速度等提出了越来越高的要求，一般工人已难于胜任这一工作；此外，焊接时的火花及烟雾等对人体造成危害，所以焊接过程的完全自动化已成为重要的研究课题。

2. 码垛机器人

在建筑工地、海港码头，总能看到桥式起重机的身影，应当说桥式起重机装运比工人肩扛手抬已经进步多了，但这只是机械代替了人力，不能自主作业。而码垛机器人能够自主作业，并能保持很高的定位精度，它主要用于完成自动化生产中大批量工件的搬运、加工处理及转移等任务。

3. 喷涂机器人

众所周知，多数涂料对人体是有害的，因此，喷涂一向被列为有害工种。据统计，现在我国从事喷涂工作的工人超过 30 万。由于生活水平的提高，加之独生子女为主体的就业队伍的出现，喷涂工人队伍难以为继，用机器人代替人进行喷涂势在必行，而且用机器人还具有节省漆料、提高劳动效率和产品合格率等优点。在我国工业机器人发展历程中，喷涂机器人是较早开发的项目之一。到目前为止，有很多条喷涂自动生产线用于汽车等行业，汽车喷涂机器人如图 17-8 所示。

4. 装配机器人

装配是机器人所有任务中最难的一种操作，与一般工业机器人相比，装配机器人具有精度高、柔顺性好、工作范围小、能与其他系统配套使用等特点。使用装配机器人可以保证装配质量、降低成本，提高生产自动化水平。

为适应现代化生产、生活需要，我国汽车工业迅猛发展，在初期的汽车装配中，安装发动机、后桥等大部件是一项劳动量很大的工作，现在使用智能装配机器人（图 17-9）可以轻松自如地将发动机、后桥、油箱等大部件自动运输、装配到汽车上，极大地提高了生产效率，改善了劳动条件。

图 17-8　汽车喷涂机器人

图 17-9　汽车装配机器人

17.3.2　特种机器人

1. 医用机器人

医用机器人是医疗器械与信息技术、微电子技术、新材料技术、自动化技术有机结合发展形成的一种新型高技术数字化装备，在精确定位、微创治疗方面发挥了重要作用，是医疗器械的发展趋势之一。随着科学技术的发展，特别是计算机技术的发展，医用机器人在临床中的作用越来越受到人们的重视，其应用对象遍及人体的各个器官和组织。现在，医用机器人已成功应用到脑外科、神经外科、整形外科、泌尿科、耳鼻喉科、眼科、骨科（脊椎、髋骨、膝关节切除等）、腹腔手术、康复训练等众多领域中。

"妙手 A"（McroHand A）被誉为我国首个机器人医生，是国内首台微创外科手术机器人。"妙手 A"系统是国家 863 计划项目，在机器人系统机械设计、主从控制、立体图像与系统集成等关键技术上取得了重大突破，被中国科学院院士熊有伦等 7 位专家组成的鉴定委员会认为该技术成果填补了国内空白，达到国际领先水平，如图 17-10 所示。

图 17-10　"妙手 A"手术机器人

2. 家用机器人

家用机器人属于机器人中重要的一类，是指可以在家庭中为用户提供服务的服务机器人。工业机器人之父约瑟夫·恩格尔伯格认为，"常识告诉我们，家用服务机器人最终将拥有比工业机器人更大的市场"。机器人进入家庭领域已是一种必然趋势。

国际机器人联合会（IFR）对家用机器人按照用途进行分类，即家务用途机器人和娱乐休闲机器人两类，其中，家务用途机器人包括吸尘机器人、除草机器人、泳池清理机器人、窗户清理机器人等。家务用途机器人包括玩具机器人、教育训练机器人、娱乐用途机器人等。

图 17-11 擦窗机器人

图 17-11 所示为某款擦窗机器人，能够强劲吸附于玻璃上，稳定安全地完成大楼玻璃的擦洗工作。

图 17-12 为厨师向炒菜机器人"爱可"加入原料的画面。爱可为国内第一台中国菜烹饪机器人，它由扬州大学旅游烹饪学院、上海交通大学和深圳繁兴科技公司历时 4 年完成。爱可能烹制 600 多道菜肴，也可以迅速学习和掌握厨师的技巧。

3. 军用机器人

历史上，高新技术大多首先出现在战场上，机器人也不例外。早在第 2 次世界大战期间，德国就研制并使用了扫雷及反坦克用的遥控爆破车，美国则研制出了遥控飞行器，这些都是最早的机器人武器。随着科技技术的飞速发展，军用机器人的研制也备受

图 17-12 炒菜机器人爱可

重视。军用机器人包括无人飞机、排雷机器人、水下机器人、太空机器人等多个领域的机器人。

中国研制的嫦娥四号探测器（图 17-13）成功着陆在月球背面，并通过"鹊桥"中继星传回了世界第一张近距离拍摄的月背影像图，揭开了古老月背的神秘面纱。此次任务实现了人类探测器首次月背软着陆、首次月背与地球的中继通信，开启了人类月球探测新篇章。

"蛟龙号"载人深潜器（图 17-14）是我国首台自主设计、自主集成研制的作业型深海载人潜水机器人，设计最大下潜深度为 7000m 级，也是目前世界上下潜能力最深的作业型

载人潜水器。"蛟龙号"可在占世界海洋面积99.8%的广阔海域中使用，对于我国开发利用深海资源有着重要的意义。

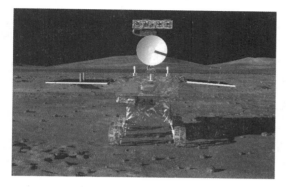

图 17-13 "嫦娥四号"月球探测机器人

图 17-14 "蛟龙号"水下机器人

17.4 模块化机器人创新实践

打开机器人套件的包装箱，我们会看到很多零部件，有塑料零件、电路板、电机、连接线等。这些都是什么东西？怎么使用？有什么注意事项？本节将为您解答这些疑问。

17.4.1 教育机器人简介

1. 教育机器人的组成

教育机器人是由生产厂商专门开发的以激发学生学习兴趣、培养学生综合能力为目标的机器人成品、套装或散件。它除了机器人机体本身之外，还有相应的控制软件和教学课本等。同普通机器人一样，教育机器人也是由执行机构、传动装置、输入输出电路及控制器组成。

如图 17-15 所示，这类机器人有如下几部分组成：

（1）控制器 常用单片机作为这类机器人的控制器，是机器人的大脑。

（2）传感器与输入输出电路 常用各种按钮、限位开关、微型传感器作为输入元件，这一部分相当于人的五官和神经传导系统；常用微型直流电动机、继电器、发光元件、扬声器、微型伺服电动机作为输出元件，这一部分相当于人的肌肉和骨骼，也相当于人的胳膊和腿。

图 17-15 教育机器人

（3）传动、执行机构 传动机构常用塑料或其他易加工材料做成的机械传动装置，如齿轮、连杆等，也可借用其他机械装置上的元件，如自行车的链轮、链条，录放机中的同步带，执行机构可随地取材。简单的机械结构做成的腿脚、塑料轮子、履带、各种发光管、扬声器都可作为机器人的执行机构，这一部分相当于人的胳膊腿。

目前，市面上模块化机器人主要包括塑料或金属结构件、连接件、传动件、控制器、电动机、传感器等部件。组成机器人的各种零件都是通用、可重组的，各个零件之间有统一的连接方式，零件之间可以自由组合，从而构建出各种各样的机器人构型。构型功能集中在车型机器人、人形机器人、仿生机器人、水下机器鱼等。机器人通过安装具有通用性功能的感知设备（也就是传感器，如摄像头，测距仪等等），通过处理，可以对各种场景进行识别；在此基础上，利用认知技术，可以对场景进行理解，比如通过摄像机判断哪些是人，哪些是物体；通过对场景的理解，机器人使用通用性的机构（比如仿人手的机械手）去完成指令。

2. 国内外常见的几类教育机器人

近年来，大、中、小学生以及机器人爱好者参加的各种机器人竞赛越来越红火。新闻机构和商家看准了其中的商机给这类竞赛提供了舞台和设备。国内有多家公司提供这类机器人套件，现列举如下：

（1）能力风暴教育机器人 能力风暴教育机器人（图17-16）包括积木系列、类人系列、移动系列、飞行系列、模块系列以及飞行积木系列。以积木系列为例，创意十足的六面搭建系统、无限三维造型设计以及便捷性人机交互，将传统积木项目智能化。此外，搭配丰富的辅助学习和教育 APP。

图 17-16　能力风暴机器人

（2）创意之星模块化机器人 创意之星机器人套件（图17-17）是一套用于高等工程创新实践教育的模块化机器人套件，组成机器人的各种零件都是通用、可重组的，各个零件之间有统一的连接方式，零件之间可以自由组合，从而构建出各种机器人，并可以为其编程。机器人的组成单元包括传感器单元、执行器单元、控制器单元、可通用的结构零件等，很容易互相拼接、组装。

（3）乐高机器人 乐高机器人原产于美国，后来流传于世界，很多机器人爱好者对它比较熟悉。乐高机器人套件采用模块化结构，控制器、传感器、执行器、机械结构等部分各成模块，而且模块的种类较多。用这些套件可以制作成各种机器人，或参加比赛或进行研究。机器人编程可以采用流程图编程，也可以采用 C 语言编程，高级用户可以使用汇编语言编程，程序写入也比较方便。

图 17-17　创意之星机器人

（4）中鸣机器人 目前，中鸣机器人主要有威猛创客传感器套装、探索者小威奇、工程风暴套装Ⅱ、技术风暴套装Ⅱ等机器人套装，以及竞赛用机器人套装。硬件采用模块化结构，用户利用这些模块可搭建各种形状；控制模块采用 AVR 系列单片机，采用流程图编程和 C 语言编程。图17-18是用中鸣机器人套件搭建的人形机器人。

17.4.2 模块化机器人搭建实践

1. 模块化机器人的创意与设计

（1）创意与提案 对于模块化机器人的设计，创意是整体战略战术构思中十分关键的环节，创意与提案以及随后的可行性论证，是整个机器人设计、制作和实践过程中智慧的闪光点。相反，如果在这个阶段创意欠佳或判断失误，那么后续环节做得再好也无济于事。创意与提案大致遵循如图 17-19 所示的工作流程。

图 17-18 中鸣机器人

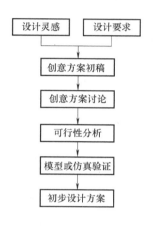

图 17-19 创意与提案流程

创意与提案工作环节需要全部团队成员发挥集体的智慧，解放思想，大胆创新。在设计灵感及设计要求的指引下提出设计方案，并经过团队成员的相互启发与补充，逐步完善方案。团队成员必须掌握相互激发创造力的交谈方法和原则，学会尊重和团结对方，既充分阐述自己的观点，又善于倾听他人的意见，给对方留有施展才华的空间，使每一位队员都感受到置身于集体中的价值，树立信心。但是，在可行性论证之后，一般只有一个结果胜出，因此，可行性的分析论证需要从诸多方面，如技术、性能价格、时间周期、规则的约束条件等多方面进行评价。经过反复讨论选定一个最可行的方案（也可以留有备用方案），即进入初步设计。

（2）初步设计 初步设计阶段的任务是将前一阶段中有关机器人的创意与方案具体化，以草图、系统原理图、初步设计计算以及关键部分局部详图等形式表达出来，初步核对机器人能否满足各种性能指标，达到设计的初衷。

机器人的机械设计是一种随意性很大的创新工作。实现一个相同的动作，会有很多不同的机械设计。到底什么样的设计方案最好，很难有一个明确的答案。机器人的设计一般遵循以下原则：

1）尽量使用最简单、明了、直接的结构去实现所需要功能。

2）机器人的总体结构要保障稳定可靠地工作。

3）提高机器人的工作效率。

4）机器人调试过程中，反复试验，不断发现问题，不断调试修改并加以改进，以使机器人更加稳定可靠，更高效。

（3）**详细设计**　详细设计的任务是依据设计任务书全面、具体地完成机器人的所有设计文件资料。这些资料成为后续阶段制作、装配、调试、演练的基础。该阶段的工作流程如图17-20所示。机器人设计与制作是个系统工程，参与的人员比较多。在详细设计阶段要仔细分工，既有分工，又有协作。特别要注意各个分系统之间的接口，应明确专人负责，避免在总装配或总调试时才发现某一部分无人负责，或某些分系统之间无法匹配。详细设计的主要内容为：

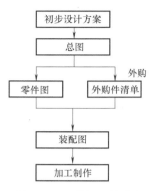

图 17-20　详细设计流程

1）电动机选择。模块化机器人用的驱动器大致有三种：直流电动机、步进电动机、舵机。可能还会有蓄能器、橡皮筋、弹簧等。根据负载情况、驱动对象运动规律、传动系统转动惯量等内容选择电动机的种类及型号。

2）材料、构件与轻量化设计。模块化机器人使用的材料大部分用于结构，一般应该是金属材料。机器人承载和运动不应产生严重的变形和断裂，从力学的角度即具有足够的强度。因此主要材料选用各种碳钢和铝合金。这两者比较，除了特别讲究强度、刚度以及抗摩擦磨损性的构件，一般更多地选用铝合金作为结构构件的材料。

除此之外，模块化机器人还用到多种非金属材料，如橡胶传动带、橡胶轮圈（内包钢质轮毂）、橡皮筋收放机构、远距离拉伸控制开关的线绳、各种黏接剂等。

在此过程中，在机器人的设计阶段就要严格估计和控制每一个零部件的重量，零部件制作完毕后要一一称重，以便在总装配前对机器人的重量心中有数，必要的情况下采取有效措施以减轻机器人的重量。

3）传感器。实际环境是瞬息万变的，因此机器人在运动过程中必须随时掌握环境的动态变化，使自身能完成相应的操作步骤，以适应工况的改变。凡是机器人都需要借助传感器频繁地从内部和外部两个方面获取有用的信息，相应地，机器人的传感器就可以大致分为内部传感器和外部传感器两类。内部传感器检测机器人自身的状态用于系统控制，如限位开关、编码器、加速度计、方位角传感器等；外部传感器检测环境信息，了解机器人与环境的相互关系，如光电传感器、接近觉传感器、压力传感器等。

4）控制系统。控制系统的硬件大部分可以从市场上购得。对于大学生，出于价格或者能力培养的考虑，不少学校选择自制。至于控制方法，模块化机器人绝大多数仍然是PID控制，目前还很少用到模糊控制等其他控制的策略。当然对于系统控制的方法和软件，因为个性化的特点十分明显，需要用户自己编制。

（4）**系统调试**　各个单元模块和各个分系统分别调试完毕后，机器人就可以进入总组装阶段，即将它们集成，然后进入总调试。机器人本体成形之后，也仍需要一步一步地调试，不可能一次到位。此时主要是检验各个单元模块和分系统之间的接口，核对机器人动作的时序和逻辑关系，对硬件和软件做局部的补充修改，还要逐个标定参数。总调试完成后机器人就可脱离调试平台独立行动。在系统总调试阶段应当针对设计任务书中规定的各项功能和性能指标一一测试并记录在案。这样做的目的一方面是考核机器人是否能达到设计任务书所规定的要求，若达不到指标要求，应当分析原因、考虑对策，进行补救，在后续的实践中记取经验教训；另一方面也是为了掌握机器人的实际能力究竟到多大，以制订符合实际的策略。在总调试阶段，为方便起见可以暂时外接寿命较长的电池，甚至将显示器、软硬盘都装载在机器人上，待比较成熟后再脱机运行。

2. 模块化机器人设计制作步骤

（1）任务分析 首先，要充分了解待设计的机器人的应用场合和任务。然后，根据应用场合和任务对设计的机器人进行结构和策略规划，如机器人的外形、结构、传感方式、能源系统、完成任务的方法等。最后，确定一个比较合理的整体方案，为下一步的具体实施做准备。

（2）结构设计及组装 设计行走机构（腿）、操作机构（手）、框架和外形（容貌）、轮廓尺寸（个头大小）、电池传感器主板等部分（心脏脑袋眼睛耳朵）的安装位置及造型。

（3）机械动作设计 设计机器人的行走方式和路线，完成执行机构的动作编排。

（4）制作和组装 选择控制器，结构件设计及制作，画电路图，焊接电子元器件，装配机器人。

（5）程序编写、下载、运行及调试修改 教学机器人编程方式较为人形化，主流的教学机器人采用人机交互式的编程界面。

3. 教学机器人设计制作实例

以某模块化机器人套件为例，介绍模块化机器人设计制作过程。

项目一：轮式移动机器人的搭建及运行

目标：

1）认识电动机，并了解典型电动机的工作原理。

2）掌握轮式移动机器人的结构和组成。

3）了解机器人的工作原理。

任务：

1. 结构搭建

轮式移动机器人由若干电动机带动相应数量的轮子进行工作，因此，轮子和电动机的连接为主要的连接部位。根据模块化机器人套件的情况，确定轮子与电动机的连接方式。参照图 17-21 完成电动机-电动机框-车轮的连接工作。

在此基础之上，将上述部件连同传感器、控制器连接，通过一定方式进行装配，参照图 17-22 完成控制器的连接工作。

图 17-21 电动机-电动机框-车轮的连接工作

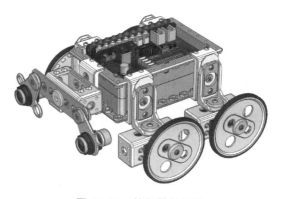

图 17-22 控制器的连接

2. 电动机调试及线路接线

建立电动机与电脑的连接，通过软件完成电机的调试工作。主要工作是为电动机指定 ID 号；电动机通过电动机线束与控制器连接，接受控制器命令，完成指定动作。

以某套件为例，将电动机通过电动机线一一连接到控制器任意白色电动机接口上，如图 17-23 所示。

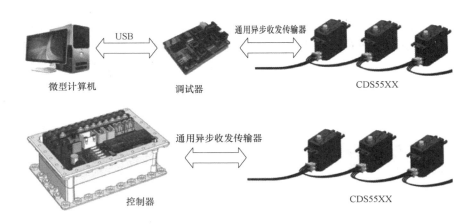

图 17-23　电动机通信方式

3. 程序下载及运行

根据结构件实际情况，选择适合机器人的程序，将此程序下载到机器人控制器中。然后，打开控制器电源开关，等待控制器启动并执行动作指令。

项目二：带夹持器的移动机器人的搭建及编程

目标：

1）认识电动机，并了解典型电动机的工作原理。

2）掌握轮式移动机器人的结构和组成。

3）熟悉机器人的执行器的设计方式。

4）掌握机器人的工作原理。

任务：

1. 结构搭建

该机器人构型的夹持器部位是可张合的手爪，如图 17-24 所示。带夹持器的移动机器人的构型搭建如图 17-25 所示。

2. 电动机调试及线路接线

同项目一的电动机调试及线路接线。

3. 编程

以该机器人套件为例，讲解图形交互式机器人的编程方式。

1）新建程序。运行图形化集成开发环境，单击"新建工程"图标，在弹出的工程配置页面中根据需要进行程序开发的控制器型号配置。在"控制器选项"栏中，选择小组使用的控制器型号如图 17-26 所示。单击"下一步"按钮，进入下一页面。

2）电动机设置。设置电动机个数，修改 ID 号码、电动机工作模式。如图 17-27 所示。

图 17-24 关节连接方式

图 17-25 带夹持器的移动机器人构型

图 17-26 选择控制器类型

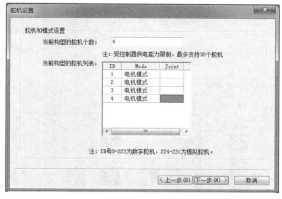

图 17-27 电动机个数及 ID 号设置

如图 17-28 所示，设置电动机速度 speed，然后单击编译，检查程序是否有语法错误。若有语法错误，需要对程序进行修改；若提示 "compile succeeded"，则说明程序编译成功，可进入下载环节，如图 17-29 所示。

3）程序下载及运行。通过对应的线束，分别建立电动机和控制器、控制器和电脑的连接，打开控制器电源开关，等待 30s 左右，单击程序下载。控制器里的程序将会自动执行。通过修改速度数值的正负号，调整电动机的转动方向。图 17-30 为程序示例，该程序为机器人提供了抓取物体并放置的整个过程，包括小车前进、停止、双手张开、双手闭合取物、小车后退，小车停止，双手张开放置物体等动作。

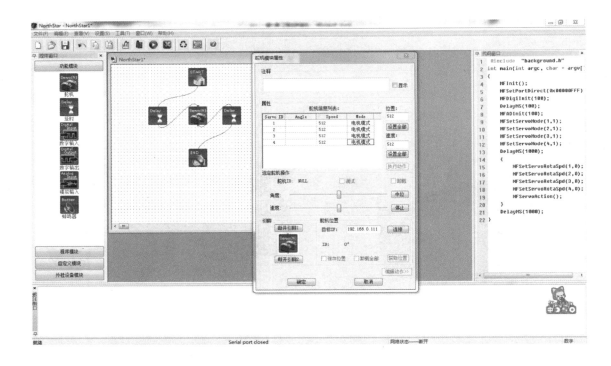

图 17-28　电动机速度大小设置

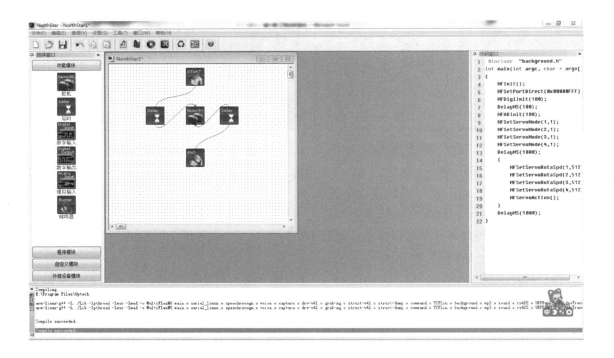

图 17-29　程序编译

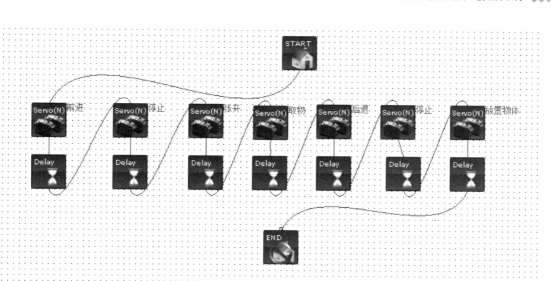

图 17-30 程序示例

17.5 机器人安全操作规程

1）机器人周围区域必须清洁，无油、水及杂质。

2）调试机器人速度时，确保由慢到快逐渐调整，避免速度突变造成伤害或损失。

3）执行程序前，应确保机器人工作区域内没有无关的人员、物品。

4）在工作台调试机器人时，应确保机器人有专人看管，以免机器人由于某种运动而掉落到桌面下方。

5）机器人工作时，操作人员应该注意查看线束情况，防止其缠绕到机器人上。

6）线束不能严重绕曲成麻花状或与硬物摩擦，以防内部线芯破损裸露。

7）因故离开机器人或机器人动作有误时，需要关闭电源开关，并将机器人放在安全位置。

8）严格遵守并执行机器人的日常维护。

9）不得随意拆装机器人及附属设施，不得在计算机上擅自使用各种自带存储介质。

复习思考题

1. 按照应用环境不同，机器人的分类是（   ）。

A. 非伺服控制机器人、伺服控制机器人　　B. 工业机器人、特种机器人

C. 直角坐标型、圆柱坐标型　　　　　　　D. 电力驱动、液压驱动

2. 创意之星机器人套件中，舵机的两种工作模式为（   ）。

A. 主从方式、双工方式　　　　　　　　　B. 工作模式、待机模式

C. 连续工作、周期工作　　　　　　　　　D. 电动机模式、舵机模式

3. 下面哪种机器人属于工业机器人？（   ）。

A. 焊接机器人　　　　B. 医用机器人　　　　C. 教学机器人　　　　D. 排险救灾机器人

4. 工作范围是指机器人（　　　）或手腕中心所能到达的点的集合。

A. 机械手　　　　　　B. 手臂末端　　　　　C. 手臂　　　　　　　D. 行走部分

5. 下面哪种机器人属于特种机器人？（　　　）。

A. 码垛机器人　　　　B. 搬运机器人　　　　C. 无人飞机　　　　　D. 喷涂机器人

6. 真空吸盘要求工件表面（　　　）、干燥清洁，同时气密性好。

A. 粗糙　　　　　　　B. 凹凸不平　　　　　C. 平缓凸起　　　　　D. 平整光滑

7. 手爪的主要功能是抓住工件、握持工件和（　　　）工件。

A. 固定　　　　　　　B. 定位　　　　　　　C. 释放　　　　　　　D. 触摸

8. 当代机器人大军中最主要的机器人为（　　　）？

A. 工业机器人　　　　B. 军用机器人　　　　C. 服务机器人　　　　D. 特种机器人

9. 机器人三原则是由（　　　）提出来的。

A. 森政弘　　　　　　B. 约瑟夫·英格伯格　C. 托莫维奇　　　　　D. 阿西莫夫

10. 机器人定义中，突出强调的是（　　　）。

A. 具有人的形象　　　B. 模仿人的功能　　　C. 像人一样思维　　　D. 感知能力很强

第18章

机电一体化创新训练实践

18.1　概述

"机电一体化"一词（Mechatronic）于20世纪70年代起源于日本，被用于描述设计机械电子产品的设计理念，它是由 Mechanics（机械学）与 Electronics（电子学）组合而成，即机械电子学或机电一体化。该词被1996年版的《WEBSTER》大词典收录。这就意味着不仅"Mechatronics"这个词得到了世界各国学术界和企业界的认可，而且机电一体化的思想已为世人所接受。

迄今为止，机电一体化尚没有明确统一的定义，就连最早提出这一概念的日本也是说法不一。这是由于：①人们看问题的角度不同，对其理解也就各异；②随着生产活动和科学技术的迅猛发展，机电一体化的内容不断发展更新。

20世纪90年代国际机器与机构理论联合会（the International Federation for the Theory of Machines and Mechanism，IFTMM）成立了机电一体化技术委员会（Technical Committee on Mechatronics），它给出了这样的定义：机电一体化是精密机械工程、电子控制和系统思想的结合，是在机械主功能、动力功能、信息功能和控制功能上引进微电子技术，并将机械装置与电子装置用相关软件有机结合而构成系统的总成。

18.2　机电一体化技术发展状况和发展趋势

18.2.1　机电一体化技术的发展状况

机电一体化技术的发展大体上可分为三个阶段。

20世纪60年代以前为第一阶段，也可称为萌芽阶段。在这一阶段，由于电子技术的迅速发展，人们自觉或不自觉地利用电子技术的初步成果来完善机械产品的性能。特别是在第二次世界大战期间以及战后，机械产品与电子技术的结合使得许多性能相当优良的军事用途的机电产品得以发明。这些机电结合的军事用途技术在战后转为民用，对战后经济的恢复和技术的进步起到了积极的作用。

20世纪70年代至20世纪80年代为第二阶段，为蓬勃发展阶段。在这一阶段，人们自觉地、主动地利用新技术的巨大成果创造新的机电一体化产品。应该特别指出的是，日本在推动机电一体化技术的发展方面起了主导作用。这一时期，计算机技术、控制技术、通信技术的发展，为机电一体化的发展奠定了技术基础。

从 20 世纪 90 年代后期开始为第三阶段，为智能化阶段。在这一阶段，机电一体化向智能化新阶段迈进，进入深入发展时期。一方面，光学、通信技术等进入了机电一体化，微细加工技术也在机电一体化中崭露头角，出现了光机电一体化和微机电一体化等新分支；另一方面，对机电一体化系统的建模设计、分析和集成方法，机电一体化的学科体系和发展趋势都进行了深入研究。同时，人工智能技术、神经网络技术及光纤技术等领域取得的巨大进步，为机电一体化技术开辟了发展的广阔天地。这些研究将促使机电一体化进一步建立完整的基础和逐渐形成完整的科学体系。

我国从 20 世纪 80 年代初才开始这方面研究和应用。国务院成立了机电一体化领导小组并将该技术列入"863 计划"中。在制定"十一五"规划以及《国家中长期科学和技术发展纲要（2006~2020 年）》时充分考虑了国际上关于机电一体化技术的发展动向和由此可能带来的影响。许多大专院校、研究机构及一些大中型企业对这一技术的发展及应用做了大量的工作，并取得了一定成果，但与日本等先进国家相比，仍有相当大的差距。

18.2.2 机电一体化技术的发展趋势

机电一体化是机械、电子、光学、控制、计算机、信息等多学科的交叉融合，它的发展和进步依赖并促进相关技术的发展和进步。机电一体化技术的主要发展趋势体现在如下特点：

1. 智能化

智能化是 21 世纪机电一体化技术发展的主要方向。这里所说的"智能化"是对机器行为的描述，是在控制理论的基础上，吸收人工智能、运筹学、计算机科学、模糊数学、心理学、生理学和动力学等新思想、新方法，模拟人类智能，以获得更高的控制目标。

2. 模块化

机电一体化产品种类和生产厂家繁多，研制和开发具有标准机械接口、电气接口、动力接口、环境接口的机电一体化产品单元是一项十分复杂但又很重要的事。利用标准单元迅速开发出新的产品，扩大生产规模，将给机电一体化企业带来美好的前景。

3. 网络化

20 世纪 90 年代，计算机技术的突出成果是网络技术。各种网络将全球经济、生产连成一片，企业间的竞争也全球化。由于网络的普及，基于网络的各种远程控制和监视技术方兴未艾，而远程控制的终端设备就是机电一体化产品。

4. 微型化

微型化指的是机电一体化向微型化和微观领域发展的趋势。微机电一体化产品指的是几何尺寸不超过 1mm 的机电一体化产品，其最小体积近期将向纳米-微米范畴进发。

5. 绿色化

21 世纪的主题词是"环境保护"，绿色化是时代的趋势。机电一体化产品的绿色化主要指使用时不污染生态环境。

6. 人性化

未来的机电一体化更加注重产品与人的关系，机电一体化产品的最终使用对象是人，赋予机电一体化产品以人的智慧、情感、人性将变得越来越重要，特别是对家用机器人，其高层境界就是人机一体化。

18.3 机电一体化系统的组成要素

一个较完善的机电一体化系统，应包含机械本体、动力与驱动部分、执行机构、传感测试部分、控制及信息处理部分五大基本组成要素，如图 18-1 所示。

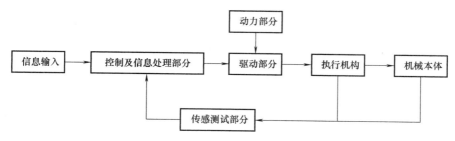

图 18-1　机电一体化系统的基本组成

1. 机械本体

机械本体是系统所有功能元素的机械支持结构，包括机身、框架和连接等。由于机电一体化产品技术性能、水平和功能的提高，机械本体要在机械结构、材料、加工工艺性以及几何尺寸等方面适应产品高效、多功能、可靠和节能、小型、轻量、美观等要求。

2. 动力与驱动部分

按照系统功能要求，为系统提供能量和动力使系统正常运行。用尽可能小的动力输入获得尽可能大的功能输出，是机电一体化产品的显著特征之一。

驱动部分在控制信息作用下，提供动力，驱动各执行机构完成各种动作和功能。有气动、电动和液压等不同的驱动方式。

3. 传感测试部分

对系统运行中所需要的内部和外界环境的各种参数及状态进行检测，变成可识别信号，传输到信息处理单元，经过分析、处理后产生响应的控制信息。其功能一般由专门的传感器和仪器仪表完成，对其要求是体积小、便于安装与连接、检测精度高、抗干扰等。

4. 执行机构

执行机构是运动部件在控制信息的作用下完成要求的动作，实现产品的主功能。执行机构将输入的各种形式的能量转换为机械能。

执行机构主要由电、液、气等执行元件和机械传动装置等组成。执行机构按运动方式的不同可分为旋转运动元件和直线运动元件，各种电动机及液（气）压电动机等是旋转运动执行元件，而丝杠和电磁铁、压电驱动器、液（气）压缸等是直线运动执行元件。

执行机构因机电一体化产品的种类和作业对象不同而有较大的差异。执行机构是实现产品目的功能的直接执行者，其性能好坏决定整个产品的性能，因而是机电一体化产品中重要的组成部分。根据机电一体化系统的匹配性要求，需要考虑改善系统的动、静态性能，如提高刚性、减小质量和适当的阻尼，应尽量考虑组件化、标准化和系列化，提高系统整体可靠性等。

5. 控制及信息处理部分

控制及信息处理部分将来自各传感器的检测信息和外部输入命令进行处理、运算和决策，根据信息处理结果，按照一定的程序和节奏发出相应的指令，控制整个系统有目的地运行。信息处理及控制系统主要是由计算机的软件和硬件以及相应的接口组成。硬件一般由计算机、可编程控制器（PLC）、数控装置以及逻辑电路、A/D 与 D/A 转换、I/O（输入输出）接口和计算机外部设备等组成。

机电一体化系统对控制和信息处理单元的基本要求是：提高信息处理速度，提高可靠性，增强抗干扰能力以及完善系统自诊断功能，实现信息处理智能化。

以上这五部分我们通常称为机电一体化的五大构成要素，而在实际使用中有时机电一体化系统的某些构成要素是复合在一起的。机电一体化产品的五大部分在工作时相互协调，共同完成所规定的目的功能。在结构上，各组成部分通过各种接口及其相应的软件有机地结合在一起，构成一个内部匹配合理、外部效能最佳的完整产品。

18.4 机电一体化的应用

机电一体化技术和产品（系统）的应用范围非常广泛，几乎涉及生产生活的所有领域。机电一体化产品种类繁多，且仍在不断发展，分类标准各异，目前大致有以下几种分类方法：

18.4.1 按产品功能分类

机电一体化产品按功能可分为以下几类：

1. 数控机械类

数控机械类产品的特点是执行机构为机械装置，例如数控机床（图18-2、图18-3）、工业机器人（图18-4）、发动机控制系统及全自动洗衣机（图18-5）等产品。

图 18-2　数控车床　　　　　　　　　　　　　图 18-3　数控铣床

2. 电子设备类

电子设备类产品的特点是执行机构为电子装置，例如电火花加工机床（图18-6）、线切割加工机床（图18-7）、超声波缝纫机（图18-8）及激光测量仪（图18-9）等产品。

图 18-4　工业机器人

图 18-5　全自动洗衣机

图 18-6　电火花加工机床

图 18-7　线切割加工机床

图 18-8　超声波缝纫机

图 18-9　激光测量仪

3. 机电结合类

机电结合类产品的特点是执行机构为机械和电子装置的有机结合，例如 CT 扫描仪（图 18-10）、自动售货机（图 18-11）、自动探伤机等产品。

4. 电液伺服类

电液伺服类产品的特点是执行机构为液压驱动的机械装置，控制机构为接收电信号的液压伺服阀。例如机电一体化的伺服装置，如图 18-12、图 18-13 所示。

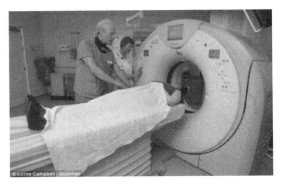

图 18-10　CT 扫描仪

图 18-11　自动售货机

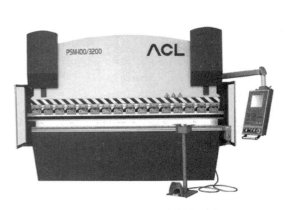

图 18-12　电液伺服数控折弯机

图 18-13　电液伺服万能试验机

5. 信息控制类

信息控制类产品的特点是执行机构的动作完全由所接收的信息控制，例如磁盘存储器、复印机（图 18-14）、传真机（图 18-15）及录音机（图 18-16）等产品。

图 18-14　复印机

图 18-15　传真机

图 18-16　录音机

18.4.2　按机电结合程度和形式分类

机电一体化产品还可根据机电结合程度和形式分为功能附加型、功能替代型和机电融合型三类。

1. 功能附加型

在原有机械产品的基础上，采用微电子技术，使产品功能增加和增强，性能得到适当的提高。如经济型数控机床、数显量具、全自动洗衣机等。

2. 功能替代型

采用微电子技术及装置取代原产品中的机械控制功能、信息处理功能或主功能，使产品结构简化、性能提高、柔性增加。如自动照相机、电子石英表、线切割加工机床等。

3. 机电融合型

根据产品功能、性能要求及技术规范，采用专门设计或具有特定用途的集成电路来实现产品中的控制和信息处理等功能，因而使产品结构更加紧凑，设计更加灵活，成本进一步降低。复印机、摄像机、CNC 数控机床等都是这一类机电一体化产品。

18.5 机电一体化创新实践

18.5.1 机电一体化创新训练套件简介

机电一体化创新训练套件是由多种的、各类的结构件、连接件、传动件和电气组件构成，能够演示机电一体化产品的工作原理和结构组成，涉及机械、电子、传感器、计算机软硬件、控制等各个方面的专业知识与理论，用于培养学生创新思维，激发学生创新意识，强化学生协作能力，使学生利用所学知识解决实际工程问题，帮助学生建构一个广域的工科知识体系的一款全新的大学工科知识综合训练平台。

现以某工程创新套件为例，介绍机电一体化系统创新训练对学生动手能力和创新能力的培养。

1. 创新训练套件的组成

（1）机械本体部分　根据功能的不同，机械本体部分包括的元器件有：结构件、连接件、传动件。

1）结构件：提供刚度和支撑的零件。结构件就如我们盖房子用的砖头，是我们构建产品项目基础的组件，分为点、线、面三种类型，借助连接件，彼此之间可以两两组合、三维扩展，构建三维空间里的结构模型。同时支持复用，点动成线，点动成面，根据项目的需求可以灵活使用。

2）连接件：起连接、固定模型中不同元器件的作用。连接件类似我们盖房子用的水泥或者灰土，提供一种合适的方式将结构件彼此结合。与结构件有点、线、面三种类型相对应，连接方式分为点与点、点与线、点与面、线与面、面与面之间的连接。

3）传动件：起传递动力的作用。传动件主要是传递动力或者改变运动方向和形式的组件。

（2）动力部分　由电压 12V、功率 7.2W 的直流电动机构成，作为电器或机械的动力源。

（3）测试传感部分　由光敏传感器、磁敏传感器、温度传感器、灰度传感器、声音传感器、旋转计数器等构成，完成信息的采集。

（4）控制及信息处理单元　由控制器构成，指挥整个系统的运行。

（5）执行机构　由指示灯、电磁铁以及搭建机电一体化产品的机械手、机械臂等构成。

2．常见机械传动方式

（1）齿轮传动

1）齿轮与齿轮。齿轮传动是现代机械中应用最广泛的一种机械传动，它通过轮子表面的齿轮相互啮合来传递空间任意两轴间的运动和动力，以及用来改变运动的形式和速度，如图 18-17 所示。

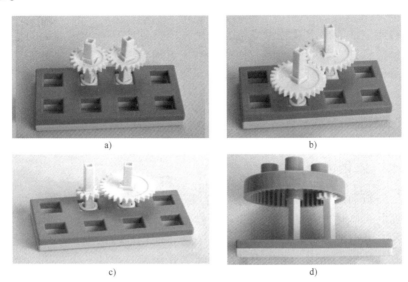

图 18-17　齿轮与齿轮传动

a）齿轮比 20：20　b）齿轮比 28：28　c）齿轮比 12：28　d）齿轮比 52：12

在齿轮传动中，小齿轮带动大齿轮和大齿轮带动小齿轮的区别，如图 18-18 所示。

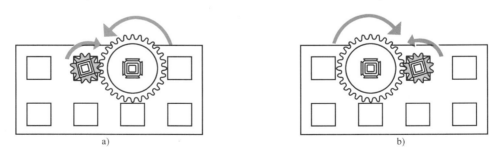

图 18-18　齿轮传动

a）小齿轮带大齿轮，转速变慢、扭矩变大　b）大齿轮带小齿轮，转速变快、扭矩变小

2）齿轮与齿条传动。齿条在机械上属于半径无限大的齿轮，齿轮齿条传动严格意义上属于齿轮传动的一种特殊形式，涉及直线运动与圆周运动的相互转换，如图 18-19 所示。

3）蜗轮蜗杆传动。蜗杆传动由蜗轮和蜗杆组成，用于传递空间交错轴间的运动和动力，两轴间的交错角度为 90°，其中蜗杆主动、蜗轮从动，如图 18-20 所示。

（2）带传动　带传动是由主动带轮、从动带轮和传动带组成，是利用环状的传动带紧箍两个带轮，在传动带与带轮之间产生摩擦力，将主动轮的运动和动力传递给从动轮，如图18-21所示。

图 18-19　齿轮齿条传动

图 18-20　蜗轮蜗杆传动

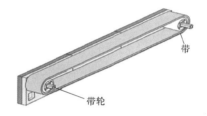

带

带轮

图 18-21　带传动

（3）螺旋传动　螺旋传动是由螺杆和旋合螺母组成的机械传动，主要用于将旋转运动转换成直线运动，将转矩转换成推力，如图18-22所示。

在机电一体化创新训练中，丝杠是螺旋传动的典型代表，在3轴数控加工中心中有应用，如图18-23所示。

（4）链传动　链传动由主动链轮、从动链轮和绕在链轮上并与链轮啮合的链条组成，是通过链条将具有特殊齿形的主动链轮的运动和动力传递到具有特殊齿形的从动链轮的一种传动方式，如图18-24所示。

图 18-22　螺旋传动

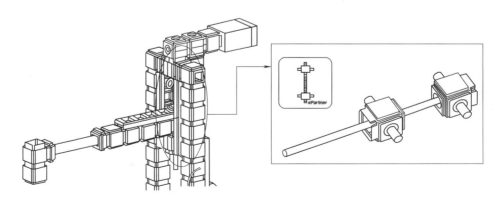

图 18-23　采用丝杠实现的螺旋传动

3. 控制器

控制器包含的接口有：I/O 口，电动机口、电源口、下载口和蜂鸣器、液晶显示屏、开关按键、电池及适配器。详细如下：

1）I/O 口：支持模拟输入、数字输入、数字输出、计数器等功能。

2）电动机口：控制电动机的速度和转向。

3）电源口：控制器提供电源。

4）下载口：电脑往控制器下载程序的接口。

5）液晶显示屏：显示控制器操作界面。

6）开关按键：控制控制器的开关及显示屏模块的选择。

4. 程序编写

1）VJC 语言程序编写界面，如图 18-25 所示。

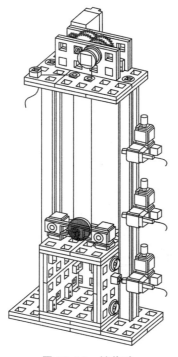

图 18-24　链传动

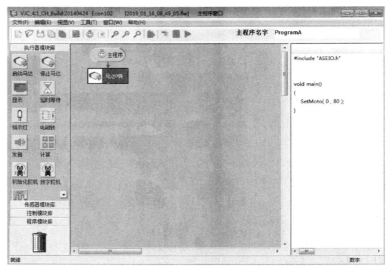

图 18-25　VJC 语言程序编写界面

2）VJC 语言编程举例，如图 18-26 所示。

18.5.2　机电一体化创新训练实践

项目一：旋转工作台模型设计与实践

1. 目的

1）认识旋转工作台，并了解典型的旋转工作台应用。

2）学习减速齿轮箱和转向齿轮箱的工作原理。

3）学习计算机 I/O 端口的输入输出原理及软件编程。

4）熟悉控制程序 VJC 语言的编写与调试手段，并掌握一定的调试技巧。

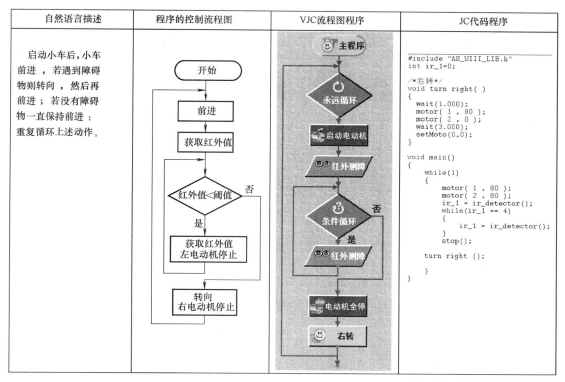

自然语言描述	程序的控制流程图	VJC流程图程序	JC代码程序
启动小车后，小车前进，若遇到障碍物则转向，然后再前进；若没有障碍物一直保持前进；重复循环上述动作。			

图 18-26　VJC 语言编程举例

2. 内容

利用工程创新套件，设计一个旋转工作台，如图 18-27 所示。

要求：

1）磁敏开关控制工作台的不同位置。

2）旋转工作台通过直流电动机驱动，通过齿轮箱减速后，由磁敏开关控制电动机的停止。

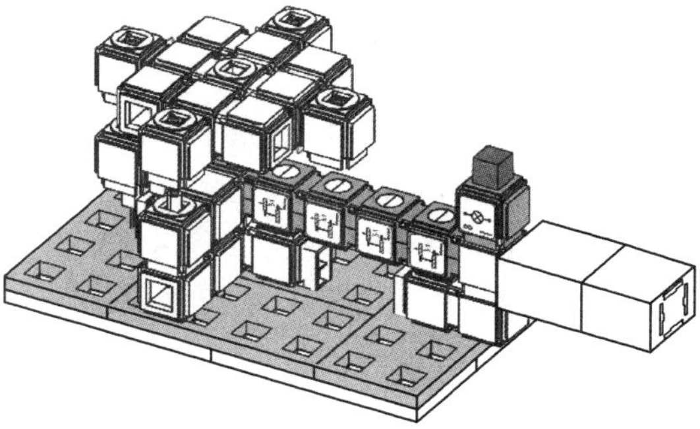

3. 设备

计算机、工程创新套件、Ccon102 控制器。

图 18-27　旋转工作台模型

4. 步骤

（1）结构设计　利用工程创新套件设计旋转工作台，使用元器件清单如图 18-28 所示。

旋转部分：由正立方体、立方体连接器、短插销、磁铁等元器件构成，主要实现旋转工作台旋转功能。

动力驱动部分：由 5∶1 减速齿轮箱、1∶1 转向齿轮箱、电动机构成，主要实现旋转工作台的动力驱动功能。

（2）控制设计　磁敏开关检测到磁铁信号，电动机停止、指示灯提示；1s 后继续运行同样工序。

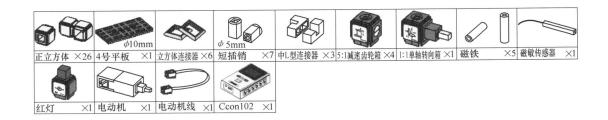

| 正立方体 ×26 | 4号平板 ×1 | 立方体连接器 ×6 | 短插销 ×7 | 中L型连接器 ×3 | 5:1减速齿轮箱 ×4 | 1:1单轴转向箱 ×1 | 磁铁 ×5 | 磁敏传感器 ×1 |
| 红灯 ×1 | 电动机 ×1 | 电动机线 ×1 | Ccon102 ×1 |

图 18-28　旋转工作台元器件清单

项目二　自动门模型设计与实践

1. 目的

1）认识自动门，了解典型的自动门的结构组成及应用。

2）了解自动门传感技术。

3）学习减速齿轮箱、转向齿轮箱及齿轮齿条传动的工作原理。

4）学习计算机 I/O 端口的输入输出原理及软件编程。

5）熟悉控制程序 VJC 语言的编写与调试手段，并掌握一定的调试技巧。

2. 内容

利用工程创新套件，设计一个自动门，模型如图 18-29 所示。

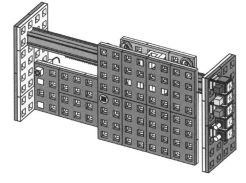

图 18-29　自动门模型

要求：

1）使用套件组装一个自动门模型。

2）摁下"开门开关"自动门打开，自动门运行到两面墙的位置附近时，自动门停止。

3）摁下"关门开关"自动门关闭，自动门运行到两面墙的位置附近时，自动门停止。

4）内容 2~3 循环。

3. 设备

计算机、工程创新套件、Ccon102 控制器。

4. 步骤

（1）结构设计　利用工程创新套件设计自动门，使用元器件清单如图 18-30 所示。

自动门部分：四号平板、三号平板、横梁等元器件。

动力驱动部分：5∶1 减速齿轮箱、1∶1 转向齿轮箱、电机构、H 型连接器、导向轮等元器件构成，主要实现旋转工作台的动力驱动功能。

（2）控制设计　自动门控制系统检测到开门命令时开门，检测到关门命令时关门，要求有红、黄、绿三种颜色的灯，分别表示关闭状态禁止通行、运动状态注意安全、打开状态可以通行。

主要使用触碰开关作为命令开关，磁敏开关作为限位开关，彩灯作为指示灯。

项目三：电梯模型设计与实践

1. 目的

1) 认识电梯，并了解电梯的应用及工作原理。

2) 学习减速齿轮箱、转向齿轮箱及滑轮传动的工作原理。

3) 学习计算机 I/O 端口的输入输出原理及软件编程。

4) 熟悉控制程序 VJC 语言的编写与调试手段，并掌握一定的调试技巧。

2. 内容

利用工程创新套件，设计一个电梯模型如图 18-31 所示，要求：

模拟一个三层楼房的电梯系统，每层都可以实现"呼唤"服务，且电梯到达楼层时要有亮灯信号。

图 18-30　自动门元器件清单

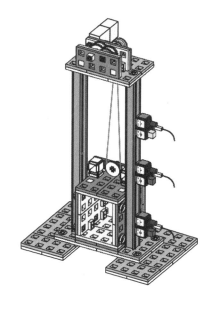

图 18-31　电梯模型

3. 设备

计算机、工程创新套件、Ccon102 控制器。

4. 步骤

（1）结构设计　利用工程创新套件设计电梯模型，使用元器件清单如图 18-32 所示。

1) 轿厢部分　轿厢部分由二号平板、L 型连接器、短插销、半高立方体构成。

2) 曳引部分　曳引部分由丝线、滑轮、导向轮构成。

3) 导向部分　导向部分由五孔梯、横梁、导向轮构成。

正立方体 ×2	半高立方体 ×5	梁320 ×2	1号平板 ×2	2号平板 ×5
3号平板 ×1	4号平板 ×3	立方体连接器 ×3	短插销 ×14	中L型连接器 ×16
小特A型连接器 ×6	五孔梯 ×1	12齿齿轮 ×2	28齿齿轮 ×1	小方管55 ×2
小外方内圆管20 ×1	驱动轮毂 ×1	滑轮 ×1	棉蜡线 ×1	滑动轴承 ×12
导向轮体 ×8	轴承 ×2	12/28组合齿轮 ×3	磁铁 ×1	磁敏传感器 ×3
触碰开关 ×3	红灯 ×1	绿灯 ×1	黄灯 ×1	电动机 ×1
电动机线 ×1	Ccon102 ×1			

图 18-32　电梯模型元器件清单

4）驱动部分　驱动部分由 12 齿齿轮、28 齿齿轮、12/28 齿轮组合、电机构、驱动轮毂、滑动轴承等构成，主要实现旋转工作台的动力驱动功能。

（2）控制方式

1）电梯选型：采用触碰开关。

2）电梯位置检测：采用磁敏开关。

（3）楼层显示：指示灯。

18.6　实训室安全操作规程

1）实训室内设备由专人管理，使用时，未经许可不得自行调换、移动。

2）使用设备前，应检查各部分部件是否齐全，能否正常工作，不得擅自使用指定外的设备。

3）出现异常情况及时向指导教师说明，不得擅自处理。

4）不得随意拆装机器人及附属设施，不得在计算机上使用各种自带存储介质。

5）本实验室仪器、设备、桌椅等物品原则上不得外借。

6）设备使用完毕，按规定程序关闭设备，整理、清点所用设备、附件和工具，经指导教师检查核准后，方可离开。

7）学生在实验室内进行试验、研讨期间要及时清理垃圾，保持室内卫生及仪器设备整洁。

复习思考题

1. 控制器开机按键为（　　）。

A. ENTER 键 　　　　B. ESC 健 　　　　C. ←键 　　　　D. →键

2. 控制器上使程序运行的按键为（　　）。

A. ENTER 键 　　　　B. ESC 健 　　　　C. ←键 　　　　D. →键

3. 控制器上使程序退出的按键为（　　）。

A. ENTER 键 　　　　B. ESC 健 　　　　C. ←键 　　　　D. →键

4. 创新工程套件中用于垂直连接两个平板的连接件是（　　）。

A. H 型连接器 　　　　B. L 型连接器 　　　　C. 短插销 　　　　D. 长插销

5. 在齿轮传动中，小齿轮带大齿轮中下列正确的是（　　）

A. 转速变慢、扭矩变大 　　　　　　　　B. 转速变快、扭矩变大

C. 转速变快、扭矩变小 　　　　　　　　D. 转速变快、扭矩变大

6. 创新套件传动中哪种传动可以实现旋转主轴方向 90°的改变（　　）

A. 蜗杆传动 　　　　B. 齿轮传动 　　　　C. 带传动 　　　　D. 前三种都可以

参考文献

[1] 张学政，李家枢，等. 金属工艺学实习教材 [M]. 北京：高等教育出版社，2001.

[2] 张艳蕊，王明川，刘晓微，等. 工程训练 [M]. 北京：科学出版社，2013.

[3] 周蔼明，缪临平，顾文逵. 机械制图 [M]. 上海：同济大学出版社，2012.

[4] 傅水根，等. 机械制造工艺基础 [M]. 3 版. 北京：清华大学出版社，2010.

[5] 黄丽明，等. 金工实习 [M]. 北京：国防工业出版社，2013.

[6] 沙杰，等. 机械工程实践教程 [M]. 北京：机械工业出版社，2012.

[7] 李鲤，刘善春，等. 金工实习 [M]. 北京：中国水利水电出版社，2013.

[8] 王东升，等. 金属工艺学 [M]. 2 版. 杭州：浙江大学出版社，1997.

[9] 孔庆华，等. 金属工艺学实习 [M]. 上海：同济大学出版社，2005.

[10] 王大志. 焊接技术与焊接工艺问答 [M]. 北京：机械工业出版社，2006.

[11] 蒋景革，等. 国际焊接技术培训教程 [M]. 北京：化学工业出版社，2012.

[12] 张勇，等. 电阻焊控制技术 [M]. 西安：西北工业大学出版社，2014.

[13] 王宗杰，等. 熔焊方法及设备 [M]. 2 版. 北京：机械工业出版社，2016.

[14] 刘鹏，李阳，郭伟，等. 焊接质量检验及缺陷分析实例 [M]. 北京：化学工业出版社，2014.

[15] 孙以安，陈茂贞，等. 金工实习教学指导 [M]. 上海：上海交通大学出版社，1998.

[16] 王平，等. 车削工艺技术 [M]. 沈阳：辽宁科学技术出版社，2009.

[17] 黄如林，何红媛，张琦，等. 金工实习 [M]. 南京：东南大学出版社，2016.

[18] 孙以安，鞠鲁粤，等. 金工实习（机械制造工程基础实践训练）[M]. 上海：上海交通大学出版社，2005.

[19] 刘世雄，等. 金工实习 [M]. 重庆：重庆大学出版社，1996.

[20] 王俊勃，等. 金工实习教程 [M]. 北京：科学出版社，2007.

[21] 芮延年，卫瑞元，等. 机械制造装备设计 [M]. 北京：科学出版社，2017.

[22] 胡庆夕，张海光，徐新成，等. 机械制造实践教程 [M]. 北京：科学出版社，2017.

[23] 刘元义，等. 工程训练 [M]. 北京：科学出版社，2016.

[24] 叶云，郝晓东，周慧珍，等. 金工实习教程 [M]. 北京：化学工业出版社，2016.

[25] 徐鸿本，曹甜东，等. 车削工艺手册 [M]. 北京：机械工业出版社，2011.

[26] 史文杰，顾伟强，等. 金工实训教程 [M]. 北京：机械工业出版社，2013.

[27] 张力重，王志奎. 图解金工实训 [M]. 2 版. 武汉：华中科技大学出版社，2011.

[28] 周梓荣，等. 金工实习 [M]. 北京：高等教育出版社，2011.

[29] 祝小军，文西芹，等. 工程训练 [M]. 3 版. 南京：南京大学出版社，2016.

[30] 赵忠魁，张元彬，等. 工程训练教程 [M]. 北京：化学工业出版社，2014.

[31] 李志乔，等. 铣削加工速查手册 [M]. 北京：机械工业出版社，2010.

[32] 高琪，等. 金工实习教程 [M]. 北京：机械工业出版社，2012.

[33] 李兵，吴国兴，曾亮华，等. 金工实习 [M]. 武汉：华中科技大学出版社，2015.

[34] 董丽华，等. 金工实习实训教程 [M]. 北京：电子工业出版社，2006.

[35] 冯俊，周郴知，等. 工程训练基础教程 [M]. 北京：北京理工大学出版社，2007.

[36] 李永增，孙雅萍，等. 金工实习 [M]. 北京：高等教育出版社，1996

[37] 孙京平，魏伟，等. 互换性与测量技术基础 [M]. 北京：中国电力出版社，2010.

[38] 李国琴，等. AutoCAD2006 绘制机械制图训练指导 [M]. 北京：中国电力出版社，2006.

［39］ 何鹤林，等. 金工实习教程［M］. 广州：华南理工大学出版社，2006.

［40］ 杨树川，董欣，等. 金工实习［M］. 武汉：华中科技大学出版社，2013.

［41］ 刘胜青，陈金水，等. 工程训练［M］. 北京：高等教育出版社，2005.

［42］ 郭术义. 金工实习［M］. 北京：清华大学出版社，2011.

［43］ 朱民，等. 金工实习［M］. 3 版. 成都：西南交通大学出版社，2016.

［44］ 周哲波，等. 金工实习指导教程［M］. 北京：北京大学出版社，2013.

［45］ 邓奕，等. 数控机床结构与数控编程［M］. 北京：国防工业出版社，2006.

［46］ 葛新锋，张保生，等. 数控加工技术［M］. 北京：机械工业出版社，2016.

［47］ 王兵，张大林，彭霞，等. 数控加工与编程［M］. 武汉：华中科技大学出版社，2017.

［48］ 崔元刚，等. 数控机床及加工技术［M］. 北京：北京理工大学出版社，2016.

［49］ 孙付春，李玉龙，钱扬顺，等. 工程训练［M］. 成都：西南交通大学出版社，2017.

［50］ 薛向东，等. 电工电子实训教程［M］. 北京：电子工业出版社，2014.

［51］ 熊幸明，等. 电工电子实训教程［M］. 北京：清华大学出版社，2007.

［52］ 夏菽兰，等. 电工实训教程［M］. 北京：人民邮电出版社，2014.

［53］ 赵春锋，等. 电工电子实训教程［M］. 北京：人民邮电出版社，2015.

［54］ 鲍宁宁，王素青，等. 电子实训教程［M］. 北京：国防工业出版社，2016.

［55］ 薛向东，黄种明，等. 电工电子实训教程［M］. 北京：电子工业出版社，2014.

［56］ 刘延飞，等. 电工电子技术工程实践训练教程［M］. 西安：西北工业大学出版社，2014.

［57］ 肖俊武，等. 电工电子实训与设计［M］. 北京：电子工业出版社，2005.

［58］ 陈世和，等. 电工电子实习教程［M］. 北京：北京航空航天大学出版社，2007.

［59］ 刘美华，等. 电工电子实训［M］. 北京：高等教育出版社，2014.

［60］ 张涛，等. 机器人引论［M］. 北京：机械工业出版社，2017.

［61］ 李云江，等. 机器人概论［M］. 北京：机械工业出版社，2017.

［62］ SAEED B. NIKU. 机器人学导论-分析、系统及应用［M］. 孙富春，朱纪洪，刘国栋，等译. 北京：电子工业出版社，2004.

［63］ 李卫国，等. 工程创新与机器人技术［M］. 北京：北京理工大学出版社，2013.

［64］ 龚仲华，等. 工业机器人从入门到应用［M］. 北京：机械工业出版社，2016.

［65］ 姚宪华，梁建宏，等. 创意之星：模块化机器人创新设计与竞赛［M］. 北京：北京航空航天大学出版社，2010.

［66］ 滕士雷，等. 机电技术概论［M］. 北京：北京工业大学出版社，2016.

［67］ 吕强，等. 机电一体化原理及应用［M］. 北京：国防工业出版社，2010.

［68］ 毕夏普. 机电一体化导论［M］. 方建军，等译. 北京：机械工业出版社，2009.

［69］ 袁中凡，等. 机电一体化技术［M］. 北京：电子工业出版社，2010.